U0135146

Geography 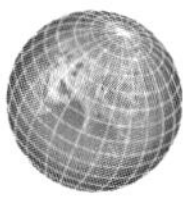 Dictionary

圖解地理辭典

徐美玲◆著　高華◆繪圖

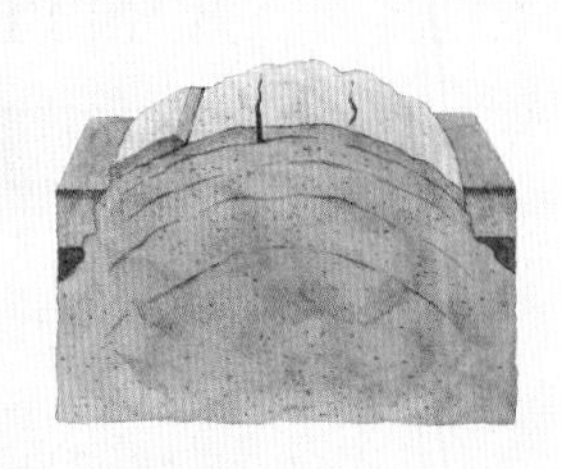

如何使用本書

本書以各辭條首字之語音排序，首字相同者，則以次一字之讀音爲準，依此類推。辭條之末則加注英文辭名，書末並有英文排序索引，便於使用者查詢。

辭條內文中有提及書內其他辭條者，則將字體以藍色標記。

各辭條間有相互關連者，則以「參見」爲記；相同者，則以「同」表示之。例如：

母岩 bedrock

同基岩。

與其他辭條相同者

標準時間系統 ← 中文辭條

standard time system ← 英文辭名

依據地方標準經線的時間所訂定的時間系統。通常規定跨越標準經線兩側各7.5度經度的區域，共用標準經線的地方時間。參見標準時區。

（標準經線 ← 相關之辭條以藍色標示）

（參見 ← 與其他辭條相關者）

目錄 CONTENTS

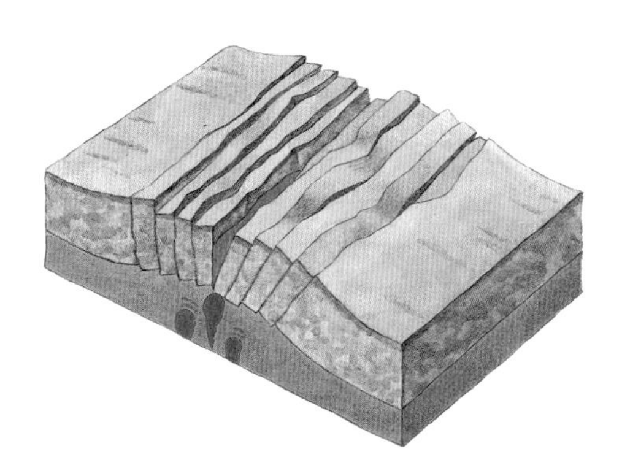

ㄆ

ㄉ

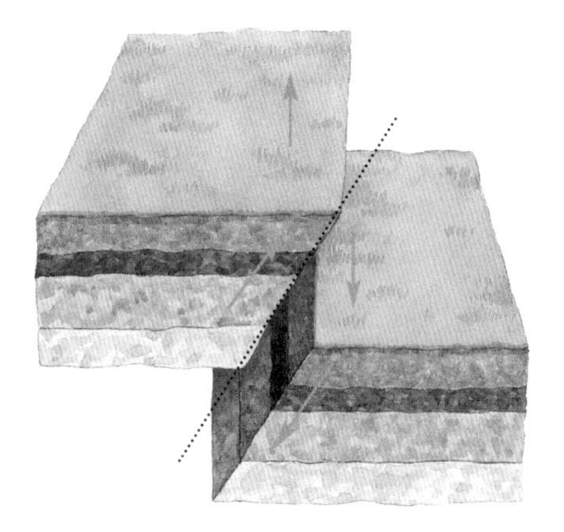

ㄊ

ㄋ

ㄍ

ㄎ

ㄐ

ㄒ

ㄓ

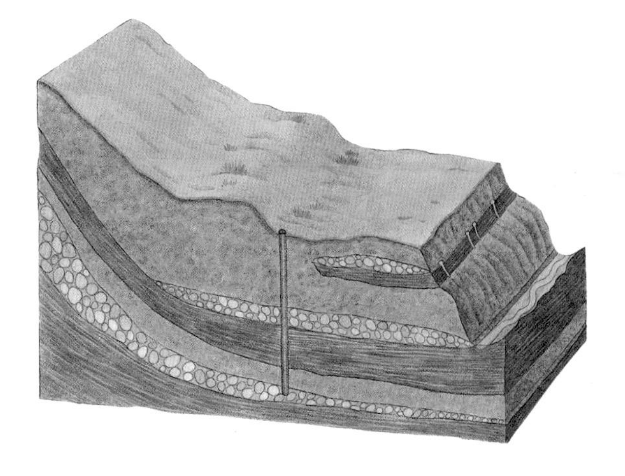

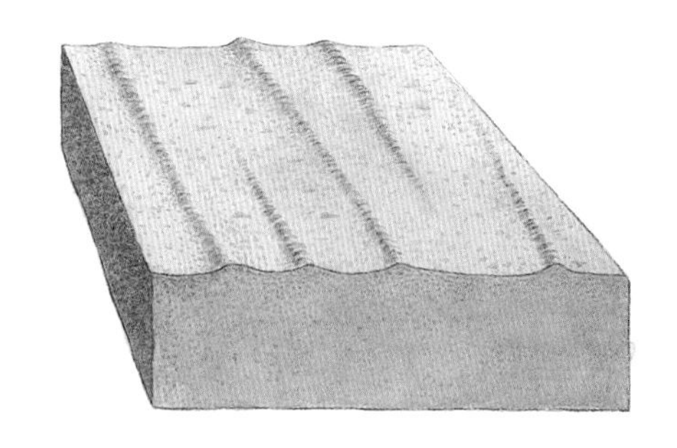

ㄗ

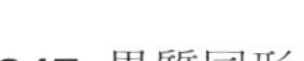

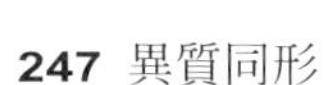

一

ㄅ

比重 specific gravity
物體的重量和同體積水的重量的比值。

比溼 specific humidity
在一團空氣中，水蒸氣的質量與該空氣總質量之比稱為比溼，通常以公克／公斤表示。

比熱 specific heat
單位質量的物質溫度上升（或下降）所吸收（或放出）的熱量，與其上升（或下降）溫度的比值。

標準化石 index fossil
可用以判斷岩石堆積時間的化石，例如三葉蟲為古生代的標準化石。

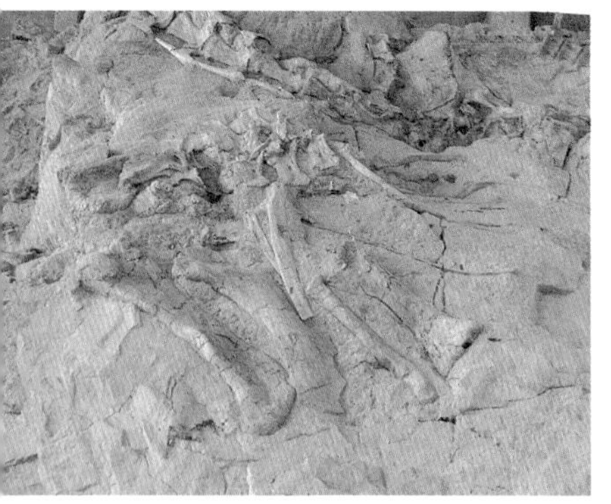

▲恐龍化石為中生代標準化石，本圖攝於美國「恐龍自然保留區」。

標準經線 standard meridian
平均每隔15度經度為一標準經線，用以訂定標準時區。參見經線。

標準時間系統
standard time system
依據地方標準經線的時間所訂定的時間系統。通常規定跨越標準經線兩側各7.5度經度的區域，共用標準經線的地方時間。

標準時區 standard time zone
共同以某標準經線訂定地方時間的區域。

表面張力 surface tension
當水與空氣接觸時，水面的水分子向下受到底層及周圍其他水分子的強大鍵結吸引，但向上卻僅受到極為零星的水分子的鍵結約束，因此有向內縮的傾向，並使水體像包裹著一層無形的薄膜一般。當在水面輕放一根針時，針的重量在水面形成不同方向的力，結果就像是一層薄膜被拉張一般，這種水面分子間抗拒被拉張斷裂的力，稱為表面張力。

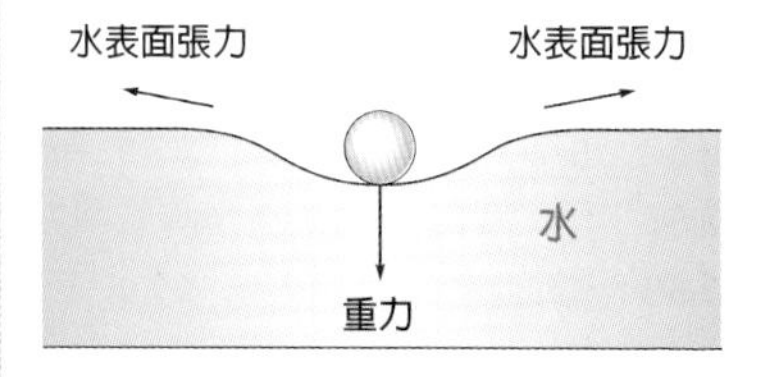

水的表面張力大，為一般液體的二至三倍，許多小生物便是靠著水體表面張力的支撐，而得以在

全球時區

理論上時區以經線分隔，但實際上並非如此，一旦領土跨時區，大部分國家會以行政區作劃分（稱為實際時區或法定時區），例如美國本土的四個時區即以州界為分界線，由東而西分別命名為東岸標準時區、中部標準時區及山區標準時區、太平洋標準時區。

也有的國家則全國統一只用一個標準時間，例如中國大陸橫跨了五個時區，但以北京時間為準（相當於台灣的中原標準時間）；換言之，新疆等偏西地區天亮時可能已經是上午八點了。

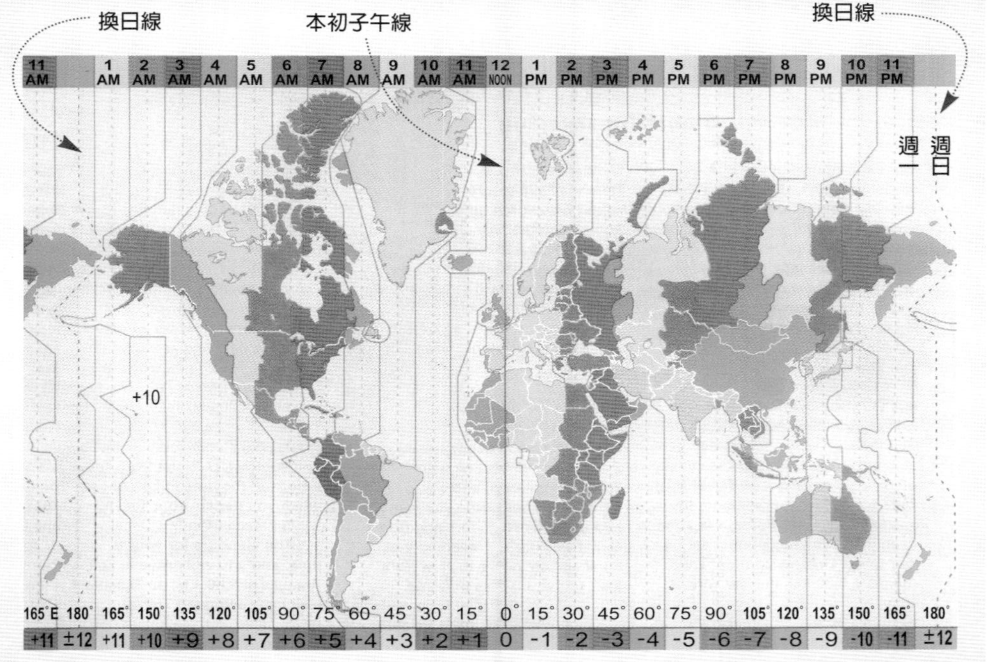

ㄅ

水面上活動或停留。

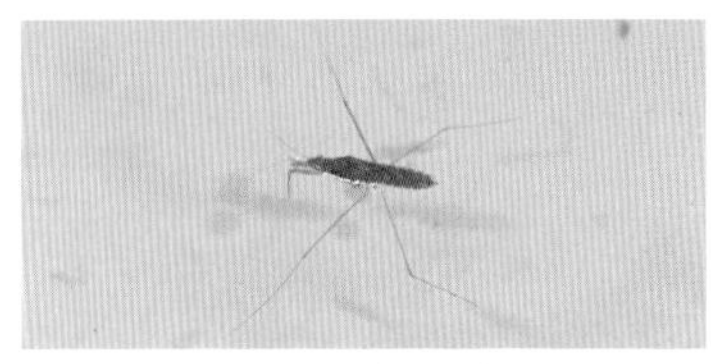

▲有些昆蟲靠著水的表面張力及腳上的特殊構造，能在水體表面自由停留或移動，例如圖中的水蠅。

表土層 epipedon
在地表形成的土壤層。

表現型 phenotype
單一生物體明顯可見的具體結構和形態。

扁橢圓體 oblate ellipsoid
極軸較赤道軸短的扁球體。

變質度 metamorphic grade
變質作用的相對強度。低變質度表示形成於較低的壓力與溫度環境之下。

變質相 metamorphic facies
由一群變質礦物構成，表示在一定溫度及壓力條件下，變質作用所能達到的化學平衡狀態。

變質作用 metamorphism
岩石在地底因為高溫或高壓而使組成或結構發生變化的作用。因為強大的壓力所造成的變化，稱為動力變質作用。通常岩石的組成顆粒的長軸會垂直於壓力的方向排列，形成葉理。
岩石若受到高溫產生變化，稱為動熱力變質作用。

變質岩 metamorphic rock
岩石在地表風化層和地底岩漿熔解層之間，因為溫度和壓力的變化，使得岩石的組成或結構產生變化而形成的岩石。

▲花蓮的白楊步道附近多為變質岩。

辮狀河 braided stream
由許多不斷分流又再匯集的交織低淺河道所構成的河流，少數河道經常有河水在其中流動，有些河道平時由沙洲與其他河道隔開，僅在高流量時有水流通。
此種河流地形的形成條件包括：
1 由易蝕性的物質所構成的河岸。

▲大甲溪的辮狀流路。

▲濁水溪的辮狀流路。

2 河流流量變化大，常因降雨或融雪而有季節性的高流量。
此種河道的運輸效率不佳，通常有陡峻的縱剖面，因而增加河水流速，以移動河道中的淤沙。

瀕臨絕種的物種 endangered species

▲台灣的櫻花鉤吻鮭已被列入瀕臨絕種的物種，目前正由保育單位努力復育中。

由於生態系的物理環境發生變遷或其他生物種類的成長（或衰敗），使其生存或繁衍受到嚴重威脅；或被國際保育聯盟(International Union for Conservation of Nature and Nature Reserves）的紅皮書所收錄的物種。

濱線 shoreline

海水和陸地的交界線，會隨著海平面的漲落而改變位置。參見海濱。

ㄅ

濱外 offshore
自碎浪帶或低潮線向海外延伸的部分。參見海濱。

冰拔 glacial plucking，plucking
冰河為移動的固態冰層，若在行進當中遇到凸出地面的岩塊，因冰層跨越岩塊時的擠壓，局部壓力增大而使底層局部冰層融解，融冰水滲入岩塊周圍或其節理，後來再度結凍，撐大裂隙並鬆動岩塊，當冰河再往前行時，將岩塊從原地拔起帶走，此種侵蝕方式稱為冰拔或冰拔作用。

冰雹 hail
直徑在5到50公釐之間、十分堅硬的圓球狀冰塊降水，通常出現在極不穩定的大氣狀態下。
冰雹的形成過程為：垂直發展的積雨雲底部的雨滴，受上升氣流牽引舉升至高空，溫度下降至冰點而凍結，周圍的過冷水碰撞到此冰粒後馬上結凍，在其外表形成一層透明的冰層，接著冰粒因為偏離局部上升氣流而落回較低處，在外表裹以一層液態水，然後又被上升氣流舉高，再被凍結；如此上下反覆運動，直徑不斷增加，最後超過氣流的浮力而掉落至地面。由於其上下反覆裹水和結凍，因此內部形成類似洋蔥狀的層狀構造。

冰暴 ice storm
大量過冷的液態降水落到地面，碰到物體後迅速結冰的天氣現象。

冰棚 ice shelf
指冰層或冰河延伸到海面的部分。
冰棚由雪堆積重新結晶而成，因

▲阿根廷的Pt. Bandera冰河延伸。

此為淡水成分。沿海冰棚經常形成懸崖，海拔可達60公尺，並往海面下延伸，最深可達900公尺左右。海水從冰棚邊緣進入，在冰棚下方凍結，釋放鹽分，造成冰棚下方有一層寒冷、高鹽分、高密度的海水，這層海水隨後沈降，流向外海，完成冰棚下海水的循環。

冰帽 ice cap

高緯地區大陸冰河中，面積較小的凸出冰層。

冰斗 cirque

山嶽冰河的源頭由於積雪甚厚，當冰層緩慢移動時，對其下方的岩層進行磨蝕作用，兩側和上源的岩層則因順著節理的凍裂作用，崩塌成陡峭的岩壁，逐漸形成三邊陡峭、狀似太師椅的半圓形盆狀窪地。一般認為，冰斗中心向源側為累積區，下游側為消融區，因此冰層以冰斗中心為軸，進行旋轉運動，磨蝕地表，結果形成向上凹的縱剖面。

▲阿爾泰山上的冰斗。

冰斗湖 tarn，cirque lake

冰斗形成時，源頭冰層較厚地區的冰拔作用鑿刻得較深，而源頭前方較淺，形成斗口處稍微凸起，略向後傾的凹槽，因此當冰河消退後，積水成湖，即稱為冰斗湖。

▲雪山上的湖是否為冰斗湖在學界仍有爭議。

冰礫阜 kame

小丘狀的成層冰磧層。為冰河所堆積的三角洲狀或沖積扇狀沈積物，或冰河中空穴內的沈積物在冰河後退後所遺留者。

冰礫台地 kame terrace

成層的冰磧層沈積在河谷兩側和消融的冰河之間，狀如河階台地。

冰鍋 kettle

同冰穴。

冰蓋 ice cap

同冰帽。

冰河作用下的地形

角峰

當一個山頭被多條山嶽冰河所包圍時，由於各冰河冰斗的溯源發展，將山頭侵蝕成尖銳類似金字塔形的錐狀地形，稱為角峰。

刃嶺

當冰河的冰拔作用和凍融作用使冰斗源頭的岩壁不斷崩垮後退，兩相鄰冰斗間的分水嶺因而越來越窄，終於發展出如刀刃一般尖銳的山脊，稱為刃嶺。

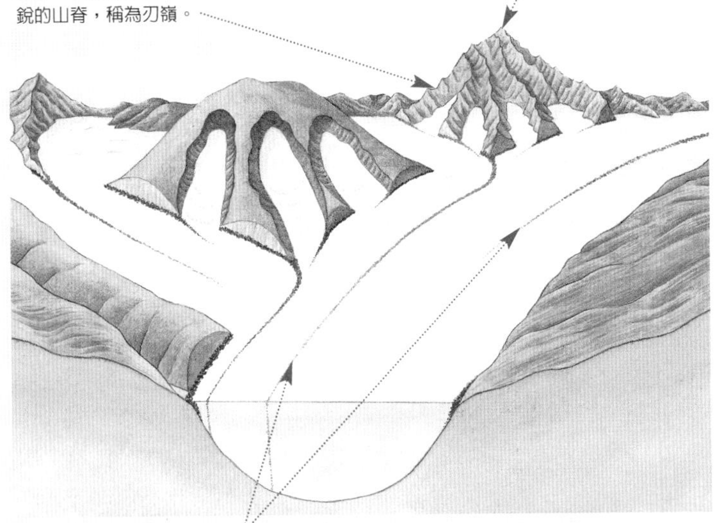

中磧

當相鄰冰河交會時，原屬於個別冰河的側磧會匯聚，在匯流後的冰河中心移動和堆積，稱為中磧。

懸谷

冰河對河床的刻蝕能力與冰層的厚度有關，因此冰層厚度較薄的冰河支流下切力量較小，結果在支流匯入主流的交口處，造成支流冰河槽的谷床高度較主流河床為高的現象。當冰河消退後，便呈現支流河谷高掛在主流谷壁上的現象，稱為懸谷，並經常形成瀑布。

冰斗

山嶽冰河的源頭由於積雪甚厚，當冰層緩慢移動時，對其下方的岩層進行磨蝕作用，兩側和上源的岩層則因順著節理的凍裂作用，崩塌成陡峭的岩壁，逐漸形成三邊陡峭、狀似太師椅的半圓形盆狀窪地。一般認為，冰斗中心向源側為累積區，下游側為消融區，因此冰層以冰斗中心為軸，進行旋轉運動，磨蝕地表，結果形成向上凹的縱剖面。

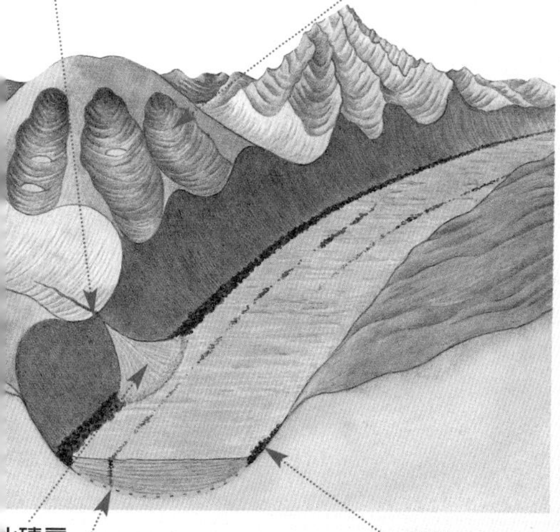

k磧扇

側磧

在冰河側緣，由未經淘選、大小混雜的角狀岩石堆積而成的地形。包括冰河前進時，谷壁風化崩落的土石，集中堆積在冰河的側緣表面而被冰河往下攜帶者，以及位於冰河與山谷岩壁之間被冰河棄置的岩屑堆積物。

蝕槽

山嶽冰河在移動的過程中，帶著凍結在層底部的岩石對谷底和谷壁進行磨蝕和鑿的作用，在平行於冰河前進方向，產底部平緩而兩壁陡直，橫剖面呈U字形山谷，又稱U形谷。

ㄅ

冰河 glacier

在積雪深厚的地區，下層的冰雪受到重壓，重新結晶成冰；大規模的冰體受到重力的影響，或順著山坡滑入山谷溝澗，或因冰層壓力而由大陸冰原中心順著平滑的地面往冰緣區緩慢移動，即形成冰河。

冰河的移動速度極為緩慢，當冰河區的降雪量大於融雪量時，冰河的前緣會向前推移拓展；當降雪與融雪量相當時，冰河前緣維持不動，而當降雪量小於融雪量時，則冰河前緣逐漸消融而往後縮回。

▲瑞士 Gornergrat 山區的冰河。

冰河冰 glacier ice

在高山和高緯等寒冷地區，當積雪累積變厚形成粒雪後，若積雪繼續加厚，擠壓越甚，雪冰密度繼續增至0.9公克／立方公分時即成冰河冰。此時冰層密度極大，與由水凍結所成的冰（密度0.918公克／立方公分）相差無幾；此時每平方公分的冰河冰所產生的壓力達68公斤。

冰河泥 varve

冰河湖中的冰河沈積物，每一層代表一年的沈積，由一粗一細或一白一黑的泥土層所構成，夏季融冰量大，沈積顆粒較粗，冬季融冰量少，沈積物質則較細。

冰河谷 glacier trough

同冰蝕槽。

冰河作用 glaciation

在高緯或高山地區，若每年降下的雪量較夏季融化量為多時，會形成冰河。冰河因為增厚或重力的因素而移動，連同挾帶的沙石對行經的地表造成侵蝕作用。通常冰河在移動過程中，會將鬆動的岩塊拔起帶走，並刻蝕河床，造成地表形態的變動。

冰河對地表物質所進行的侵蝕、搬運和堆積作用的總稱。

冰河槽 glacier trough

同冰蝕槽。

冰河三角洲 glacial delta

冰河融水流入湖泊時所堆積的地形。

ㄅ

冰解作用 calving

冰河進入水體時，大塊冰碎裂進入水中，成為浮在海水或湖水中的冰山及浮冰。

▲圖為攝於北極海的浮冰。

冰期 ice age

指大陸冰原大規模擴展，冰河侵蝕、搬運和堆積作用異常活躍的地質時代。最近一次冰期開始於兩百萬年前；約在一萬年前，冰原雖然開始明顯的退縮，但估計更新世冰期尚未完全結束。在更新世中，有幾次明顯的氣候變動，冰期和間冰期交互出現。根據最近的海洋沈積物的研究，可能有多達二十個、為時達十萬年的冰期，間夾為時約一萬年的間冰期。

冰磧平原 till plain

指大陸冰河消退後，遍布冰磧石的平緩地區。

冰磧丘 moraine

冰河消融時，釋放出原凍結在冰層裡的大小混雜碎屑，直接在冰河的邊緣或底部堆積成不具層理的丘脊地形或冰河的堆積物，稱為冰磧丘。

▲帕米爾高原冰河前端的冰磧丘。

▼在高緯度地區或海拔較高處往往因積雪深厚而形成冰河。
圖為阿根廷的 Lago Roca 冰河。

ㄅ

冰磧石 till

冰河行進時同時搬運粗細雜陳的土石碎屑，在冰河消融時，部分碎屑直接堆積於當地，形成大小混雜、圓度不一、層次難分的堆積物（即冰磧），這些碎屑則稱為冰磧石。

廣義而言，till 和 moraine（冰磧丘）同義；狹義而言，前者指堆積的物質，後者指堆積成的地形。

▲冰磧石的特徵之一是大小不一、層次難分。

冰磧岩 tillite

由冰磧物固結而成的岩石。

冰磧物 drift

同冰磧石。

冰隙 crevasse

冰河移動時，其各部位因地形或谷壁摩擦力的差異而有不同的速度，結果造成冰層的斷裂，在冰河表面形成與移動方向垂直的裂隙，稱為冰隙。

冰楔 ice wedge

在永凍土分布區，底冰順著細粒坋沙冷縮形成的裂隙往下伸展所發展出的垂直冰牆。

冰楔多邊形
ice wedge polygons

由冰楔所組成的多邊形圖案地。

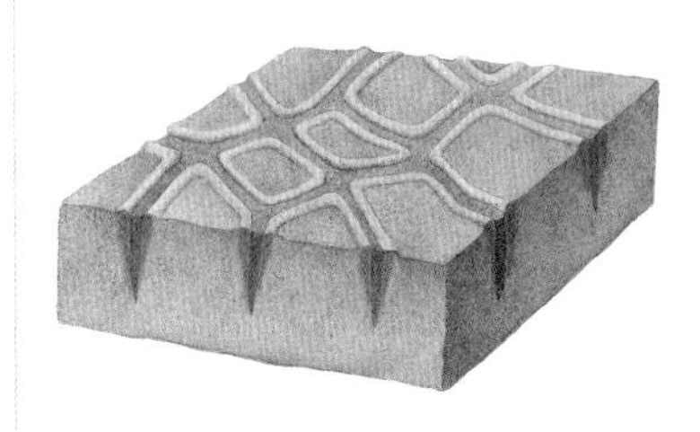

冰穴 kettle

冰河沉積物中的冰塊融化後留下來的空穴；通常出現在冰原的端磧帶。

冰珠 sleet

同霰。

冰川 glacier

同冰河。

冰蝕平原 ice-scoured plain

大陸冰河面積廣大，將其覆蓋區侵蝕為低緩起伏的地形，稱為冰蝕平原。其上因冰河的挖鑿作用而產生許多窪地，冰河消退後常積水成湖。

冰蝕湖 glacial lake

大陸冰河範圍廣、冰層厚，長期的冰河作用形成遼闊的冰蝕平原，冰蝕窪地處處可見，當冰河消融後積水成湖，稱為冰蝕湖。

▲中國大陸海螺溝冰河區的冰蝕湖。

冰蝕槽 glacier trough

指山嶽冰河在移動的過程中，帶著凍結在冰層底部的岩石對谷底和谷壁進行磨蝕和刻鑿的作用，在平行於冰河前進方向，產生底部平緩而兩壁陡直，橫剖面呈U字形的山谷，又稱U形谷。

冰山 iceberg

指冰原或冰河前緣斷裂，脫離進入海面的大塊浮冰。

冰山含有淡水，其平均密度為海

▲冰山因體積巨大，即使脫離冰河進入海水中也不會立即融化，圖攝於阿根廷。

水的87%，因此冰山總體積中有87%沈在海平面之下。

冰融 ablation

冰河體積因融解和蒸發作用而減損的過程。

冰融帶 ablation zone

冰河前端融雪量比降雪量大的區域，冰河的厚度在此逐漸減少。

冰埡 col

同山坳。

冰雨 glaze

下降的雨或過冷水在暴露的物體表面所結成的冰。

冰原 ice sheet

高緯地區面積廣大而連續的大陸冰河，其外緣可能連接到海冰。全球目前只有兩個冰原，一個在南極洲，冰體達一千一百五十萬立方公里，另一個為格陵蘭，冰體達一百七十萬立方公里。兩者的特性為厚度大，冰雪的積累和消融速度均低。參見大陸冰河。

冰原島 nunatak

在大陸冰河地區，高出冰河面、無冰雪覆蓋的山脊或山嶺。

捕擄岩 xenolith

被包裹在侵入火成岩體中的岩石碎塊。參見岩脈。

ㄅ

捕食 predation
在食物鏈關係中，一種動物以另一種動物為食的關係。

補注水 recharge
同充水。

部分融熔 partial melting
因組成岩石的礦物有不同的融熔溫度，因此加熱後，有部分岩石物質先熔化的現象，稱為部分融熔。

不透水 impermeable
形容岩石或地表沈積層無法讓水順利通過的特性。通常是因為岩石組成顆粒太小或孔洞太小，使水分以表面張力緊緊附著在個別顆粒之上，因其吸附力超過所受重力而無法移動。參見阻水層。

不透水層 aquiclude
同阻水層。

不連續面 discontinuity
岩體的物理性質發生突然變化的介面。

不可更新資源
non-renewable resources
使用後會永遠消失或產生永久變質的資源，或者雖可回收再利用，但是每次都會消耗一部分，因此隨著回收次數的增加，終將被消耗殆盡的自然資源，例如土壤、礦物、石油、煤等。

不整合 unconformity
相疊的岩層在彼此生成時間上，出現未銜接的地方。不整合面以下的老地層通常呈現褶皺或傾斜的情況，而上方的年輕岩層則呈現較為簡單或水平的層態。不整合面代表老的地層曾經經歷一段相當時間的侵蝕過程。

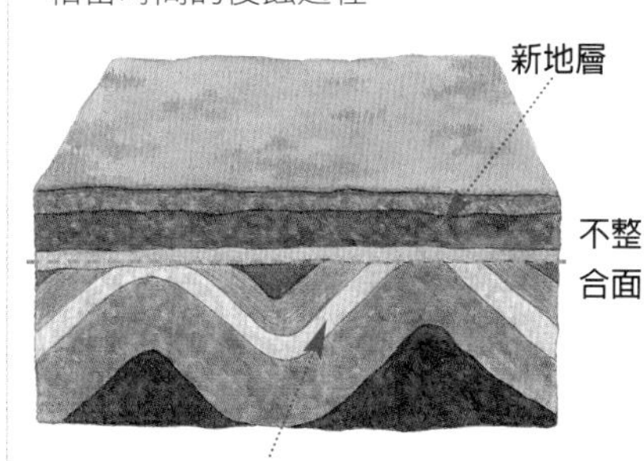

不穩定的空氣 unstable air

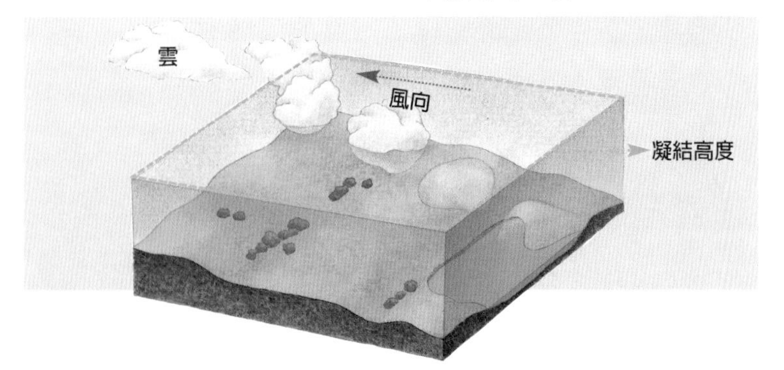

指環境溫度遞減率比空氣絕熱冷卻率大的狀態。在這種條件下，舉升空氣胞溫度下降的速度比周圍環境隨著高度降溫的速度慢，結果空氣一旦舉升，溫度就變得比周圍環境還高，必須膨脹降溫才能與周圍環境溫度一致，空氣膨脹的結果使空氣胞變得比周圍空氣輕，因此繼續往上升，同樣的情況再度發生，於是空氣不斷地往上竄升，非常不穩定。若空氣胞中的水蒸氣量大，就可能形成降雨。

布拉風 boro
發源於俄羅斯的極區冷氣團，由高原往西南流下坡面至前南斯拉夫低地，氣溫冷冽。其風速有時可達100節。

拔蝕 plucking
同冰拔。

波峰 wave crest
波浪中最高的點。

波浪 wave
風在水面吹拂，因摩擦而牽動水體進行圓周運動，造成水的起落，形成一系列波峰與波谷相間，能夠傳遞能量的規律運動或擾動。
在水面上移動的波浪，傳送的是能量，而不是水體本身，水只作上下移動，並沒有顯著的橫向位移。波的最高點為波峰，最低點

波浪剖面圖

掃浪帶
衝浪帶
破浪
深水
淺水
波浪在此處受水底地形干擾
此處海底微受侵蝕
此處海底受強烈侵蝕
亂流水

水分子運動之變化

ㄅ

為波谷。波峰與波谷的高差稱為波高，而相鄰兩波峰之間的距離稱為波長。波浪的大小由風速、風吹的持續時間，以及風吹拂的範圍（風域）來決定。波浪可根據波長、頻率、週期或波高加以分類。

波谷 wave trough
波浪中最低的點。

波高 wave height
波峰和波谷之間的垂直距離。

波痕 ripple mark
因風吹過水面而起波浪，其在水面下的沙泥表面所造成的痕跡。

波基 wave base
波浪的搬運和侵蝕作用所能達到的深度。

波建台地 wave-built terrace
由波浪所帶來的沈積物堆積而成的台地，大部分位於波蝕平台的向海側。

波狀原 bajada，bahada
乾燥地區的山嶺外緣，由無數相連沖積扇集合而成的平緩地形面。

波週期 wave period
相鄰兩波峰或兩波谷通過一定點所需要的時間。

波長 wave length
相鄰兩波峰或兩波谷間的水平距離。

波蝕平台 wave-cut platform
海浪侵蝕海崖基部，使海崖後退，形成與海平面同高的平台。波蝕平台的寬度變化甚大，由數公尺到數百公尺不等，主要決定於岩性及海平面維持在形成該海蝕平台時的高度的時間長短。其上可能岩石裸露，也可能有沙、礫、卵石覆蓋，但是這些沈積物因常受波浪的干擾，並不穩定。

▲八斗子的波蝕平台上覆滿了藻類植物。

波蝕棚 wave-cut bench
同波蝕平台。

白雲母 muscovite
白色或無色的雲母礦物，也稱為鉀雲母。

白雲岩 dolomite
多半是由富含鎂的水流將石灰岩中的鈣離子取代，使原來的碳酸鹽類受「白雲石化作用」變成碳酸鎂礦物而成。石灰岩中原有的層面和其他沈積構造，通常都因為此類化學取代作用而被破壞，因此白雲岩常呈現沒有層理的塊狀結構。

白堊紀 Cretaceous
地質時間表中，中生代的最後一個紀，距今約一億三千五百萬年到六千三百萬年前。

白堊岩 chalk
一種較軟的石灰岩，通常因為含有95％以上的石灰（碳酸鈣）而呈現白色。它是由極微小的海洋生物混合極細粒的方解石所組成，為一種化學沈澱岩石。其岩石孔隙率很高，但是其高透水性卻主要源於豐富的節理和層理。

北半球副極區 subarctic zone
位於北緯55度到60度之間的緯度帶。

北回歸線 tropic of cancer
北緯23.5度的緯線。為太陽正射範圍的最北界。

北極圈 arctic circle
北緯66.5度緯線。

▲北極所在緯度為北緯90度，有人在此處立一標示牌註明：「世界盡頭」。

背風面 leeside
山、沙丘或岩石背著風的一側。

背斜 anticline
岩層受到板塊運動的擠壓，產生波浪狀彎曲，其向上拱起的部分，稱為背斜構造。其軸線稱為背斜軸，兩側岩層的傾角可能呈現對稱或不對稱的情況。參見向斜。

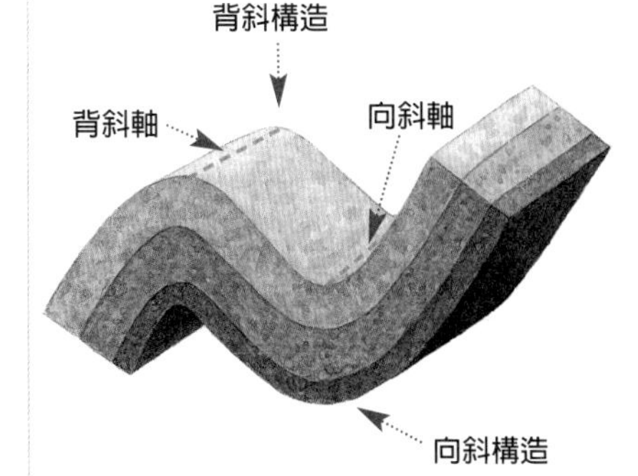

背斜谷 anticlinal valley

順著背斜軸部軟岩發育而成的山谷。參見侵蝕性背斜。

貝殼狀斷口 conchoidal fracture

礦物破裂後所產生的光滑彎曲斷面。參見斷口。

包裹體 inclusion

被包圍在火成岩中的老岩石碎塊。同捕擄岩。

雹線 hailstreak

劇烈發展的冷鋒前端，因為冷空氣快速移動，鑽入暖空氣底下，使得暖空氣迅速被舉升而形成垂直發展的積雨雲牆，降下的冰雹在地面形成狹長的堆積帶。通常可達十公里長、數公里寬。

飽和 saturation

1. 空氣中所能容納的最大水蒸氣含量隨著氣溫而變動，當空氣中實際所含的水蒸氣量與所能容納的最大水蒸氣含量相等時，稱為飽和，也就是相對溼度達到100%。
2. 當土壤或岩石的孔隙全為水所充滿時。

飽和地表逕流 saturation overland flow

在土壤飽含水的情況下所產生的地表逕流。通常發生在山谷坡腳，地下水面與地面交會的地方。

飽和帶 saturated zone

位於地表下，所有孔隙都被地下水所充滿的基岩或岩屑層。參見自流井。

飽和水汽壓 saturation vapor pressure

大氣中含有水蒸氣；水蒸氣本身的壓力稱為水汽壓。在一定溫度下，一定體積空氣中能包含的水蒸氣量有一定的限度。當空氣中的水蒸氣量達到該限度，即稱為飽和；而當時的水蒸氣壓則稱為飽和水汽壓，又名最大水汽壓，如果超過該限度，大氣中的水蒸氣就會開始凝結。飽和水汽壓與溫度之間呈正相關，如下圖。在攝氏0度時，飽和水汽壓為6.11毫巴（mb）。

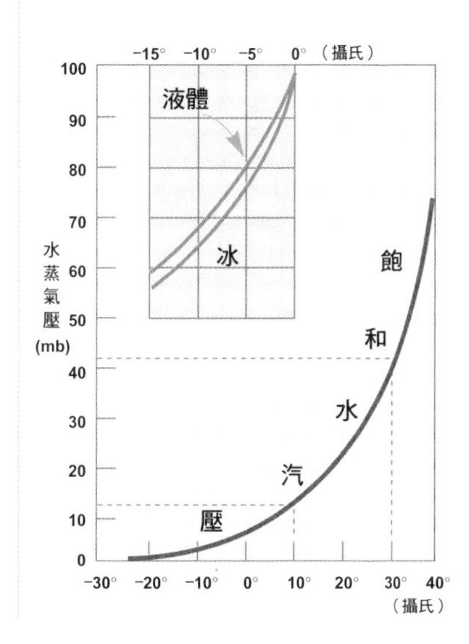

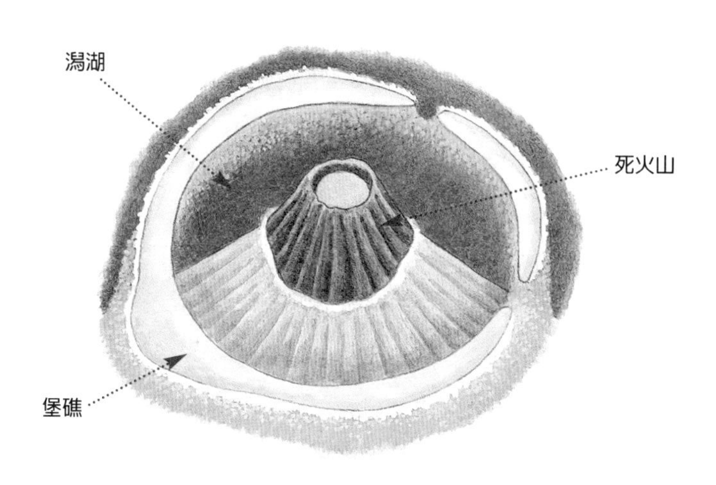

堡礁 barrier reef
平行於海岸線，與陸地之間夾著潟湖的條狀珊瑚礁。參見環礁。

保育 conservation
指以大多數人的最大利益為依歸所行的資源利用；或為改善自然或人類環境品質而進行的規劃或管理。

暴洪 flash flood
暴雨導致河流水位快速上漲所造成的洪水。

暴潮 storm surge
因為熱帶氣旋逼近海岸，而使海水面迅速上升的現象。

斑晶 phenocryst
在斑岩中，被石基填充物所包圍著的較大礦物晶體。

斑岩 porphyry
具有大的礦物結晶粒（斑晶），被細小礦物（石基）所包圍的結構的火成岩。

搬運 transport
被風、水或冰河將風化物質從一地移動到另一地的過程。

搬運力 competence
在一定的條件下，河流、風或冰河所能搬運的最大沈積物的顆粒大小。

板塊 plate
由堅硬剛強的岩石圈分裂而成，可獨自移動的塊體。目前地球表面已知的板塊約有二十幾個，厚度在50到125公里之間，浮動在軟流圈之上。

ㄅ

板塊邊緣 plate boundary

板塊與板塊間的界線稱為板塊邊緣，其相互間的運動可分為三類：

第一類屬建設性或張裂邊緣，出現在相鄰板塊互相遠離處，火山活動在分裂處形成新的地殼；此類板塊邊緣與海底張裂和中洋脊的形成密切相關。板塊的分裂速度可達每年6公分。

第二類為破壞性或聚合邊緣，出現在兩相鄰板塊會聚之處，其中一個板塊向下彎曲並插到另一板塊之下，形成隱沒帶。此類板塊邊緣通常有板塊被下拉造成的海溝、因強烈擠壓造成沈積岩層的褶皺，以及隱沒板塊熔解形成岩漿往上湧升，在大陸底部凝固造成的花崗岩岩基，或者噴發形成的火山山脈等。

第三類為剪力邊緣，兩相鄰板塊做平行於介面的相對運動，類似於平移斷層，其兩側岩體既沒有損耗也沒有增長。

板塊運動 Plate tectonics

發展於1960年代的重要地質學說，主張地球表層由若干可移動的剛性板塊所組成，經過長期的地質時間，板塊間相對地移動，造成海洋盆地的大小和形狀的改變，以及中洋脊和山脈的形成。通常個別板塊厚度約在50到125公里之間，板塊底下則為溫度高而強度較低的軟流層，因此板塊可以在其上緩慢地移動。根據地表

主要斷層、地震帶及火山的分布，可以推測出目前地表主要包括六大板塊（歐亞大陸、非洲、印澳、太平洋、美洲和南極洲），以及十五個小板塊。參見次頁圖。

板狀劈理 slaty cleavage

一種由微晶礦物，如雲母及綠泥石等，呈平行排列所造成的葉理狀岩理。岩石極易順著此等岩石中的弱面剝離。

全球板塊分布圖

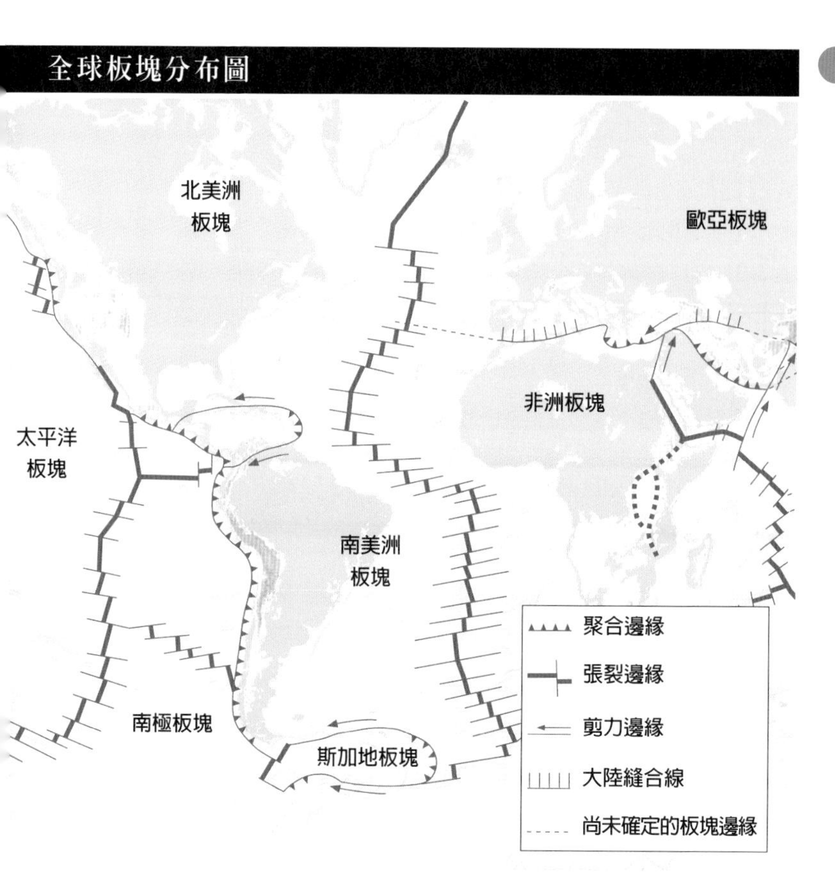

板岩 slate

係泥質沈積岩（如泥岩、頁岩、坋砂岩）或細粒火山岩（如凝灰岩）經過低度變質作用所形成的岩石，一般多呈灰色、紫灰或綠灰色。質地細密的岩石受壓後，裡面的水分排出，使整體體積縮小，其中的黏土礦物重新順著壓力最小的方向排列，形成垂直於受力方向的平行排列，造成劈理。由於岩石容易順著劈理斷裂成薄片，加上泥質材料不易透水，因此常被用來當作建材。

半球 hemisphere

位於赤道與極點之間的半個地球。

板塊的隱沒

海洋板塊與大陸地殼碰撞後，較重的海洋板塊會潛入大陸地殼之下，形成隱沒。

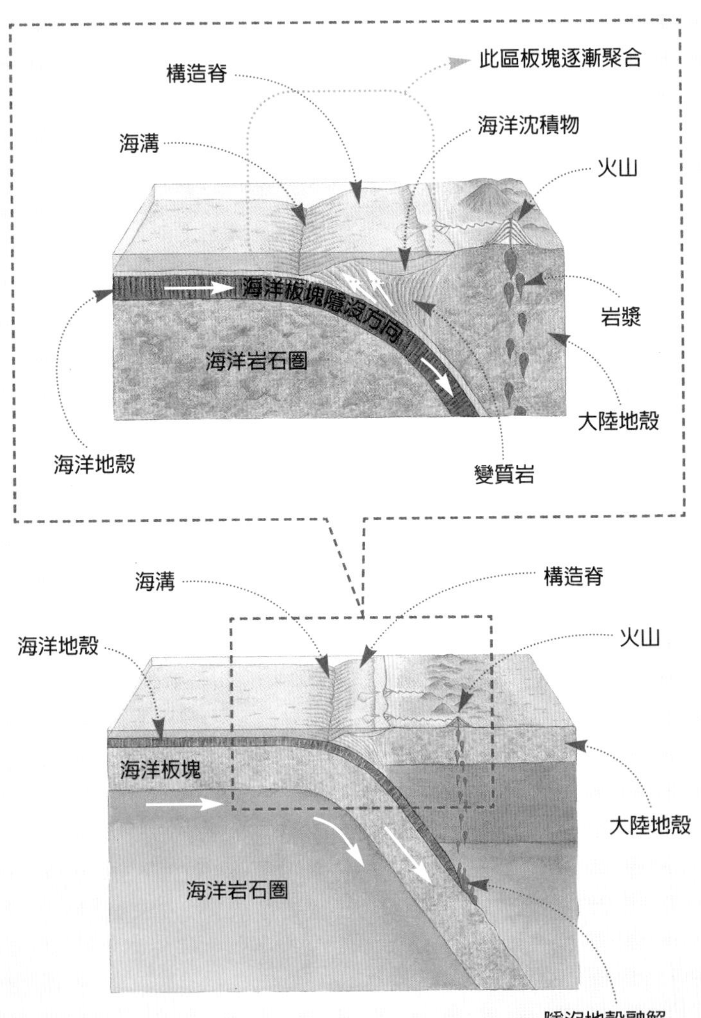

板塊的張裂

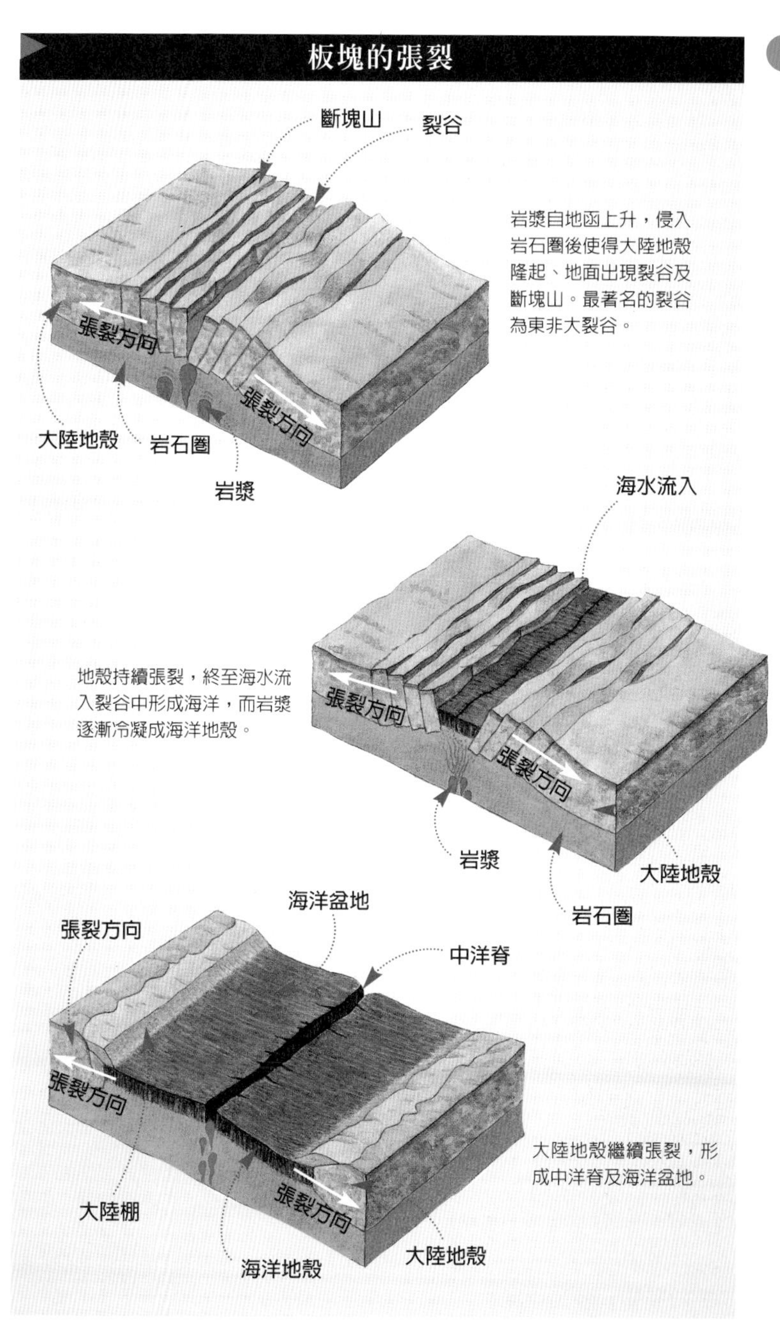

岩漿自地函上升，侵入岩石圈後使得大陸地殼隆起、地面出現裂谷及斷塊山。最著名的裂谷為東非大裂谷。

地殼持續張裂，終至海水流入裂谷中形成海洋，而岩漿逐漸冷凝成海洋地殼。

大陸地殼繼續張裂，形成中洋脊及海洋盆地。

ㄅ

半衰期 half-life
放射性元素蛻變時，母元素所含的原子數逐漸減少，子元素逐漸增加，當母元素減為原來的一半時，所需的時間稱為該元素的半衰期。

崩塌 slump
指斜坡上的物質順著滑動面滑動時，滑動體因為高水分含量而潰散的一種崩壞作用。崩塌的冠部常出現裸露的陡崖，滑動體呈現舌狀的鬆散岩體，而土流則形成外凸的趾部。參見塊體崩壞。

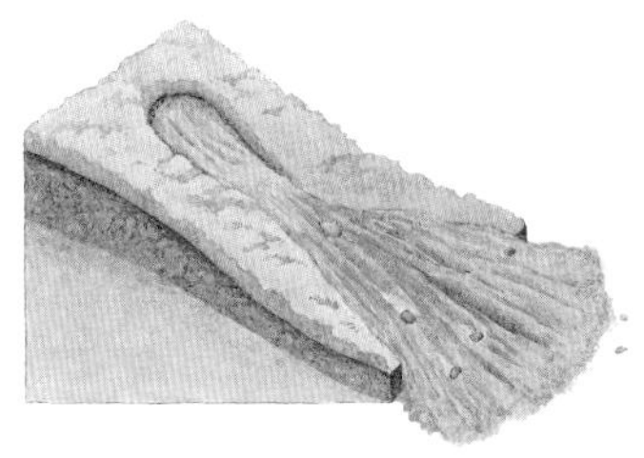

崩積物 colluvium
因山崩掉落並在坡腳堆積的疏鬆沉積物。

崩積土 colluvium
由漫地流自上邊坡攜帶下來，並堆積在坡腳的沉積物或岩石碎屑。

崩解作用 disintegration
岩石由大塊碎裂成小塊的過程。

崩瀉 avalanche
大塊的冰雪或岩塊土壤，受重力或雨水作用，快速滑下斜坡的現象。也可能由噪音、冰融或積雪坡坡度增高所引發。

崩移 slide
物質沿著一滑動面向下移動，而仍能保持良好凝聚狀態的現象。

▲草嶺山區可見多處崩塌地形。

劈理 cleavage
有些岩石受力時，會順著一定方向的弱面裂開，此等裂面稱為劈理。

漂礫 drift
由與冰河相關的作用所搬運和堆積的物質。

漂礫群 boulder train
一系列冰河所造成的冰磧丘，常呈扇形。

漂石 glacial drift
泛指所有冰河堆積的岩石碎屑；其與更新世的冰原密切相關。

片麻岩 gneiss
為高度變質的岩石，由於形成當時的溫度接近組成礦物的熔點，部分礦物經再結晶作用形成大的晶體。又同類的礦物有聚集成帶的趨勢，因此形成深淺顏色平行互層的特徵，其中淺色的為石英和斜長石，深色的多為黑雲母和角閃石，有時還夾雜著由雲母形成的波浪狀平面。

片理 schistosity
變質岩中，因較粗粒礦物呈平行排列所造成片狀或長條狀的葉理狀岩理。

片流 sheet flow
在山坡坡面上厚約數公釐，足以搬動土粒的層狀水流。

片蝕 sheet erosion，rainwash
山坡坡面上薄層水流所造成的土壤侵蝕作用，可影響整個坡面而非集中在局部窪地。

片岩 schist
此種岩石所受的變質作用比形成板岩的變質程度高，內部的礦物因為強大的壓力和變形應力而沿著特定的方向生長，形成類似緊密堆疊葉片的片理。當黏土礦物因為再結晶作用而變成雲母和綠泥石時，因為其變質環境溫度和壓力較高，常形成中至粗粒的結晶，因此片理面不似劈理面平滑易斷。

貧草原 short-grass prairie，steppe

在北美和歐亞大陸的半乾燥地區，由稀疏分布的短小草類和樹叢所形成，缺乏樹木的草原生態系。

平面型地滑
translational slide
當岩體內的層面或節理面等不連續面的傾角，大於岩體的內摩擦角時，如果該不連續面的底端出露於坡面，或下方的岩石、人工構造物無法抵擋不連續面上方岩層的滑動力時，岩層就會往下坡滑動，稱為平面型地滑。

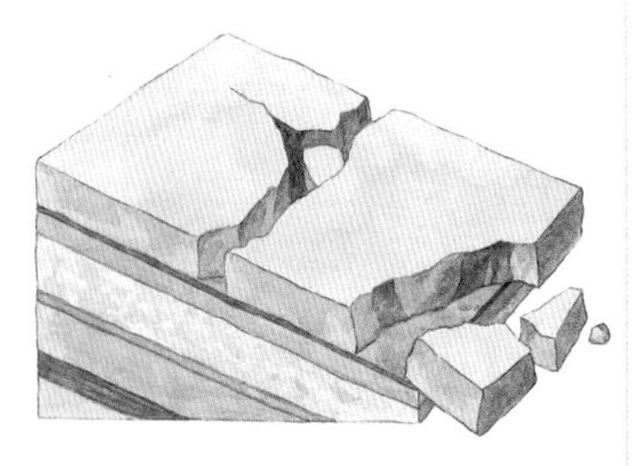

平流 laminar flow
在平滑筆直的河道中，低速流動的河水形成類似平行的層狀水流，以靠近河床的水層流動速度最小，水流速度往上遞增。具有此種流速分布特性的水流稱為平流。

平流層 stratosphere
從對流層頂往上到約48公里高處的大氣層。從對流層頂到20公里高的部分，氣溫幾乎維持在攝氏零下50度到60度之間，20公里高度以上，氣溫隨高度增加，直到平流層頂達最高溫攝氏0度。

平流霧 advection fog
指暖溼的空氣移動到相對寒冷的地表面上時，空氣氣溫下降至露點時，水蒸氣凝結所形成的霧。

平衡區 balance zone
位於冰河積累區和消融區之間的過渡帶：在此區中冰雪的堆積和損耗達到平衡。

平衡岩 balance rock
岩體因長期的差別風化與差異侵蝕，底部不斷退縮，僅存極小的部分與地面的岩體相接，但尚能

▲小琉球花瓶石原為珊瑚礁，後因侵蝕作用，形成平衡岩。

維持平衡不墜的地形。

平均流速 mean velocity

在某河流斷面上，各點河水流速的平均值。

平移斷層 strike-slip fault

斷裂面兩側岩層沿著斷面走向發生水平方向前後移動的斷層。斷面通常近於垂直。參見斷層。

蒲福風級表
Beaufort wind scale

由英國海軍軍官蒲福在1805年最初為提供水手判定風速所制訂，後加入陸上常見現象所修正的風速判定參考。

蒲福風級表

蒲福風級	名稱	一般描述	風速（公尺／秒）	風速（浬／小時）
0	無風	煙直上	< 0.3	< 1
1	軟風	煙能指示風向，但不能轉動風標。	0.3 ～ 1.5	1 ～ 3
2	輕風	人面可感有風，樹葉搖動，風標轉動。	1.6 ～ 3.3	4 ～ 7
3	微風	樹葉及小枝搖動不停，旗幟飄展。	3.4 ～ 5.4	8 ～ 12
4	和風	塵土及碎紙可被吹揚，樹分枝搖動。	5.5 ～ 7.9	13 ～ 16
5	清風	有葉的小樹開始搖動。	8.0 ～ 10.7	17 ～ 20
6	強風	樹的大枝搖動，電線發出呼呼聲，張傘困難。	10.8 ～ 13.8	21 ～ 27
7	疾風	全樹搖動，逆風行走困難。	13.9 ～ 17.1	28 ～ 33
8	大風	小樹枝被吹折，步行不能前進。	17.2 ～ 20.7	34 ～ 40
9	烈風	建築物有損壞，煙囪被吹倒。	20.8 ～ 24.4	41 ～ 47
10	狂風	樹被拔起，建築物有相當破壞。	24.5 ～ 28.4	48 ～ 55
11	暴風	極少見，出現必有重大災害。	28.5 ～ 32.6	56 ～ 63
12	颶風		32.7 ～ 36.9	64 ～ 71
13			37.0 ～ 41.4	72 ～ 80
14			41.5 ～ 46.1	81 ～ 89
15			46.2 ～ 50.9	90 ～ 99
16			51.0 ～ 56.0	100 ～ 108
17			56.1 ～ 61.2	109 ～ 118

ㄆ

普林尼式噴發
Plinian eruption
大規模強烈的火山爆發，經常炸毀原來的火山錐體，並以每秒數百公尺的高速射出大型火山碎屑與氣體柱，有時也以每小時45公里的速度筆直衝至平流層。當氣流潰散時，會產生致命的火山碎屑流，內含各類氣體和碎塊，迅速擴散到遠處。

瀑布 waterfall
在河床落差很大，急折成陡崖的地方，河水垂直或幾近垂直傾瀉而下的現象。經常出現在斷層崖、高原邊緣、冰河懸谷之處。

▲三峽雲森瀑布。

瀑潭 plunge-pool
瀑布底下經由飛奔落下的水流及漩渦，長期衝擊侵蝕所形成的深圓水潭。

帕 pascal（pa）
測定氣壓的單位。1帕等於0.01毫巴。標準情況下（在法國巴黎所在緯度），海平面的大氣壓力約為1,013百帕。

坡度 gradient
地表的坡度，通常以固定距離的垂直落差比表示。

破裂帶 fracture zone
基岩中的岩石破裂帶，或海洋中橫切中洋脊的轉形斷層。

破裂強度 rupture strength
在大氣壓力下，物體在破裂以前所能承受的最大應力。

破火山口 caldera
同火山臼。

排水密度 drainage density
指單位集水區面積的河道總長，通常以河道總長度除以集水區面積計算而得。

拋物線沙丘 parabolic dunes
兩尖端指向風來方向的拋物線形獨立低矮沙丘。通常沙層原已固結，之後再被吹蝕而成拋物線狀。參見沙丘。

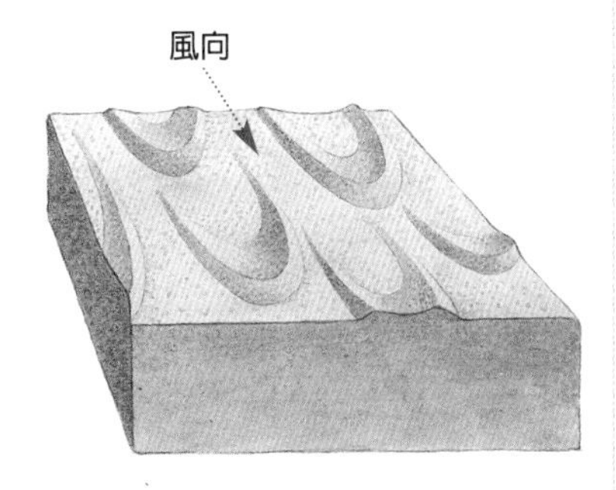

咆哮四十 roaring forties

在南半球的西風帶內，陸地面積小，盛行西風在廣大的海面上因為所受的摩擦力小，風速不斷加強，船員因而給予各種稱呼，緯度40度處因風速強而被稱為咆哮四十。另外還有狂暴五十（furious fifties）、飛翔五十（flying fifties）、尖嘯六十（screaming sixties）等說法。

攀爬植物 lianas

攀沿著樹幹等固定物往上生長的木本植物。

噴泥池 mud pot

在地熱或天然氣活動區，由噴發的泥漿所填充而成的池子。

噴流 jet stream

位於海拔9到15公里上空，蜿蜒曲折、有時會形成波動的強風帶。噴流中心風速通常為每小時180公里到270公里之間，有時甚至高達每小時500公里。極鋒噴流位於北緯30度到50度之間，夏季南移、冬季北移，乃由中緯度的極鋒帶冷暖空氣的明顯溫差所促成，而且左右中緯度溫帶氣旋的形成與移動。當北半球冬季時，極鋒噴流往北移動，會在北緯30度的地方出現一支副熱帶噴流，由西向東流動。另外，夏季在亞洲北緯20度附近有一支季風噴流，自東向西吹送，穿越印度及阿拉伯半島南端，抵達非洲東北岸。

噴氣孔 fumarole

火山地區不噴出熔岩，而以噴出

氣體為主的地面小孔。

▲印尼 G. Bromo 火山的噴氣孔。

噴出岩 extrusive rock

由地下噴出的熔岩冷凝而成的火成岩或火山岩。

▲印尼 G. Batok 火山群中由噴出岩形成的山丘。

盆地 basin

中間低平而周緣由較高的地形所環繞的封閉地形；通常為可供大量沈積物堆積到極大厚度的低窪地形。

米蘭克維契學說
Milankovitch's theory

塞爾維亞數學家兼氣候學家米蘭克維契（1879～1958）試圖以地球繞著太陽運轉軌跡、地軸傾角和擺動的變化解釋氣候變遷，尤其是冰期發生的學說。此三種運動的週期分別約為九萬五千年、四萬兩千年及兩萬一千年，其相互變動造成日照量的變化。該學說認為冰期乃發生在地球繞日軌跡接近圓形、地軸傾角小，而地球的擺動讓北半球在夏季更遠離太陽的時候。

密史脫拉風 mistral

發生在法國南部，與布拉風相似但強度較低的冷風，主要發生在冬季。歐洲東北方寒冷的空氣被地中海低氣壓吸引進入法國隆河河谷，然後吹過地中海，經常導致迎風山坡葡萄園的霜害。

母質 parent material

生成土壤的岩體或地表疏鬆岩屑等原始礦物質。一般而言，從母質演變而來的礦物質約佔土壤50％以上的體積，對土壤質地有決定性的影響。

母岩 bedrock

同基岩。

母元素 parent element

能由放射性蛻變作用變為子元素的所有元素。

瑪瑙 agate
具有星條帶的微晶質石英，常在洞穴中沈積。

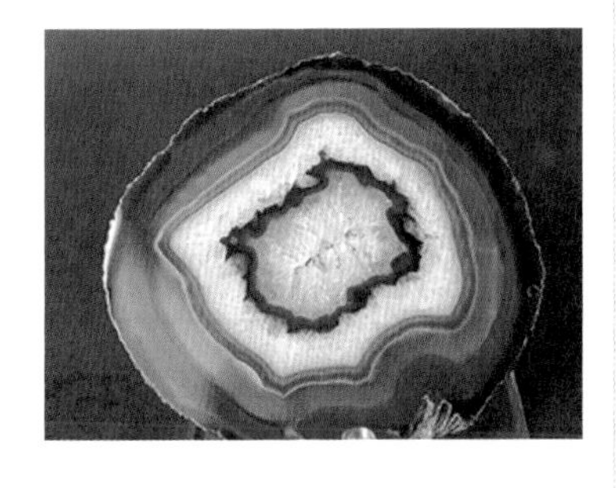

馬緯度 horse latitudes
指南、北緯30度到35度之間的地帶。由赤道低壓帶上升的氣流到高空後往高緯擴散，逐漸喪失熱量變冷，而在南、北緯30度左右下沈，形成副熱帶高壓帶。此區帶的空氣以下沈流動為主，地面風力微弱、風向不定，昔日仰賴風力從歐洲航行到美洲的船隻，遭遇此種天氣而被困在大海中時，船員只能將馬匹趕下船以節省飲水來自保，因此俗稱此緯度帶為馬緯度。

磨變岩 mylonite
極細粒的斷層角礫岩，常出現在大型逆掩斷層的斷面下，由斷層作用推磨擠壓岩層所造成，為一種壓碎變質岩。

磨蝕 corrasion，abrasion
指被風挾帶的沙石，在運動過程中，對受風的岩石表面造成撞擊和摩擦的作用。

漠坪 desert pavement
沙漠地表堆積的沙土經過風蝕作用，細沙被風帶走，僅剩下顆粒較粗的沙礫鋪蓋在地面上，形成類似礫石鋪面。一旦經過擾動，就會露出底層的細沙。

漠冑 deflation armor
因吹蝕作用使地面細沙土壤被吹走，只留下一層粗礫覆蓋地面，經進一步膠結而成甲冑般的保護層。

莫荷面 Mohorovičić discontinuity（Moho）
位於大陸地表下25到90公里或海底下7到10公里，地殼與地函的交界面。由於地殼與地函密度的差異，造成地震波傳送速度的變化，1909年克羅埃西亞地球物理學家莫荷洛維奇（Andrija Mohorovičić）根據其對地震波的研究，推測在扎格拉布附近地表下30公里處，組成地球的物質密度有一顯著的改變，標示其為地殼與下方地球結構的介面。

每日的 diurnal
指每日發生一次的。

毛毛雨 drizzle
同濛。

ㄇ

ㄇ

毛細管帶 capillary fringe
指地下水面以下的水因為其表面張力，反地心引力而沿著岩石中的小孔上升至地下水面之上，在通氣層的底部所形成的薄層飽和帶。

毛細管力 capillarity
毛細管力是水內部凝聚力所造成的表面張力和水對外界物質的附著力共同作用的結果。水與外界物質間的氫鍵會讓水沿著管子的內壁往上「爬」，爬升的高度與水溫和管徑大小有關。在室溫下，水可以在1公釐孔徑的管子保持3公分的高度，在0.125公釐孔徑的管子內則可爬升25公分。土壤孔隙中的水分就是靠著毛細管力，才得以克服重力排水而保存給植物使用。

毛細管水 capillary water
靠著毛細管力存留在土壤孔隙中的水；可在土壤顆粒之間流動、被植物根部吸收或被蒸發散失的水分。

貿易風 trade wind
同信風。

滿岸 bankfull
指河道中河水的水位與兩岸同高的狀態。當河流超過此水位時，河道將無法容納河水而形成氾濫。參見洪水。

漫地流 overland flow
降水中未被植物或地表物體截留，也沒有入滲到土壤或岩層，僅在地表以片流或紋溝方式流動的部分。其流動速度快，通常是造成河川水位快速上升的主要水源。最容易出現在土壤淺薄的裸露陡坡地。

曼寧公式 Manning equation
河道的流速與河道水力半徑、河道坡降和粗糙度等控制因數的迴歸公式。其中，V為平均流速（公尺／秒），R為水力半徑，S為河道坡降，n為河道粗糙度（曼寧粗糙係數）。

$$V=\frac{1}{n}R^{2/3}S^{1/2}$$

曼寧粗糙係數
Manning roughness coefficient
為河道粗糙度的經驗數值，代表河床和河岸表面的粗糙度對河水流動所造成的阻力。通常沒有沙洲的直河道曼寧粗糙係數值約為0.03；有沙洲的彎曲河道約為0.04，而山區布滿巨礫的河道則為0.05。

門 phylum
動植物界的最上層分類。

盲谷 blind valley
河流經由吞口進入地下流動後，

造成地表上具有上游谷地，但無下游谷口的槽谷地形。

濛 drizzle

當液態的降水直徑在0.1到0.5公釐之間時，稱為毛毛雨或濛。往往由低層雲降落，強度很少超過1公釐／小時。

蒙特婁公約 Montreal Protocol

為了因應全球增溫問題，九十一個國家在1987年簽署「蒙特婁公約」，約定自1994年起逐步控制氟氯碳化物的排放量，到1996年底時已完全禁止其生產及使用。

伏流 underground stream

石灰岩地區，地表河流與豎坑或陷穴相連，使河水轉入地下流動者稱為伏流。通常河流由較不透水的岩層區流至石灰岩出露區，由吞口進入石灰岩體中的地下通道，然後在石灰岩峽谷邊坡重新流出地表。

▲石灰岩洞中常見伏流。

氟氯碳化物 chlorofluorocarbons（CFC）

為20世紀發明的人造化學物質，可作為冷媒、噴霧劑等材料，其溫室效應達等量二氧化碳的數千倍到兩萬倍。它在大氣對流層當中是相當穩定的，不容易受到破壞，而且生命期長達一百年，因而能傳送到高空平流層去。另外，它在平流層中會吸收太陽紫外線，產生光解作用，生成氯。氯又能催化臭氧，使臭氧還原成氧。臭氧雖然遭到破壞，但氯仍然存在，然後氯再繼續與臭氧反應，還原臭氧，因而大幅降低臭氧層中的臭氧濃度。參見蒙特婁公約。

弗雷爾環流胞 Ferrel cell

指從副熱帶下沈到地面的空氣向南北兩側分流，一部分往高緯流動到達極鋒帶後，往上舉升，然後流回至副熱帶上空，所形成的大氣環流。中緯度的西風帶即其在地面流動的部分。參見行星風。

弗卡諾式噴發
Vulcanian eruption

指火山連續性的強烈噴發。過程中產生極細的火山灰及岩塊，噴發柱可達10到20公里，火山灰在空中散播範圍廣大。

浮石 pumice

矽質的火山玻璃，表面因氣體逸散而含有無數氣孔，狀如海綿。由於多孔隙而質量變輕，可以浮在水中。

浮游動物 zooplankton

自游能力極弱的水域生物，如有孔蟲、放射蟲等單細胞動物及水蝗、水母、扁蟲類等。

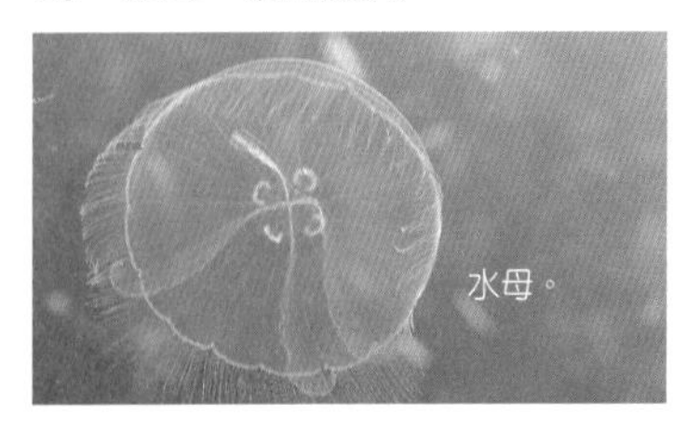

水母。

浮游植物 phytoplankton

漂浮生存在水域表層的微小植物。如矽藻類、鞭藻類、鈣鞭毛藻類、藍藻類及綠藻類。這些可以說是海洋中的草類，它們吸收太陽能，進行光合作用而生產海洋生物的基本糧食。

▲仙掌藻（一種綠藻）。

浮游生物 plankton

包括一切無自游能力或自游能力極為薄弱的各種生物。

輻射霧 radiation fog

地面於夜晚或清晨由長波輻射釋放能量，使地面溫度大幅下降，其上方的空氣則因將能量向下傳導至地面而降溫；當空氣中含有足夠的水蒸氣時，氣溫很容易下降至露點，使空氣中的水蒸氣凝結成小水滴所形成的霧。

▲三峽的晨霧。

腐泥土 mucks
由黑色細粒的黏性有機質所構成的有機土壤。在土壤每年至少有一個月以上，呈現飽和狀態的條件下，由生物分解後的殘餘物聚積而成。

腐質化作用 humification
植物的枯枝落葉轉化成腐植質，累積在土表，或被水洗入底土，使土壤顏色變黑、沃度增加的作用。

腐植質 humus
土壤中有機物質腐爛後的殘餘物。

負回饋 negative feedback
在一個系統中，某作用的進行會減弱另一作用時，兩作用間即存在著負回饋的機制。參見回饋。

複成火山 composite volcano
由熔岩和火山碎屑交互噴發形成互層的火山。同層狀火山。

附生植物 epiphytes

攀附生長在樹木枝幹上的植物。例如蕨類、蘭花等。

副熱帶 subtropical zone
在緯度25度到35度之間，位於熱帶與溫帶之間的地區。

副熱帶噴射氣流 subtropical jet stream
在對流層頂，哈德雷環流胞上方由西向東吹的快速環流，速度可達每小時兩千里以上。

復育 reclamation
整理受人為干擾過的邊坡，使其恢復自然狀態的過程。

非晶質礦物 amorphous mineral
原子和離子沒有規則的排列，不具有晶體構造的礦物。例如褐鐵礦、蛋白石等。

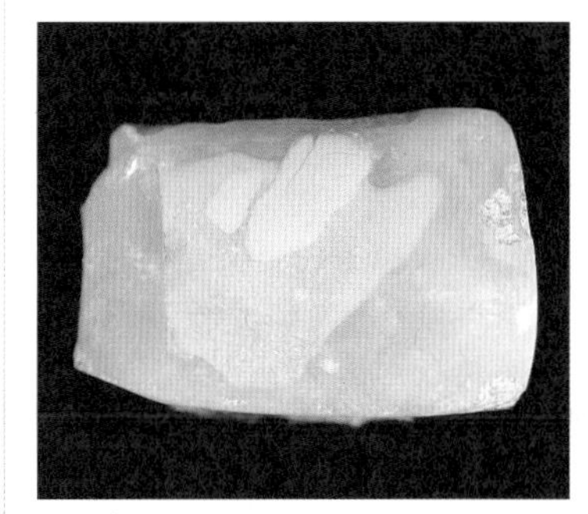

▲蛋白石。

非均質的 anisotropic
物質的物理性質在不同方向呈現不同的測量數值。

非整合 nonconformity
火成岩或變質岩層頂部被侵蝕所形成的界面，上覆蓋著沈積岩或火成岩層的現象。參見不整合。

非碎屑狀岩石 nonclastic rock
沈積岩中的礦物是由結晶作用交相結合而成，或者由生物作用造成，而非由膠結物連結者。

沸石 zeolite
由矽酸鹽類礦物在低溫低壓下變化而成的含水矽酸鹽礦物。

翻土 scarification
人類因開採或處理礦物資源，對地表所進行的開挖或干擾現象。

反斷層 reverse fault
傾斜斷裂面上方的岩體，相對於斷裂面下方岩體往上移動的斷層。參見逆斷層。

反氣旋 anticyclone
大範圍緩慢移動或停滯不動的高氣壓區，中心部分等壓線密度小，氣流微弱不定，但其外側則往四周輻散，且由於地球自轉產生科氏力效應，在北半球呈現順時針方向的流動，在南半球則呈現逆時針旋轉。通常是因高空空氣輻合，促使大規模氣流下沈，增高地面壓力而形成；或因冬季內陸地面溫度極低，上方空氣將熱量往下傳導而變冷，使空氣密度變大、下沈而增高地面氣壓。

反丘 antidune
同對風沙丘。

反照率 albedo
同反射率。

反射 reflection
經由大氣層和地球表面將太陽輻射能向外太空散射的作用。

反射率 albedo
指地表反射太陽輻射量與太陽入射輻射量的比率，通常以小數表示。
剛下的雪反射率約為0.75到0.95，闊葉林的反射率則約在0.1到0.2之間。雲的反射率與雲狀、雲量和雲層的厚度有關，例如卷層雲的反射率約為0.44至0.5、積雨雲為0.9。就全球平均而言，雲的反射率為0.23。

反聖嬰現象 La Nina
東太平洋高氣壓異常強大，增強南美沿岸湧升流，使東太平洋海水變得更冷的大氣狀態，造成與聖嬰發生時相反的現象，導致南美西海岸乾旱，而西太平洋則因南赤道洋流增強，暖海水累積而潮溼多雨。參見聖嬰現象。

反應系列 reaction series
在岩漿冷卻過程當中，原已形成的礦物與剩餘岩漿發生化學作用而生成另一種礦物，依此類推所形成的一系列礦物。

氾濫平原 flood-plain
河流中下游，河床坡度小，河谷寬淺，洪水時，河流水位高過兩岸，將水中所攜帶的大量礫石泥沙沿著河道兩側低地堆積而成的平原。

泛域土 azonal soil
小範圍地區由於坡度過陡或土壤發育的時間太短，所形成剖面發育不佳的未成熟幼年土壤。例如沖積土和沙丘土等。

分 equinox
當太陽正射點落在赤道，而日照圈通過南北兩極的時候。其中春分發生在3月20日或21日；而秋分則發生在9月22日或23日。參見黃道面。

分化 speciation
一個生物種發生變異並持續保存其變化，而成為一新種的過程。

分化結晶作用
fractional crystallization
當岩漿因溫度逐漸降低而冷卻的時候，由於結晶體的先後形成和分離作用，而造成成分不同的各種火成岩的現象。

分解者 decomposer
指靠著分解植物或動物殘骸，以所釋放的能量和營養物質維生的有機體。主要為細菌和真菌。

分解作用 decomposition
岩石的組成礦物或化學成分，因與水或空氣發生反應而瓦解的過程。

分支 distributary
將河水輸送到海洋的三角洲分岔水系。

分水嶺 drainage divide
分隔兩個相鄰集水區地表逕流歸屬的假想線；即分隔不同河川流域的山脈或高地。

焚風 foehn
潮溼的空氣遇到山脈而舉升，在爬升過程中經過乾絕熱過程，氣溫降至露點而開始成雲致雨；當其繼續爬升時，空氣以溼絕熱冷卻率降低溫度直到山頂。當空氣順著山勢往背風坡流下時，空氣發生絕熱過程，由於氣溫上升，使得空氣的相對溼度小於100%，形成乾熱的風。此種高溫且乾燥的氣流，有利於蒸發作用的進行，常使行經之處草木枯萎，甚至引起森林火災，在歐洲阿爾卑斯山區稱為焚風。參見地形雨。

坋沙 silt
直徑在0.002到0.06公釐之間的細粒礦物顆粒。冰河的磨蝕作用使得其堆積物中含有大量此種粒徑的淤沙。

坋砂岩 siltstone

由直徑在0.004到0.06公釐的坋沙組成的碎屑狀沈積岩。

方解石 calcite
由碳酸鈣組成的一種主要造岩礦物。

方山 mesa
在乾燥地區，水平沈積岩區的山體經過長時間的風化和侵蝕，由抗蝕性較強的岩層造成頂部平坦、兩側較陡的平頂小山。

▲澎湖方山。

防波堤 groin
從海灘延伸入海，用來減緩海浪能量的結構物。由於防波堤擋住海浪運動攜帶的淤沙，因此經常阻斷位於沿岸流下游側沙灘的沙粒來源，造成海岸的侵蝕。參見突堤效應。

放射性定年法 radiometric dating
利用放射性元素中原物質和蛻變產物含量的比例，以決定礦物和岩石的絕對年齡的方法。

放射性蛻變 radioactive decay
放射性元素的原子核發生分裂，變為其他元素的原子核，同時放出能量和次原子粒的過程。

放射性熱能 radiogenic heat
由地球內部不穩定同位素的緩慢放射性蛻變所產生的熱能。

放射狀水系 radial drainage
河流由中心高處，如火山口或穹丘，向四周呈放射狀分向流動所成的水系。

放射狀水系

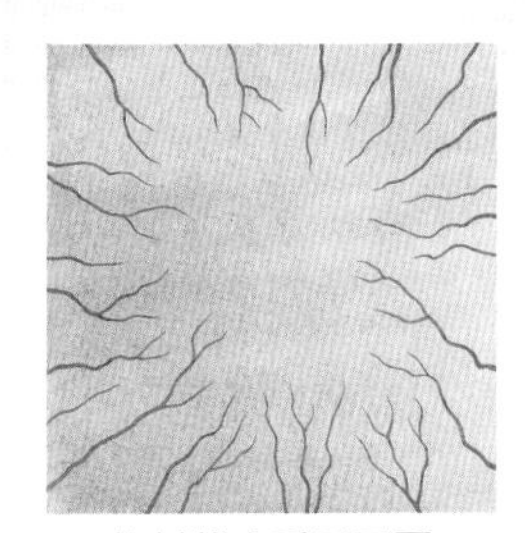
放射狀水系平面圖

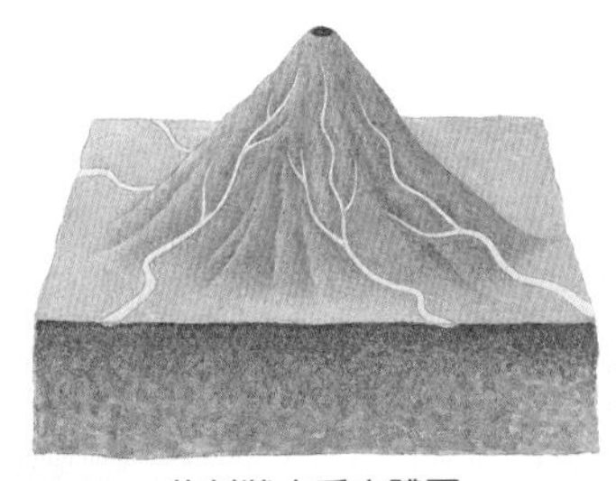
放射狀水系立體圖

放射蟲 radiolaria
多生存在海水中，具有矽質外殼的單細胞動物。

風 wind
由於氣壓的不同，空氣在地表附近產生水平方向的運動，其運動稱為風。

風幕 wind shadow
風吹時，位於阻礙物後面的地區因無風或風速過低，不受風的搬運或侵蝕作用影響的範圍。

風稜石 ventifact
長期受風的岩石表面會因磨蝕作用而變得光滑，若該地風向隨著季節變化，則風蝕的磨光面可能不只一面，兩相鄰磨光面的交界形成尖銳的稜脊線，此種多稜角的岩石稱為風稜石。強風、多沙和裸露的巨大硬岩乃其生成的條件。參見三稜石。

風化 weathering
同風化作用。

風化窗 tafoni
岩石因組成礦物性質的差異，發生差別風化，使表面產生蜂窩狀凹穴的地形。參見蜂窩岩。

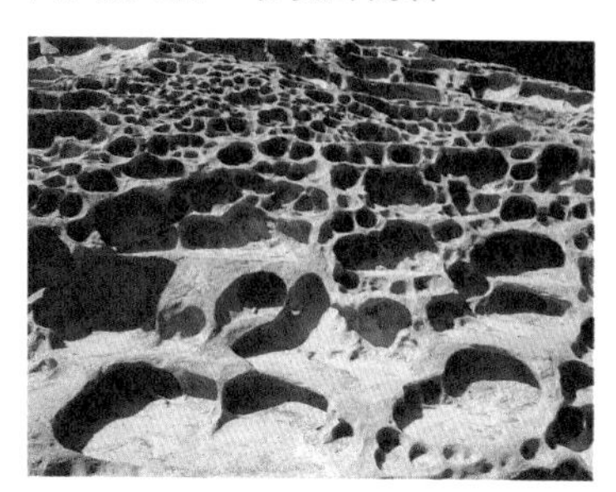

風化作用 weathering
指在空氣、水或生物的影響下，地表岩石的物理結構改變，在原地崩解成岩屑或可被搬運的疏鬆物質，或其化學成分發生變化的現象。

風成堆積 aeolian deposition
風和風暴可以挾帶大量塵埃、坋沙和細沙到很遠的地方，當風停止或風速減小時，挾帶的沙粒就會落下堆積，這種現象稱為風成堆積，所形成的地形則稱為風成地形。

風成的 eolian
由風的侵蝕或堆積作用所造成的。

風蝕 aeolian erosion
同風蝕作用。

風蝕作用 aeolian erosion
溼度小、黏滯性低且缺乏植物保護的土壤，常會被風吹起搬運到他處，而挾帶著這些被搬動沈積

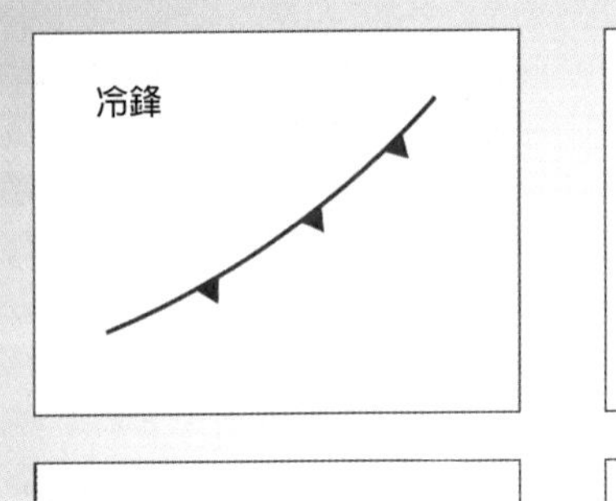

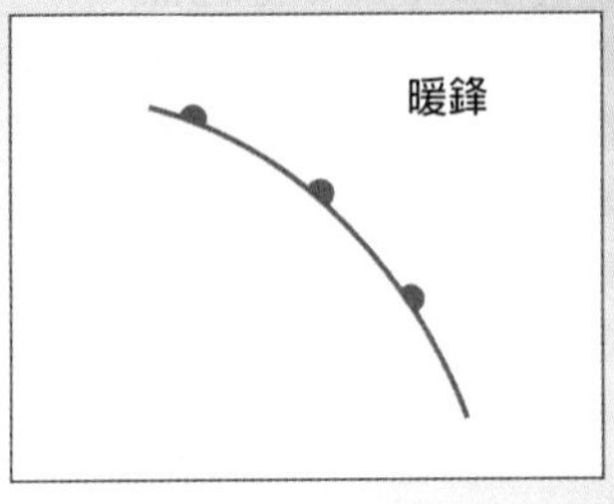

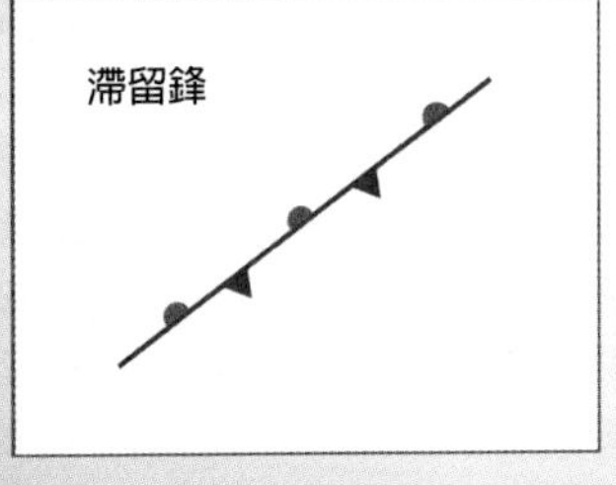

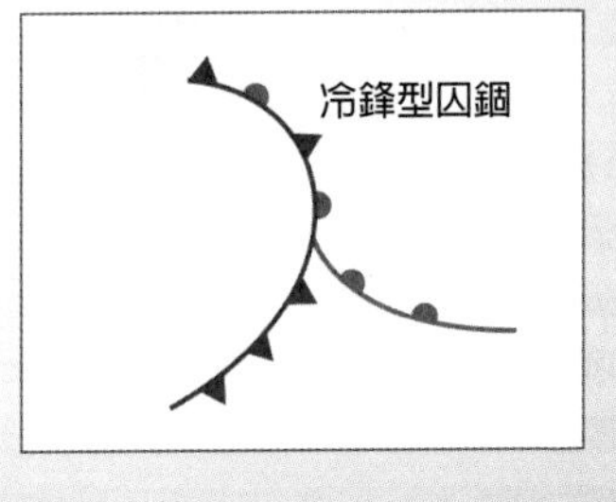

▲氣象圖中代表鋒面的符號。線中三角形及半圓形頂端分別指向鋒面前進方向。

物的風，更具有刮磨岩石的侵蝕力。

風蝕窪地 blowout
指在乾燥而地表缺乏植生覆蓋的地區，風終年吹蝕地表疏鬆的土石，所形成的略呈圓形或橢圓形的窪地。最常出現在海岸沙丘地，也出現在沙漠沙丘或裸露的泥沼土。

風速儀 anemometer
測量風速的儀器。

風域 fetch
風吹過水面足以產生波浪的範圍。通常風域越大，等速且等向的風所造成的波浪浪高越大。參見波浪。

鋒面 front
指不同性質的氣團相遇的邊界。寬約100到200公里，通常為一傾斜面。

鋒面雨 frontal rain
冷暖氣團相遇，暖氣團被冷氣團抬升（冷鋒），或暖氣團爬上冷氣團之上（暖鋒），經過絕熱冷卻過程所形成的降水。由於鋒面雨多發生在溫帶氣旋的天氣系統內，因此又稱為氣旋雨。

豐水河 effluent stream
潮溼地區的地下水面高出河床底部，地下水不斷補充河水流量，此種河流稱為豐水河。參見減水河。

蜂窩岩 honeycomb rock

岩石因為組成礦物性質的差異發生差別風化，或表面經風挾帶沙石進行掃射鑽蝕所形成的多孔狀現象。參見風化窗。

▲蜂窩岩的凹穴較風化窗小，也比較接近圓形。

縫合線 suture

由大陸碰撞形成的褶曲和逆衝斷層等劇烈變形地質所組成的狹長區域。例如喜馬拉雅山脈和歐洲的阿爾卑斯山脈。同大陸縫合線。

低度透水層 aquitard

輸水率非常慢，不能形成有利用價值地下水的岩層。

低火山口 maar

由爆裂噴發所造成，不具錐狀外型的火山口。

▲義大利維蘇威火山口。

低潮 low tide

因為地球自轉，各地海面每天會有兩次轉至與月、地球連線呈直角的方向，屆時海面的高度最低，稱為低潮。參見潮汐。

低速度帶 low velocity zone

在地函的上部，地震波速度變低的部分，厚約200公里，具有可塑性，可能是板塊下界的軟流圈。

低壓槽 low pressure trough

兩個反氣旋之間的低壓帶。

滴石 dripstone
由地下水進入地下洞穴，沈積碳酸鈣所造成的地物構造，包括鐘乳石、石筍等。

底冰 ground ice
在土壤或岩屑孔隙中凍結的冰。

底土 subsoil
指土壤剖面中的B層，顏色明顯，又稱澱積層。參見土壤層。

底土層 B horizon
在發育成熟的土壤剖面中，位於表土層之下的土壤化育層。其腐植質含量較A層少，顆粒的風化程度也較低，並累積某些從上方土層所淋洗下來的細粒物質。有時被稱為洗入層，顏色通常較表土層黃、棕或紅。主要由黏土和氧化物礦物所組成，又名澱積層或B層。

底流 rip current，undertow
在碎浪帶的空隙中，海水常集中在少數地點，經由低窪區，以與海岸約呈垂直方向往海回濺的強烈底流。

底滑 basal slip
冰河的底部沿著岩石表面向下滑動的作用。

底痕 sole mark
砂岩或坋砂岩層面底部可以代表沈積當時水流方向或沈積作用的構造。

底冰磧 ground moraine
指冰河中夾雜搬運的物質在冰河融化後，留在地面上的冰磧丘或冰磧物。
由於山嶽冰河對底冰磧的挖掘力量大，因此所形成的底冰磧較少，大陸冰河的底冰磧則較厚。

地表剝蝕作用 denudation
包括所有改變地表地形的風化、搬運和侵蝕作用的總稱。

地表逕流 surface flow
如果在地表的水分沒有滲入到地下，而在地面上流動的話，稱之為地表逕流。包括片流、漫地流和管道流。

地表下水 subsurface water
在地表下的土壤、岩屑或基岩中的水。

地表水 surface water

在地表流動或積存的水體。例如河流、湖泊、池塘、沼澤等。

地面下逕流 throughflow
在山坡土壤顆粒間相連的孔洞或明顯的管道中流動的水流。是溫暖潮溼的山坡地區在降雨後的主要排水方式。

地方風 local winds
概稱一切由局部地區的地形或環境所直接引起的風。

地盾 shield
同大陸地盾。

地理分隔 geographical isolation
一個物種因為山脈的隆起或氣候變遷等新的地理障礙而分成若干群組的現象。

地理學 geography
研究地球表面的特性、組織及其變化的科學。

地壘 horst
與地塹相反，為兩個斷層中間被舉升的高地結構。

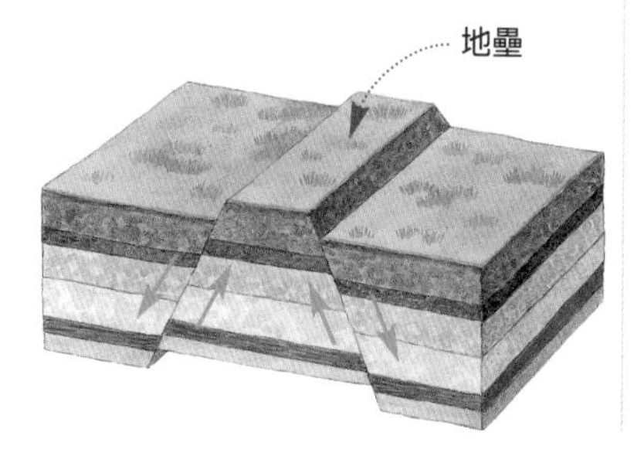

地殼 crust
地球的最外層，以莫荷面為其下界，約佔地球總體積的1%。

地殼變動 diastrophism
大規模的地殼變動，包括造山運動、火山活動和變質作用等。

地殼均衡 isostasy
地球表面各地在地函某個深度以上的岩石總重量必須維持相等，否則其中負重大的會相對往下沈陷。因此密度低的岩石所構成的高聳山脈底部，其所在地殼底部沈入密度較大的地函的深度應該較大，如此才能在與相鄰海洋或低平大陸的底部地函同深度處，維持約略相等的總重量。
當構成大陸的褶曲山脈被侵蝕之後，該處地函上方重量減輕，會因為地殼均衡作用發生地殼抬升的運動。相反的，當海洋地殼上方不斷堆積沈積物，增加該處地函的荷重時，就會緩慢地沈陷。同理，冰期時，高緯度冰帽的形成會造成該處地殼的下沈，而間冰期時，冰帽的融解則造成該處地殼的舉升。參見次頁圖。

地核 core
地球在地殼表面以下2,900公里直到地心的部分；分為外核（outer core）與內核（inner core）。內核是固態的，約佔整個地核質量的5

%；外核是液態的。地核主要的成分可能是鐵和鎳，但有8%至12%（重量）可能是硫所組成。參見地震波。

地函 mantle

位於地球內部地殼和地核的中間，佔地球體積的80%。主要由密度較高的矽酸鹽礦物所組成，以橄欖岩為主，不過下部地函的密度比上部地函高，結構更為緊密。地函最上部與地殼融合，形成較為剛性的板塊，其下則為溫度高，具塑性的軟流圈。

地函的運動 mantle movement

下部地函溫度高達攝氏3,500度，岩石在此高溫下，因為地函深處的高壓而仍為固態形式，不過由地核傳來的熱使下部地函岩石以每年大約數公分的速度緩慢上升，逐漸冷卻且增加密度，待到達板塊底部後再下沉，形成對流循環，也帶動其上較為剛性的板塊，造成板塊運動。

地景 landscape

指一個地區所顯現的整體外貌。包括：

1. 自然地貌，即自然植生、土壤、河流和湖泊等。
2. 人文地景，即由人類對地表進行改造的景觀，包括田地、聚落、採礦場和交通網路等。

地景評估 landscape evaluation

地殼的舉升與解壓作用

原本深埋於地底下數公里深的岩基，因上方土壤或岩石受侵蝕作用、重量減輕而逐漸出露於土表。

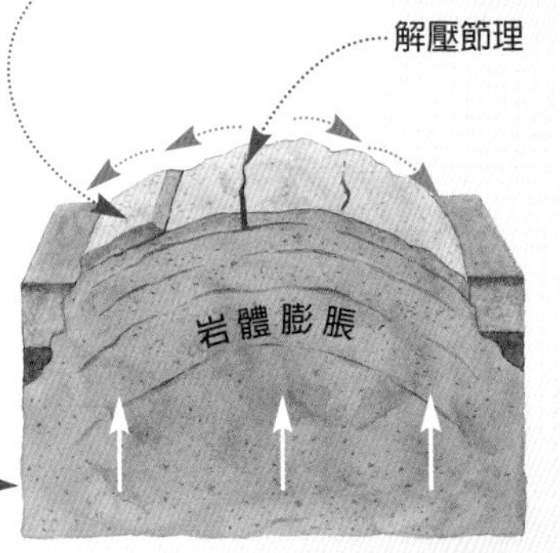

出露於土表的岩基開始出現各種侵蝕現象，岩體本身也因上方壓力減少而產生解壓解理。

地球的內部構造

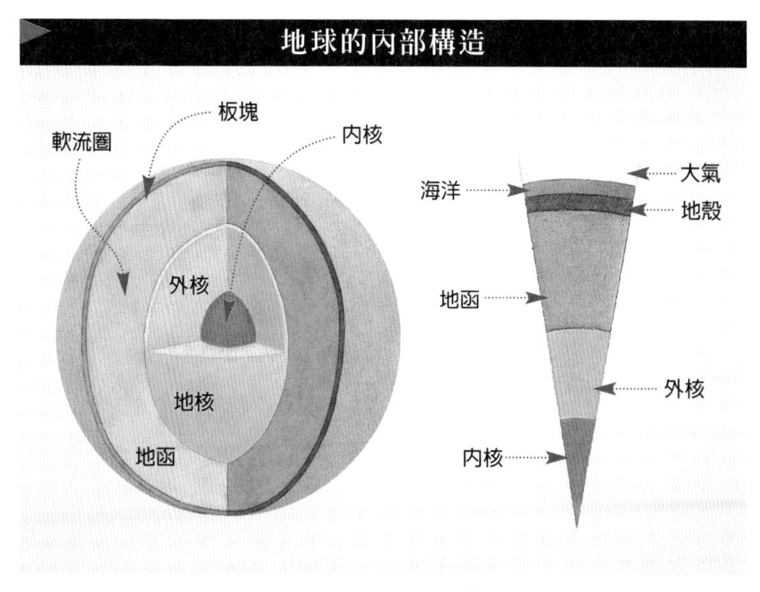

對於具有特殊景觀價值的地景，選取適當的評估指標，將其量化並劃分等級，以作為經營管理的依據。

地球化學 geochemistry
研究岩石中的元素含量、分布與化學變化的地質科學。

地球物理學 geophysics
研究地球的各種物理性質，和利用物理方法研究地球或其他行星的科學。

地球外射
outgoing terrestrial radiation
地表吸收太陽輻射後，也會依其自身的溫度不斷地向外放射地球輻射，稱為地球外射。主要波長範圍在3至120微米之間。

地塹 graben
兩平行斷層中間的岩層陷落，或兩側岩層隆升所形成的凹陷地質構造。前者通常是地殼水平拉張所造成。

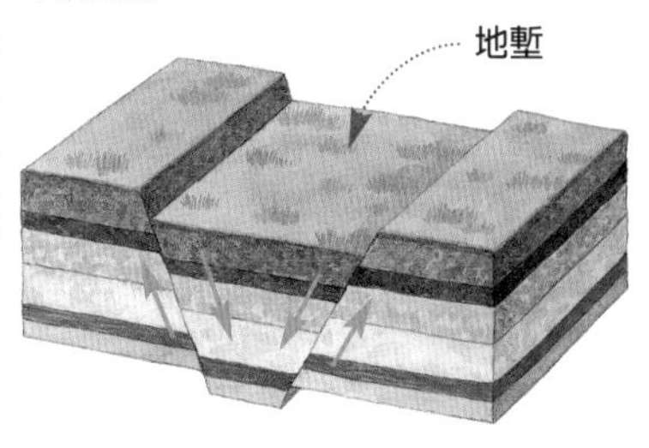

地區 terrain
一個具有明顯的地形和地質特性的地理區域或地殼的一部分。

地下水 groundwater
指蘊藏在地表下的透水層中，可流動的水體。參見自流井。

地形循環

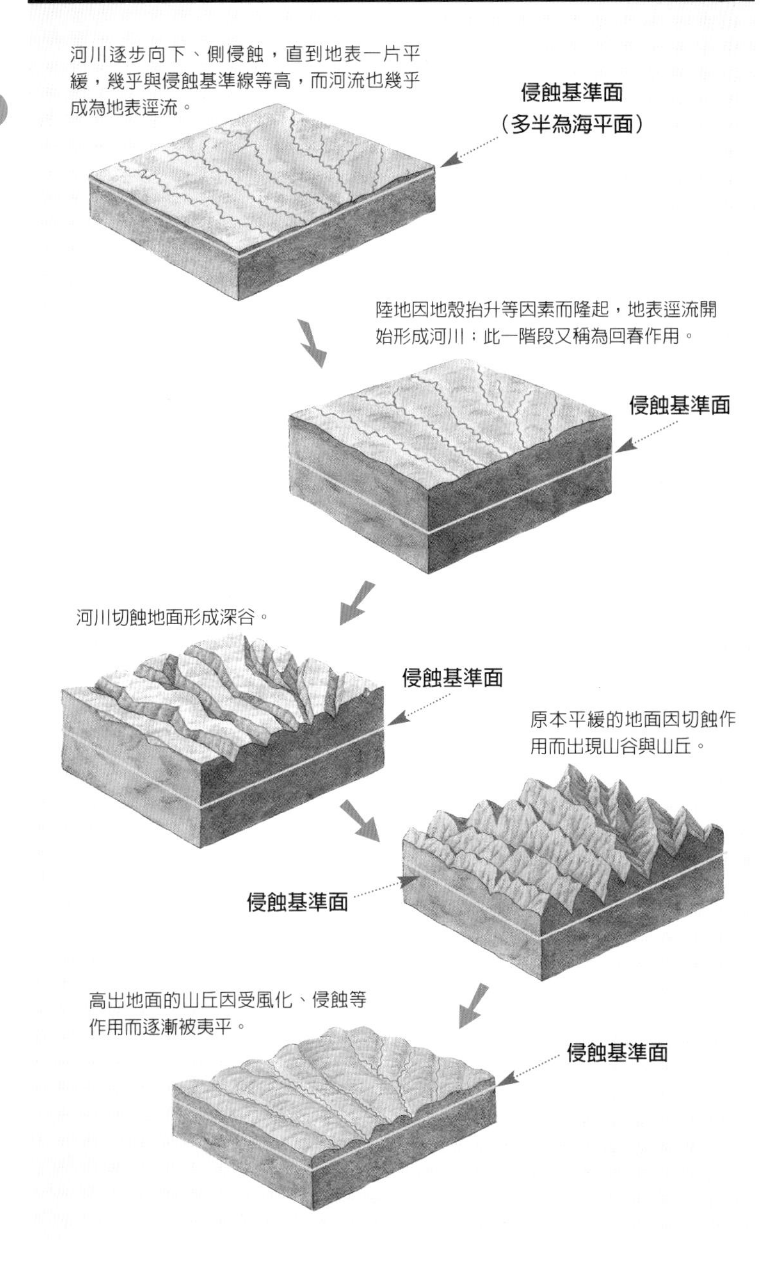
河川逐步向下、側侵蝕，直到地表一片平緩，幾乎與侵蝕基準線等高，而河流也幾乎成為地表逕流。
侵蝕基準面
（多半為海平面）
陸地因地殼抬升等因素而隆起，地表逕流開始形成河川；此一階段又稱為回春作用。
侵蝕基準面
河川切蝕地面形成深谷。
侵蝕基準面
原本平緩的地面因切蝕作用而出現山谷與山丘。
侵蝕基準面
高出地面的山丘因受風化、侵蝕等作用而逐漸被夷平。
侵蝕基準面

地下水面 water table
指不受阻水層限制的地下水飽和帶的上界，或地下水的飽和帶和通氣層的介面，呈一略隨地形升降的曲面。參見自流井。

地形 topography
地球表面的高低和形狀。

地形等高線
topographic contour
地圖上表示地表相同高度的點的連線。

地形學 geomorphology
以地質和氣候為基礎，研究地表各類地形分布、成因和演變的科學。

地形循環
同侵蝕輪迴。

地形雨 orographic rain
潮溼的空氣被迫爬上山坡，經過絕熱冷卻過程，溫度下降至露點，水蒸氣凝結成水滴形成雲霧，最後凝聚成雨滴並下降所形成的降水。參見焚風。

地質年代學 geochronology
決定地層和地質作用的絕對時間和相對時間的科學，以化石和礦物的放射性定年法為主。

地質學 geology
研究地球、礦物和岩石的科學。

地質柱狀剖面
geologic column
一張劃分地質時代和地層單位的剖面圖。柱狀由上而下代表地層由新到老的順序。

地質時間表
geologic time scale
由放射性定年所得各地層的生成時間，將其依發生先後次序，由下而上排列所得的圖表。

時間單位 time units	地層單位 rock units
元 Eon	宇 Eonothem
代 Era	界 Erathem
紀 Period	系 System
世 Epoch	統 Series
期 Age	階 Stage

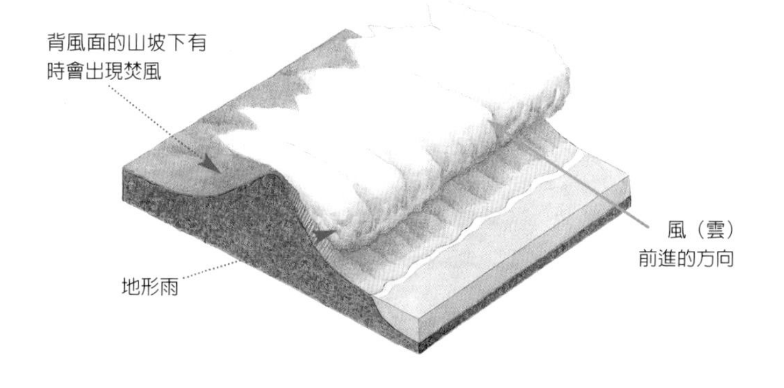

地質時間表

距今約五億七千萬至四億九千萬年前為古生代寒武紀之始，此時期已有三葉蟲出現。

兩億五千萬年前，三葉蟲等生物滅絕，一般以此為古生代與中生代的分界。

六千五百萬年前，恐龍、菊石等滅絕，一般即以此為中生代與新生代的分界。

元	代	紀		世	時間（距今百萬年）	主要化石	
顯生元	新生代	第四紀		全新世	0.01		
				更新世	1.8		
		第三紀	新第三紀	上新世	5.2	「巧人」出現（「巧人」為現代人祖先）	
				中新世	23.7	哺乳類動物大量出現	
			古第三紀	漸新世	33.7		
				始新世	55.5	馬出現	
				古新世	65	胎盤類、哺乳類動物出現	恐龍及菊石滅絕
	中生代	白堊紀			141	顯花植物出現	
		侏羅紀			205	始祖鳥出現	
		三疊紀			251	恐龍及哺乳類動物出現	三葉蟲等生物滅絕
	古生代	二疊紀			298		
		石炭紀			354	爬蟲類動物出現	
		泥盆紀			410	兩棲類動物出現	
		志留紀			434	陸生植物出現	
		奧陶紀			490	脊椎動物及珊瑚出現	
		寒武紀			570	三葉蟲等無脊椎動物大量出現	
隱生元	原生代	前寒武紀			2500		

地轉風 geostrophic wind

在地球高空依平行等壓線的方向吹的風。因為高空摩擦力很小，因此如果等壓線呈直線，則空氣受氣壓梯度力加速後，流動速度逐漸增加，科氏力也跟著增加，結果風速和風向不斷修正，直到科氏力與氣壓梯度力方向相反、大小相等而互相平衡，使空氣平行等壓線等速流動。

地中海型氣候
Mediterranean climate

地中海沿岸、南北美洲及澳洲大陸西岸緯度在30度到40度附近的地區，夏季受到副熱帶高壓籠罩而乾燥少雨，冬季因西風帶移至此區而帶來豐沛的降水。造成夏季乾旱而冬季多雨的溫和氣候。

地震 earthquake

指地殼因地震波通過而產生的短時間震動。

地震表面波
seismic surface wave

只在地球表面傳遞的地震波，波速較地震體內波慢。可分為樂夫波及雷利波。

地震波 seismic wave

當板塊進行相對運動的時候，會發生地震，所釋放的能量以地震波的形式穿過地球。地震波的速度與所通過的介質有關，岩石密度越大，波速就越快。當地震波通過兩種岩性差異很大的地層介面時，波速會突然改變，地震波就會發生折射現象。地球物理學家就是根據地震波傳送特性的變

地震波

當某地發生地震時，理論上P波應可穿透地球傳送到地表各處，但有些地區卻無法接收到；科學家因而依此推測出地核的存在。

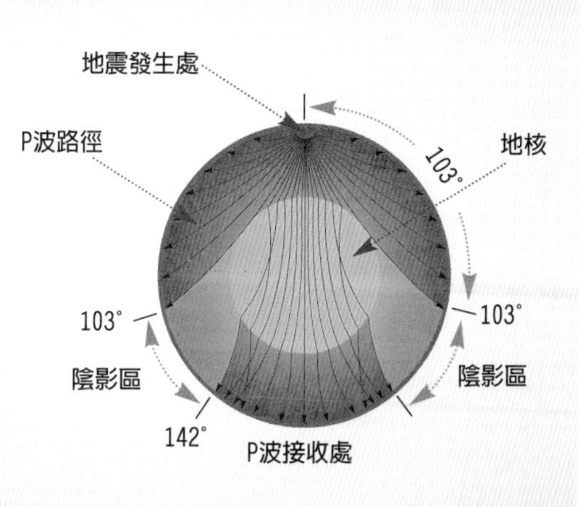

震度分級表

震度(級)	名稱	震波加速度(cm/S²)	震動程度
0	無感	< 0.8	無感
1	微震	0.8 ～ 2.5	人靜止時，敏感者可感覺
2	輕震	2.5 ～ 8.0	門窗搖動，一般人可感覺
3	弱震	8.0 ～ 25.0	房屋搖動，門窗有振動聲，懸物搖擺
4	中震	25.0 ～ 80.0	房屋搖動激烈，不穩物傾倒，水會濺出
5	強震	80.0 ～ 250.0	牆壁龜裂，牌坊坍塌
6	烈震	> 250.0	房屋倒塌，山崩地裂，地面斷裂

化來推測地球內部的結構。
地震波有三種：P波（即初波）、S波（即次波）與長波。P波為疏密波，運行速度最快；S波為橫波，可以通過液體或熔融的岩石。P波使物質呈現拉張和壓縮的變形；S波則使岩石往兩側或上下搖動；長波雖然行進速度最慢，但是因為只在地殼中傳送，因此所造成的破壞最大。

地震體內波
seismic body wave
由發源地穿過地球內部再傳到地面的地震波，可分為P波和S波。

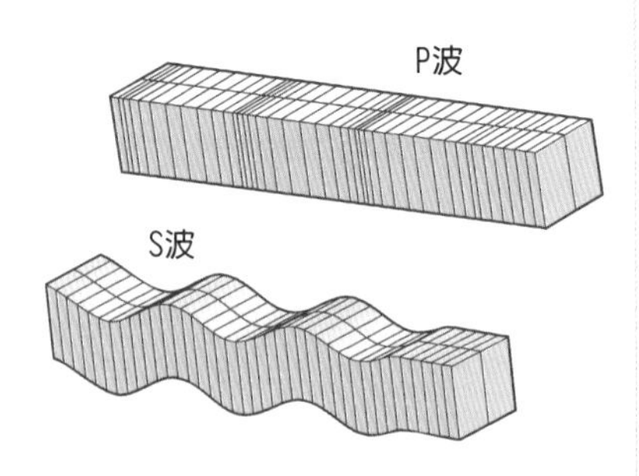

地震規模
earthquake magnitude
代表地震所釋放的能量大小，以無單位的實數表示，當規模值增加1.0時，地震所釋出之能量約增為三十倍。芮氏地震強度利用標準扭力式地震儀（Wood-Anderson torsion Seismometer）在震央附近100公里所記錄的最大震幅，以微米（μm即micrometer，1μm＝10^{-3}mm）為單位，其相對數值即為芮氏規模。由於儀器不見得剛好裝設在距震央100公里處，因此必須做距離修正。

地震學 seismology
研究地震、地震波及其在地球內部傳遞現象的科學。

地震震度
earthquake intensity
震度表示地震時地面上的人員所感受到震動的激烈程度，以整數表示，並用「級」為單位，震度係以地表最大加速度為分級的依據。

地震作用 seismicity

地震的活動和地殼運動的現象。

地震儀 seismograph
擴大和記錄地殼運動所產生的地震波的儀器。

地磁地層學 magnetostratigraphy
透過磁性岩石研究地球磁場的歷史；由其磁極變化的時期和順序進行地層的相互比對。

地磁期 magnetic epoch
一個較長的地質時期，在此期內地球磁場具有一個主要的磁極方向。而此期的前後則具有不同的磁極方向。

地槽 geosyncline
地殼上巨大狹長、可以容納巨厚沈積物的窪地；其間的沈積物最後在造山運動中變為岩石，因褶皺隆起成山，並經歷火成岩活動及變質作用。

地層 strata
以層理為界的沈積岩層或沈積物。

地層下陷 land subsidence
在飽和沙礫堆積層中，沙礫顆粒之間原本充滿著水，這些水分連同沙礫一起擔負承載上覆土體及地物的重量；可是當地層中的水分被抽走而沒有補注時，孔隙中僅留下空氣，使得土壤或沙礫必須重新調整彼此的位置，增加密度才能承重，結果造成土層的壓密、土層的厚度減少，於是造成其上方土壤和建物的下陷現象。

地層學 stratigraphy
研究沈積岩所成岩層的性質、成因、分類及對比的科學，也包括沈積環境的研究在內。

第四紀 Quaternary
地質時間表中，新生代的第二個紀，指約一百八十萬年到現在。

第三紀 Tertiary
地質時間表中，新生代的第一個紀，距今約六千五百萬年到一百八十萬年。

電離層 ionosphere
在離地80公里以上的增溫層中，空氣十分稀薄，氣體游離化，易於反射無線電波，即利於無線電波的傳播，因此有些科學家稱之為電離層。

電磁輻射 electromagnetic radiation
由電磁波所組成的能量傳送。波長由長而短，包括無線電波、微波、紅外光、可見光、紫外光、X光和迦瑪射線。短波電磁波的能量比長波高。

澱積土 alfisol
主要分布在有乾季的溫帶溼潤

區，因淋溶作用較弱，富含有機質和礦物質，呈灰棕色，酸鹼度呈中性。

疊置定律 law of superposition
在任何未受變形作用的沈積岩地層中，每一岩層必定較其下方的岩層年輕。

疊置河 superposed stream
最初河流根據上覆岩層的地質構造發育，但後來向下切割到下方組成和構造完全不同的岩層中，當最後地表岩層全被侵蝕移除後，露出其下伏的岩層構造，使得河流的發育看起來不受地質構造的控制，此即為疊置河。在此種情形下，通常小支流會發展成後成河，僅留下主流呈現疊置河的情況。

疊層石 stromatolite
由藍綠藻等無核原生細菌所形成的一種岩石。這些細菌的菌絲黏合了細粒的沈積物質，經年累月堆疊而成層狀構造，是地球早期生命的主要證據。最古老的疊層石在澳洲西部、距今約三十五億年的老地層中發現。

頂蝕作用 stoping
岩漿上升過程中，將頂部及周圍圍岩切割剝落，使其下沈至岩漿庫中熔化的現象；為火成岩入侵圍岩的一種機制。

定域土 zonal soil
大範圍地區主要受氣候與植物密切影響而發育的土壤，因此其分布與氣候和植物帶大體一致。例如熱帶的磚紅壤和寒帶的冰沼土等。參見間域土。

都市熱島 heat island
指都市區域氣溫明顯高出周圍鄉村氣溫的現象。此種效應在夜間最為顯著。
導致此種現象的因素包括都市中家庭或工業燃燒燃料；普遍使用冷氣機；都市建築物或柏油路鋪面在白天吸收及儲存大量熱量，而在夜晚釋放；都市的不透水地面和排水系統減少都市中土壤或地面的水分，降低由蒸發所造成的潛熱消耗；都市密集的建築阻礙空氣流通，減緩熱量的散失；都市汽車排放空氣污染物，增加溫室效應等。

堆積作用 deposition
由風、水和冰河等營力或塊體運動所移動的沈積物，到達較為低緩的地區時，因為空氣、水或冰河等介質的移動速度減緩或因位能降低，使沈積物不再能被帶動，而開始脫離介質並在原處堆積。通常顆粒越大的越先被留下。另外，堆積作用也包括在海洋和湖泊中的化學性沈澱作用。

對風沙丘 antidune
向上游方向移動，兩側幾乎對稱

的直線型低矮大沙丘。由於風或流水的特性，使淤沙在沙丘迎風坡或上游面堆積，卻在背風坡或下游側進行侵蝕，結果使該沙丘看起來像是往上游移動。

對流 convection
指氣體或液體內部出現溫度差異，溫度高者體積膨脹、密度變小而舉升，溫度低者相對收縮、密度變大而沈降，結果形成流體的垂直循環移動現象。

對流胞 convection cell
由地面空氣增溫舉升所牽動的空氣循環系統。當地面的空氣因快速增溫而膨脹，密度變小而舉升，周圍的地面空氣被吸入，其上方的空氣則下沈來補充，形成一循環系統。

對流層 troposphere
大氣層的最底層。正常狀態下，本層的氣溫隨高度上升而降低。

對流層頂 tropopause
對流層的頂部，其高度隨緯度而不同，赤道最高，約距地面16公里；極區最低，僅約8公里。

對流雨 convectional rainfall
指因空氣發生對流，使暖溼的空氣舉升，經過絕熱冷卻過程，溫度降至露點，水蒸氣冷凝成小水滴，積聚成雲，雲滴再逐漸匯聚增大，最後克服空氣浮力所造成的降水。熱帶或溫帶地區，夏季白天太陽輻射強烈，地面加熱迅速，使上方空氣膨脹，引發潮溼空氣的對流，而在傍晚時降下豪雨，即屬此類降水型態。對流雨通常強度大、雨時短而雨區小，因對流旺盛常伴有雷電，又稱熱雷雨或雷陣雨。

對稱褶皺 symmetrical fold
軸面垂直，同一地層在褶皺兩翼呈現相同的傾角者。

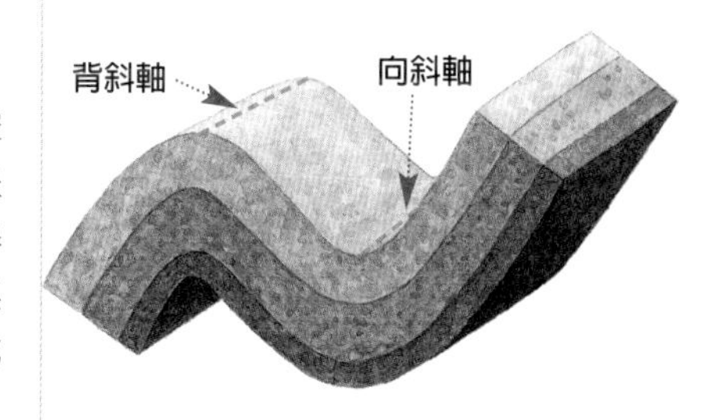

端冰磧 terminal moraine
同端磧。

端磧 terminal moraine
冰河在前進時，其前端所鑿拔推移的土石在冰河消退時從冰層中釋放，而在冰河前緣處原地堆積所成的堆積地形。其堆積的延伸方向多與冰河流向垂直。參見冰河作用。

短波輻射 shortwave radiation
太陽輻射電磁波的主要波長範圍在0.2～3.0微米之間；較地球輻射

波短，因此稱為短波輻射。

斷頭河 beheaded stream

指河流襲奪過程中，上游河水被緊鄰河川所搶奪的河川。斷頭河因為集水區縮小，使得實際流量遠比河道能載運的流量小。參見河流襲奪。

斷口 fracture

礦物若沒有順著解理面斷裂，則會產生不規則的破裂面，稱為斷口。斷口雖不規則，但因為礦物的內部結構，仍會有某些特徵，例如貝殼狀、平坦的、參差狀、齒狀或各種形狀。

斷層的種類

斷層依斷裂面兩側的移動關係，可分為以下幾種：

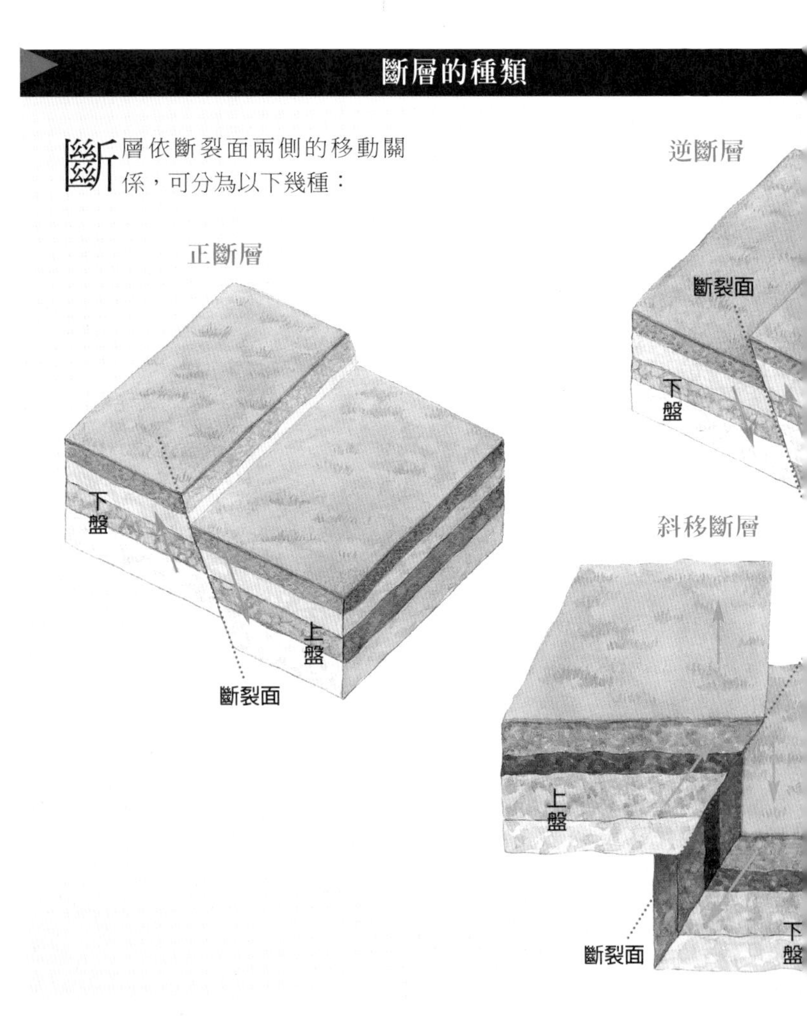

斷層 fault

岩體的斷裂面兩側岩層發生相對運動時，稱為斷層。當斷裂面上方的岩層相對下滑時，稱為正斷層。當斷裂面上方的岩層被相對往上抬升時，稱為逆斷層。

當斷裂面兩側的岩層呈現水平的相對位移時，跨越斷裂面兩側，左方岩層相對往觀測者移近過來者，稱為左移斷層，反之，稱為右移斷層。

斷層泥 fault gouge

由於斷層的滑動，使周圍岩石被磨碎而形成的鬆軟黏土質礦物。

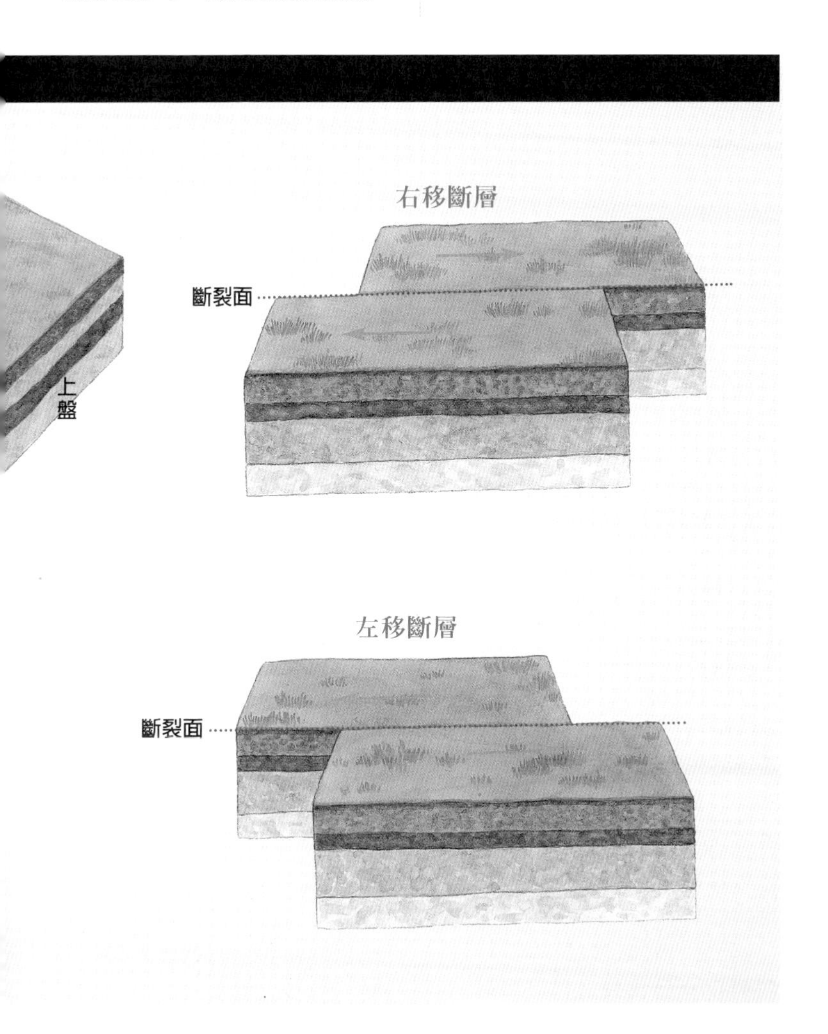

▲台灣東部常見斷層海岸。

斷層海岸 fault coast
大致沿著斷層面發育的海岸所形成的陡直海岸線地形。

斷層線崖 fault-line scarp
與斷層平行的陡崖，但不是原來的斷層面。例如清水斷崖。

斷層崖 fault scarp
順著斷層面的陡崖。為由正斷層所產生的最常見地形。當位於上升側的溪谷下切速度趕不上斷層的位移量時，則在斷層面上形成懸谷。

鈍性的大陸邊緣 passive continental margin
當海岸地帶所牽涉的大陸和海洋地殼屬於同一個板塊時，不會發生活躍的板塊運動，此種地區稱為鈍性的大陸邊緣。

盾狀火山 shield volcano
穩靜式火山噴發所溢流出來的玄武岩質熔岩流，因容易流動，在火山口四周堆積成寬廣平緩的地形，長年累月的噴發和累積，形成底部廣大、頂部平坦，狀如盾形的火山。例如夏威夷的毛那羅亞火山（Mauna Loa），底部直徑達320公里，自海底起算高達10公里，是世界上體積最大的火山。

冬眠 hibernation
某些脊椎動物在冬季的休眠狀態。

冬至 winter solstice
對北半球而言，太陽正射點位於南緯23.5度的時刻；發生在每年12月21日或22日。

東風波 easterly wave
在貿易風帶中緩慢移動的微弱低壓槽，經常引致降水。

動能 kinetic energy
運動中的物質所具有的能量。

動力變質作用 dynamic metamorphism
地殼或板塊的活動會對活動區域的岩石施加巨大的壓力，使得岩石中的礦物順著壓力的方向重新排列，甚至產生變形或組成的變化。多發生在地殼淺處的斷層帶和褶皺作用強烈的地帶。

動熱力變質作用 dynamothermal metamorphism
區域變質規模很大，可以延伸數百或數千平方公里，變質發生時溫度和壓力的影響並重，其他變質營力也共同發生，稱為動熱力變質作用。

動物地理學 zoogeography
研究動物空間分布，及其隨著時間變化的過程和原因的科學。

凍裂作用 frost action
水滲入岩石的裂隙後，因氣溫降低而結冰，體積增加為原來的110%，對兩側岩體造成強大的壓力，逐漸撐大裂隙。隨後氣溫升高，冰體融解，新的雨水再滲入補填新增的空間，然後再次因氣溫下降而結凍，並再度撐大裂隙，如此反覆進行的結果，終使岩石逐漸碎裂。此種作用在高山裸露的岩石最為顯著。又稱楔裂。參見次頁圖。

凍融潛移 frost creep
冰緣地區斜坡上的表層土壤或岩屑，在土壤水結凍時，被冰晶往垂直坡面的方向舉起，解凍時則順著重力方向垂直水平面下落，結果造成顆粒往下坡移動。此種作用主要發生在坡度3度以上的斜坡，每年的移動距離可達數公分。

凍雨 freezing rain
若雨或濛接觸到非常寒冷的地面而凍結，稱為凍雨。

達西定律 Darcy's law
滲透率固定時，地下水流動的速度隨地下水面坡度增加而增加；公式為：$V=Kh/l$，其中V為流速，h為水頭高，l為水平流距，而K為水力傳導度。

凍裂作用

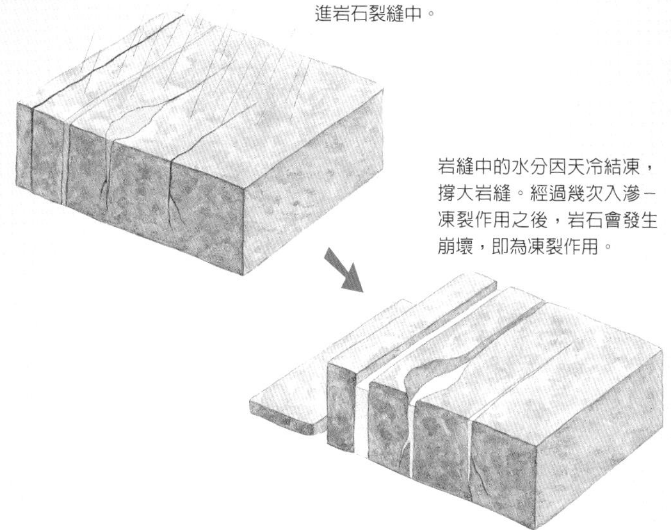

因為含沙石量多，所以海螺溝的冰河色澤呈現如石頭般的灰色，此處的岩石裂縫深度可達上千公尺。

由高空鳥瞰中國大陸海螺溝的凍裂地形。

大地構造學 tectonics

研究地殼所發生的大規模運動和變動，及其所造成的大構造形態的科學。

大土類 great group

美國綜合土壤分類系統中第三層的分類。共分一百八十五個大土類。

大理岩 marble

由石灰岩或白雲岩變質而成的岩石。原為商業上用以指稱一切可經磨光而有美麗色澤的岩石。

大陸 continent

地殼中以花崗岩為主、平均厚度20到60公里的陸塊。

大陸邊緣 continental margin

大陸和海洋的過渡地帶，包括大陸棚、大陸坡和大陸緣積。

大陸冰河 continental glacier

覆蓋在高緯地區、大範圍終年不消融的冰層。在南極地區，平均冰層的厚度約為2,000到2,500公尺，冰層的溫度非常低，有些冰層底部的溫度低達攝氏零下30度。大陸冰河可以覆蓋整個高山、平原和河谷，流動的方向和地形起伏無一定關係。參見冰原。

▲阿根廷 Ushuaia 的冰河地形。

大陸漂移 continental drift

有關大陸分裂成若干地塊，並互相移動和轉位的學說。參見板塊運動。

大陸坡 continental slope

大陸棚的向海側，坡度轉陡的坡面。可能是當初大陸地殼分裂時的斷裂面。

大陸棚 continental shelf

位於大陸沿岸，大陸地殼被海洋所淹沒的部分，坡面平緩的向海傾斜，並在120到360公尺的深度處轉成坡度甚大的大陸坡，海洋深度從此快速增加。大陸棚的寬窄各處不同，例如英格蘭島西側有寬約300公里的大陸棚，但北美太平洋岸則沒有大陸棚。

ㄉ

大陸碰撞 continental collision
在板塊運動中，因隱沒作用而使兩個大陸岩石圈逐漸靠近、接觸至縫合的過程。

大陸縫合線 continental suture
由大陸碰撞形成的褶曲和逆衝斷層等劇烈變形地質所組成的狹長區域。例如喜馬拉雅山脈和歐洲的阿爾卑斯山脈。同縫合線。

大陸地盾 continental shield
指大範圍前寒武紀的古老堅硬地殼。曾受到遠古強烈的褶皺、變質和火山作用的影響，但是經過長遠時間的侵蝕作用而變為低平的準平原。有些地方則曾被較年輕的沈積物所覆蓋，但如今又因侵蝕作用而出露。

大陸地殼 continental crust
構成大陸的地殼，比海洋地殼輕而厚度大，並以長英類岩石為其上部主要成分。

大陸隆堆 continental rise
同大陸緣積。

大陸張裂 continental rupture
因大陸岩石圈的拉張形成裂谷，經過擴張，最後生成新的海洋岩石圈的過程。

大陸岩石圈
continental lithosphere
承載著大陸地殼的岩石圈。

大陸緣積 continental rise
在鈍性的大陸邊緣，海底地板自盆地緩慢向上升，在盆地和大陸坡中間的緩坡，稱為大陸緣積。其坡度約在七百分之一到百分之一之間，深度在3,000到5,000公尺之間，寬度約為200到500公里。主要是從大陸棚經大陸坡沖下來或崩塌下來的沈積物堆積而成的裙狀構造，厚度可達數公里。

大氣反輻射
counterradiation，
back radiation
大氣吸收能量後會產生輻射，基本而言，地球長波輻射的方向是向上的，大氣的輻射方向則是向上、向下均有，其向地面的輻射與地球輻射的方向相反，因此稱此部分為大氣反輻射。

大氣層 atmosphere
以氣態為主，另含液態和固態物質；因重力吸引而圍繞在地球表面的層狀構造。其中的氣體有78%為氮，21%為氧。

大氣壓力
atmospheric pressure
根據物理理論，大量高速運動的氣體分子連續不斷碰撞物體表面，而對物體表面產生的壓力稱為大氣壓力（簡稱氣壓）。
在一單位面積的地表面上，假想一由地面向上直達大氣層頂的空氣柱，其間空氣分子相互碰撞而

大陸碰撞

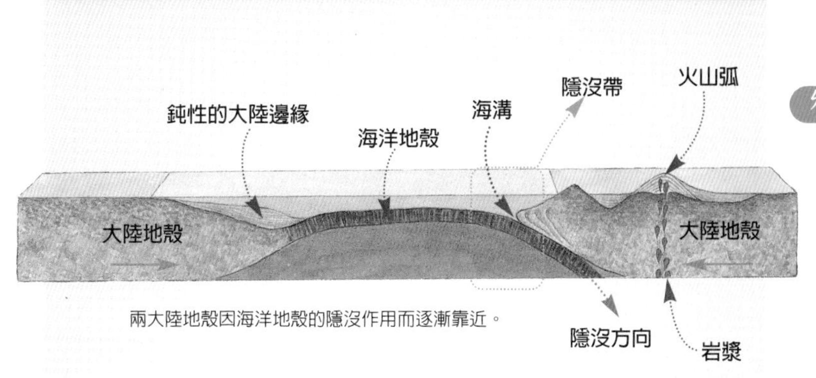

兩大陸地殼因海洋地殼的隱沒作用而逐漸靠近。

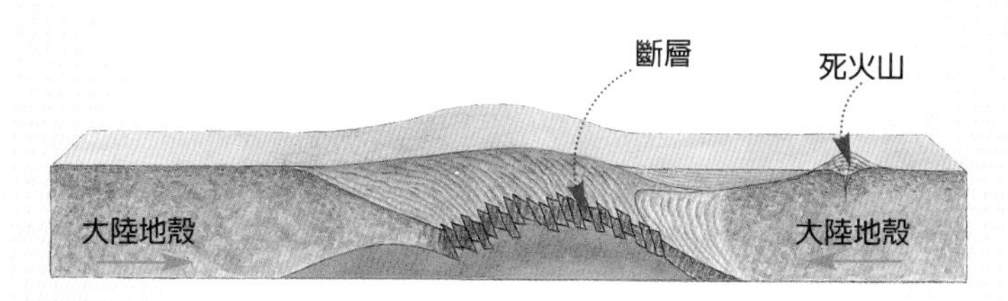

海洋地殼因受擠壓而出現、互相疊覆的斷層。原本的海洋則因地殼舉升逐漸消失。

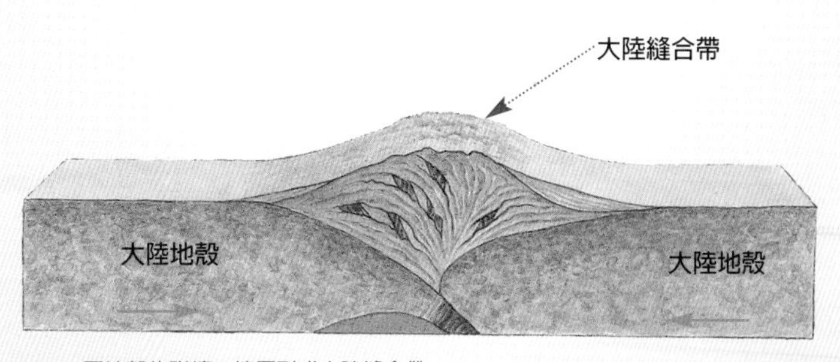

兩地殼的碰撞、擠壓形成大陸縫合帶。

產生壓力，在此空氣柱內，任意高度的大氣壓力等於該高度面之上的大氣柱重量。在大氣垂直剖面中，氣壓隨高度增高而呈指數遞減。
在緯度為45度的海平面，溫度為攝氏0度時，所測量的氣壓稱為一個標準大氣壓；相當於760公釐高水銀柱底面的壓力，其氣壓值為1013.3毫巴或百帕。

大尺度氣候 macroclimate
指大範圍地區的氣候。控制此種尺度氣候特徵的主要因素包括緯度、海陸分布和行星風系等。

大潮 spring tide
當太陽、月球和地球呈一直線時，太陽與月球的引力互相加乘，海水受到最大的引力，使海平面上升到最高點，稱為大潮，每十四天發生一次。參見潮汐。

大圓 great circle
通過真球球心的平面與球面相交的圓。乃在球面上所能找到的最大圓。

代 Era
由顯生元分出的地質時間單位。

袋形盆地 bolson
同沙漠盆地。

袋形灘 pocket beach
在海灣內呈新月形的沙灘。

島嶺 cordillera
造山作用在地槽中所形成的雛形山嶺；或泛指一般山脈。

島弧 island arc
位於板塊隱沒帶，由火山活動與造山運動所造成的一連串排列成狹長弧形曲線的島嶼。其靠海的一側通常有一平行的海溝。此等島嶼乃由經過強烈褶皺的海洋沈積岩層所構成。與島嶼所在板塊相匯聚的另一板塊隱沒之後，熔解成岩漿往上湧升，而在島上噴發形成火山。島弧多向海洋凸峙，多半由安山岩或玄武岩組成。

島丘 inselberg
乾燥地區，裸露的岩體經過長期風蝕殘留下來的孤立小丘，遠看像海中的小島，稱為島丘。

島狀丘 inselberg
同島丘。

倒轉褶皺 overturned fold
為一種不對稱褶皺，其一翼的轉動已超過90度，而呈倒轉狀，即老地層位於新地層之上的現象。

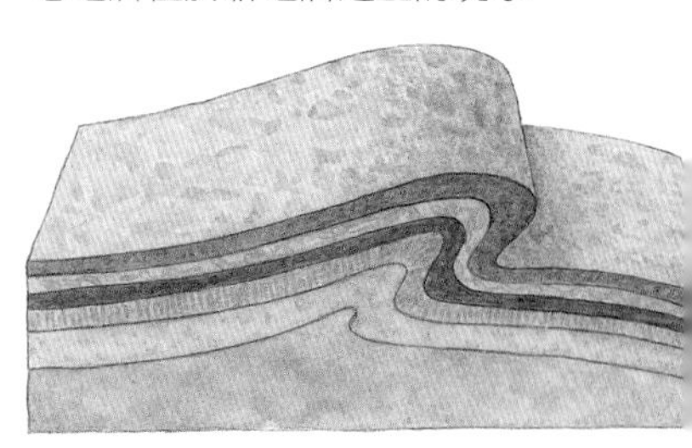

豆腐岩 tofu rock

具有兩組幾近直交解理的岩體，由於節理處所進行的風化和侵蝕作用較岩體其他部位快速而逐漸下凹，形成豆腐狀外觀的地形。

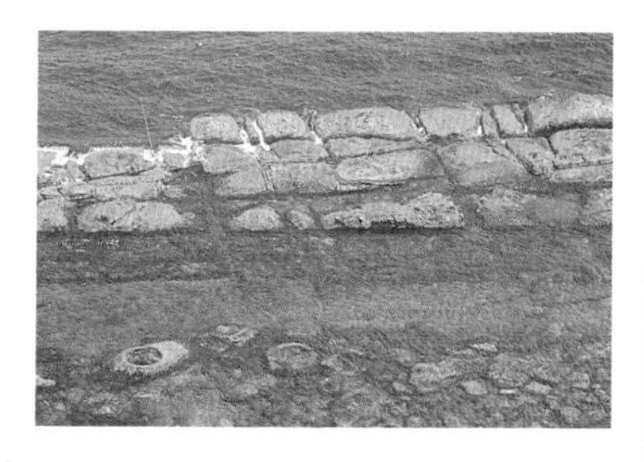

單面山 cuesta

兩翼不對稱的山體，通常與緩傾斜的岩層構造有關，山體一側為長而平緩的傾斜坡，另一側則為相對較短且陡峻的崖坡。

氮循環 nitrogen cycle

土壤中的硝酸鹽被植物根部吸收儲存，然後被動物食用而消化，轉成為排泄物中的氨，當排泄物被細菌分解時，氨轉成硝酸鹽，再淋溶回到土壤，然後重新開始循環。

當地氣候 local climate

小區域因地勢、坡度、坡向、反射率、都市化或工業化等影響，而使其氣溫、降水、風速、風向或霧的形成等氣候狀態與周圍區域出現顯著差異者。

等斜褶皺 isoclinal fold

褶皺的兩翼岩層具有相同的層態，不但互相平行，傾角也接近。

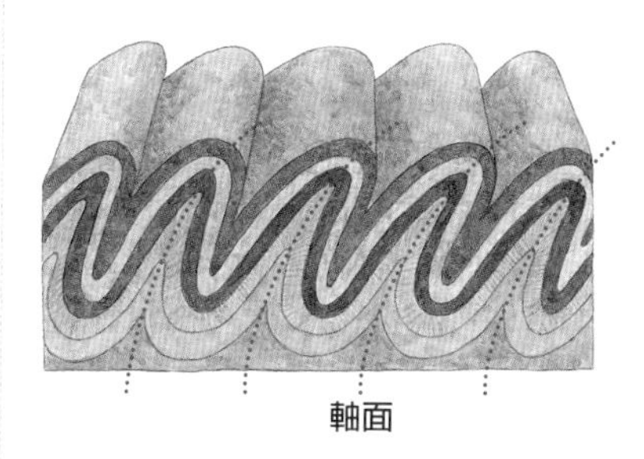

等值線圖 isopleth

將相等變數值的點相連成線所成的地圖。

等震度線 isoseismal line

地震強度相等的各點連接所成的線。

等壓線 isobar

連接地表氣壓相同點的封閉曲線稱為等壓線。若封閉的等壓線中心氣壓高，氣壓值由中心向外逐漸減小，這種氣壓系統稱為高氣壓（high pressure）；反之，則稱為低氣壓（low pressure）。

等溫線 isotherm
檢視地表各地代表同一時間內的氣溫值，將具有相同數值的地點相連，所得的曲線稱為等溫線，可以是年均溫、日均溫等。

等雨線 isohyets
將地表上降水量相同的地點相連，所形成的連線稱為等雨線。可以是年雨量、日雨量等。

堤礁 barrier reef
同堡礁。

鐵鎂質礦物 mafic minerals，ferromagnesium minerals
矽酸鹽造岩礦物中以鐵和鎂為主要成分，為顏色暗而比重大的礦物。

鐵鋁土 pedalfer
發育於溫帶溼潤氣候下的土壤，在B層中多氧化鐵和黏土礦物。

條痕 streak
礦物粉末的顏色。

條件不穩定 conditional instability
指當環境溫度遞減率界於空氣舉升時的乾絕熱冷卻率和溼絕熱冷卻率之間時的大氣狀態。當空氣胞的溫度高於露點時，空氣舉升使其溫度低於周圍環境的溫度，因此收縮而沈回原處，呈現穩定的狀態；但是若被迫舉升，使其溫度降至露點，則再繼續上升時，空氣胞的溫度變得比周圍環境溫度高，將繼續膨脹變輕而上升，形成不穩定的狀態。

跳動 saltation
河流搬運淤砂的一種方式。指河流中小石礫在河床上的連續性跳躍。任何停留在河床上的石礫都會阻礙水流，並逐漸提高石礫上游側的水壓，當水壓超過由石礫重量和形狀所產生的抗力時，石礫就會被激起而進入水流中，除非石礫很小，否則重力將使得石礫掉回河床，掉落時偶爾會激起另一個石礫，藉此，河床上的石礫得以往前反覆進行短距離的移動。

天氣 weather
指一地在瞬間或短時間內的大氣物理狀態，如冷熱、晴雨、有無風等。

天水 meteoric water
雨水、雪、冰雹、霜等降水。

天然氣 natural gas
貯存在岩層中，以氣體為主的碳氫化合物，成分以甲烷為主。

天然橋 natural bridge
由切鑿曲流的截流作用，切穿曲流頸基部的岩體，形成跨越河道的拱形岩石地形。

填積作用 aggradation
同積夷。

填充物 matrix
岩石中充填在大顆粒礦物之間的小顆粒礦物，以土類礦物為主，相當於石基。

田間容量 field capacity
指土壤經過數天的重力排水後，其中仍然保存的水量。主要是水分經由其表面張力附著在個別土壤顆粒而成。

▲美國「天然橋自然保留區」。

突堤效應

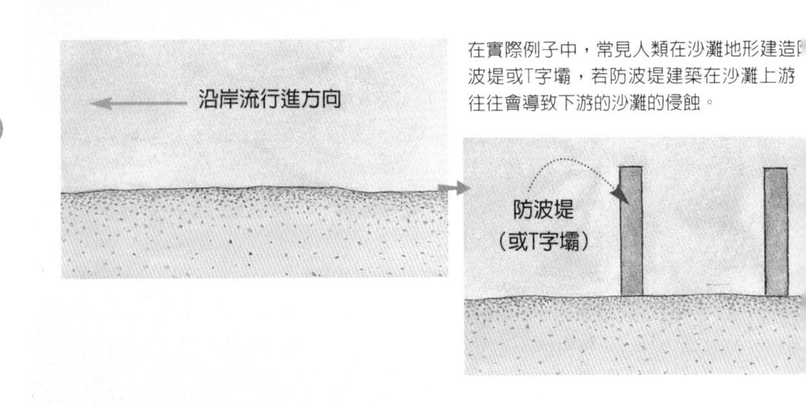

突變 mutation

繁殖細胞中的基因發生變化的現象。

突堤效應 groin effect

防波堤和丁字壩等垂直海岸走向的結構物會攔阻沿岸流所攜帶的漂沙，經常在結構物上游側堆積，而在下游側造成侵蝕，此種現象稱為突堤效應。

突岩 tor

為花崗岩山體分布區常見的裸岩小山峰，高度通常不超過30公尺。該岩體通常有水平和垂直節理，由於節理密度各處不同，深埋的岩體在節理密度大處風化速度較快；密度低處較慢。當上覆的岩屑被侵蝕而使風化的花崗岩暴露後，風化程度較高的岩體很快被侵蝕移除而剩下節理密度較低的岩體，形成獨立凸出的山峰。

圖案地 pattern ground

冰緣地區發生舉裂淘選和土石緩滑現象時，由於土石顆粒大小不一，移動的速度不同，因此經過一段時間後，在不同坡度的地區排列成不同的圖案，有環狀、條狀，或網狀等特殊地景。

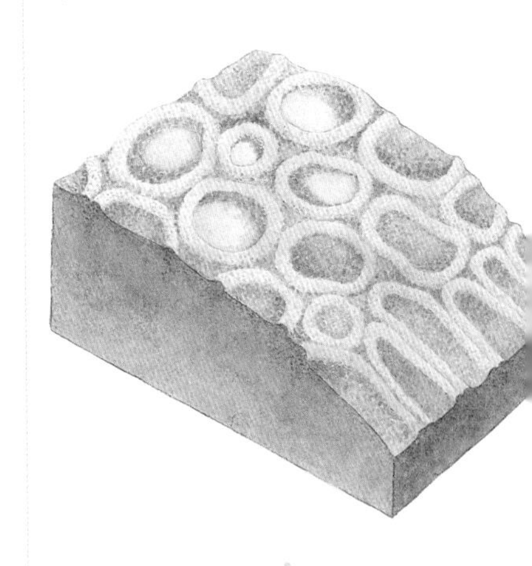

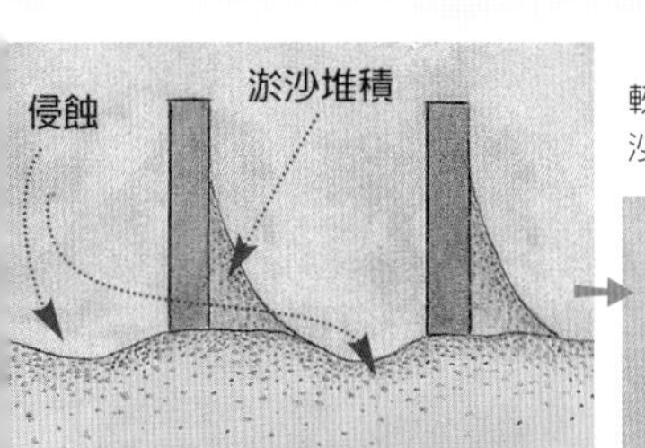

出於海灘的防波堤會攔阻沿岸流，導於上則淤積、下游側則出現侵蝕現象（因為沙減沙）。

較上游的防波堤因淤積量超過負荷不再能攔阻漂沙後，較下游的防波堤則會增加淤積量。

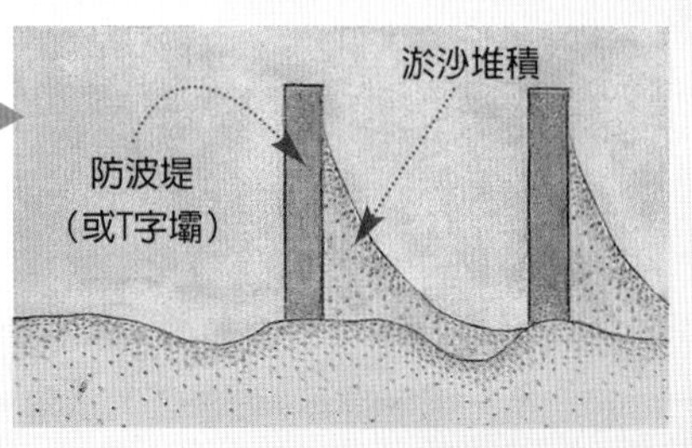

土地評價
land capability assessment
乃針對不同的土地利用目的，評定土地的使用潛能，並依其檢核土地利用現況的適宜性。

土地劣化 land degradation
由於人類不當利用或過度放牧，造成植物和土壤品質的惡化。此種環境品質的變化，在乾旱期尤為顯著。

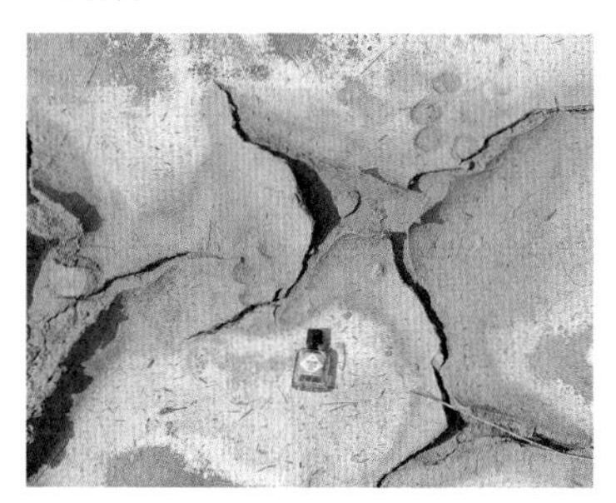

土體 solum
位於基岩以上的各土壤化育層，包括A層和B層。為植物的根及其他動植物的活動地帶。

土流 earth flow
在溼潤氣候區，寬廣山坡上飽含水分的疏鬆岩屑，以中等到非常快的速度成片向下坡滑動的現象。由於崩塌區的趾部經常飽含水分，因此經常出現此種塊體運動。參見崩塌。

土鍊 catena
由於不同地形區位的土壤水分條件、風化方式和搬運作用互有差異，使得土壤型態特徵也隨著地形剖面位置而改變。由地形剖面各空間位置上的典型土壤所組成的系列稱為土鍊。

土綱 soil order
美國綜合土壤分類系統中最高層的分類。共分十個土綱。

土塊 ped

自然生成而可剝離的土壤團塊。

土石流 debris flow

指土、沙、石礫、大岩塊和水的混合物沿著溪谷或陡坡向下坡快速移動的崩壞作用。造成土石流的主要條件為大量的風化土石、足夠的坡度和充足的雨水。

土石緩滑 solifluction，gelifluction

指高緯或高山的冰緣地區，由於凍融作用使飽和或過飽和的土壤往下坡緩慢流動的現象。由於冰緣地區的土壤底部通常有永凍層，阻礙春季融雪或融冰雪水的下滲，因而造成表層土壤的水分飽和。

土壤 soil

地表岩石經風化作用和生物活動所產生的一層由礦物、腐植質有機物、溶解物、水和空氣混雜組成的淺薄物質，厚度通常小於1公尺。

土壤剖面 soil profile

顯示地表以下各土壤化育層和母質層的垂直層序切面。

土壤分類 soil classification

指對土壤型態的辨識和歸類。有助於瞭解區域間土壤性質和成土作用的差異，及土壤圖的繪製。

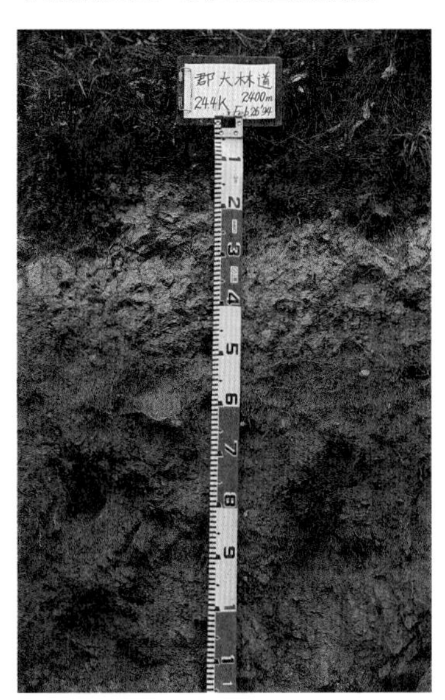

土壤化育層 soil horizon

土壤經過成土作用後，所形成的一些略平行於地表，且在顏色、質地、結構或有機質含量等特性上互有差異的土層。

土壤結構 soil structure
土壤顆粒膠結而成較大土塊的形式。塊狀通常出現在壤質土中；柱狀結構常在黏質土中發育；腐植質含量較高的土壤，則常發育出小圓球狀的粒狀結構。

土壤潛移 soil creep
斜坡上的土壤和岩屑非常緩慢地往下移動的崩壞現象。通常指土壤或岩屑個別顆粒往下坡移動的情形。

表層土粒移動速度約為每年1公釐，位於越深處的土粒，移動速度越慢。由於速度非常緩慢，需要經過很長的時間才能由樹幹的彎曲等現象察覺出來。土壤的乾溼或冷熱變化、結凍與解凍、動物的鑽鑿、植物根系的生長和死亡、人類的活動等都是促成土壤潛移的原因。

土壤侵蝕 soil erosion
泛指由雨濺、溝蝕或風蝕作用所造成的土壤流失現象。狹義的定義則指因為人類活動而加速上述土壤流失作用的現象。

土壤質地 soil texture
形容土壤相對的粗細程度。根據組成土壤的沙、坋沙和黏土等粗細顆粒的相對分量加以分類。

土壤水 soil water
貯存在土壤中，可被植物吸收利用的水分。

土壤水分 soil moisture
同土壤水。

土壤層 soil solum
由A、E和B層所構成的土壤；其化育作用會受到生長在其上的植物的影響。

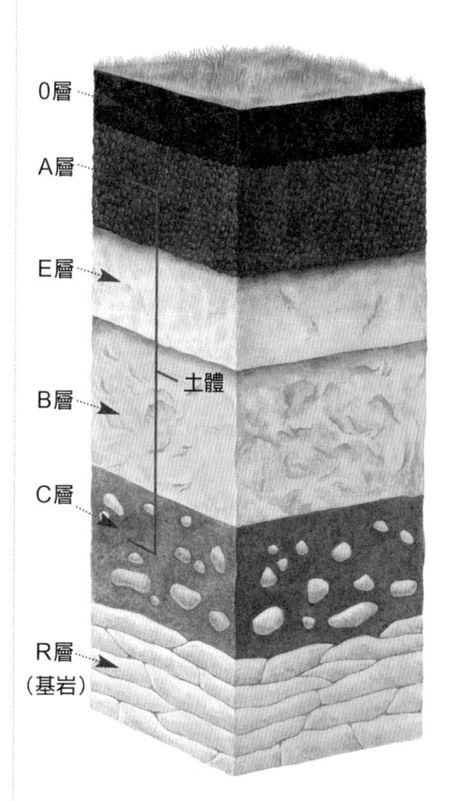

土壤液化 soil liquefaction
指飽和的土壤受到震動時，土壤顆粒之間的孔隙水壓陡升，水分迅速被釋放而排擠周圍土粒，破壞土壤顆粒間原有結構，使土壤的支撐力瞬間降低的現象。

ㄊ

土壤鹽化 salinization
指鹽分在土壤中累積，並降低土壤生產力的現象。例如海邊的土地在颱風或暴潮時被倒灌的海水所淹沒，若因地勢低窪無法馬上排除積水，則積存的海水蒸發後，在土壤表面留下鹽晶。又如乾燥地區過度灌溉，使得地下水面上升，若使得含有鹽類的地下水因毛細管作用而到達地表附近，因蒸發而將鹽類沈澱在土壤中，也會造成土壤鹽化。

土壤污染 soil pollution
指由於人類的使用，改變土壤的特性，降低其品質及利用價值的狀況。最常發生在大量使用農藥和肥料的農地，或受酸雨、工業廢水、空氣污染物或固體廢棄物影響的土地上。

土壤物質的移置 translocation
在成土作用中，物質由某一個土壤化育層移到另一個化育層的過程。

土族 family
美國綜合土壤分類系統中第五層的分類。共分五千個土族。

脫鈣紅土 terra rosa
石灰岩地區，溶蝕殘餘的紅色土壤。主要為不可溶的物質累積而成，土層薄者數公分，厚者達十餘公尺，因為含有氫氧化鐵，所以呈現紅色，是石灰岩地區僅有的可耕土。

脫鈣作用 decalcification
指土壤中的滲漏水將鈣質礦物溶解，從土層中帶走的過程。通常發生在一年當中大多數時候降雨量大於蒸發量的地區。

退潮流 ebb current
退潮時，海水流出海灣或河口的水流。

退水翼 falling limp
水文歷線通常呈現不對稱的波形，歷線圖中斜率為負的曲線區段稱為下降翼。代表該時段中，匯流進入河道的水量隨時間而逐漸減少。參見水文歷線。

團塊 nodule
岩石中不規則的瘤狀結核，成分不同於圍岩而性質堅硬，但無同心圓構造。

吞口 swallow hole，swallet
指河流從地表藉以進入地下流動所經過的豎坑或陷穴。通常出現在石灰岩與不透水岩層的交界，尤其是溶蝕作用特別容易集中的兩節理面的交點。

豚背山 hogbacks
同豬背山。

通氣帶 zone of aeration
地面以下到地下水面以上的地帶，岩石孔隙中除了水外，還有空氣存在。

同質異形 polymorphism
同一種化合物或元素中有兩種或兩種以上的晶形及晶系或結構。這種現象主要受礦物生成時的溫度和壓力等物理條件所控制。

同位素 isotope
同一元素有不同的種類，彼此含有相同數目的質子，但不同數目的中子和原子量。

統 Series
地層的單位，相當於地質時間世的單位。

塔丘 magotes
一種晚期的石灰岩地形。錐丘的基部因接近地下水面，受到較嚴重的側面溶蝕作用，逐漸後退，使錐丘下邊坡坡度變陡，而其頂部因為風化侵蝕作用變得較為圓滑低矮成為塔丘。參見石灰岩。

特有種 endemic species
只有在一個地區存在的生物種。

颱風 typhoon
指發生在南中國海及鄰近熱帶海域，直徑約650公里以上，中心氣壓低於950百帕，風速超過每小時120公里的低氣壓系統。通常在夏季，發生於緯度5度到20度、海水溫度達攝氏27度以上的熱帶洋面上。
強烈的對流經常產生高達12,000公尺以上的積雨雲，形成暴雨，不過風暴中心卻因微弱的下沈氣流而風平浪靜。此種風暴形成後，通常先往西行，然後沿著大陸的東岸往北前進，進入西風帶後再往東移動而慢慢消失，呈現拋物線狀的路徑。

颱風眼 eye of storm

指颱風的中心，具有微弱下沈氣流、無風無雨的天氣特徵。

台地 table land

中間高而平坦，周緣由較低矮的崖面與鄰近的平緩地面相接的地形。

苔蘚 lichens

由藻類和蕈類共生成單一結構體的一種植物相。通常在岩石或樹幹表面形成堅硬皮革似的外層。

苔原 tundra

在地球表面樹木生長北界以北的極圈內，由不連續的低矮植被所覆蓋的地區。此帶冬季多半被冰雪所覆蓋，春季表土冰雪融化，短促的夏季中則生意盎然。

▲恆春台地。

泰加林 Taiga
分布在北美洲和歐亞大陸北部，由低矮的樹林和間距較大的樹木，以及地面苔蘚所組成的林帶。

太陽輻射 solar radiation
由太陽向宇宙各方向輻射的電磁波。太陽輻射的電磁波波譜範圍很廣，包括波長很短的宇宙射線、紫外線、可見光到波長相當長的紅外線和無線電波等。
太陽輻射的主要波長範圍在0.15～4.0微米。可見光的波長範圍為0.4～0.76微米，波長小於0.4微米的稱為紫外線，波長大於0.76微米者稱為紅外線。

太陽高度角
altitude of the sun
指太陽入射線與地平面的夾角。當太陽高度角越大時，即表示單位面積的輻射強度越強。一地太陽高度角的大小與緯度、白晝時間及季節有關。

太陽正射點 subsolar point
在特定時間下，太陽光垂直地平面的地點。

太陽正射角 declination of Sun
太陽正射的緯度。位於南緯23.5度到北緯23.5度之間。

太陽常數 solar constant
太陽輻射能量穿透太空，到達地球大氣層上界，在太陽與地球平均距離（1.5×10^{11}公尺）、垂直太陽輻射的條件下，單位面積（平方公尺）在單位時間（分）內所估得的太陽輻射能量稱為太陽常數，其值約為1,380瓦／平方公尺或1.98卡／平方公分／分。
太陽每年放射的能量約為1.24×10^{34}焦耳，地球每年攔截到的太陽輻射能量僅為其放射總量的二十二億分之一。根據觀測，太陽常數會隨太陽黑子多寡而有變化，不過變化幅度不超過2%。

太陽日 solar day
地球相對於太陽自轉一圈所需的平均時間。

淘選作用 sorting
在水和風的搬運作用中，把顆粒按大小、形狀或重量分開，而使顆粒趨於均勻的作用。

頭蝕 headward erosion
同向源侵蝕。

透水 permeable
形容岩石或地表堆積層可以讓水經由其孔隙、節理或層理移動的特性。參見不透水。

灘台 berm
海灘上由暴風浪所造成的小台地，向陸一側為平台，向海一側則呈一小脊。其乃前濱和後濱的分界處。有的海灘沒有灘台，有些則有好幾級灘台。參見海濱。

潭瀨系列 pool-and-riffle

一系列礫石沙洲間夾著深潭的河流地形。通常形成於河流床載性質差異比較大的河道。河水流過沙洲時有較高的流速，使其產生湍流，而經過水潭時則流速下降而顯得平靜。

野外調查發現，沙洲的間隔約為平均河道寬度的五到七倍。一系列沙洲的分布導致河道的些微彎曲，可能進一步導致曲流的形成。通常深潭與曲流外側的侵蝕密切相關，而沙洲則與曲流內側的淺灘一致。

彈性極限 elastic limit

物體在產生永久變形之前所能承受的最大應力。

碳的循環 carbon cycle

植物和浮游植物藉著光合作用，吸收空氣中的二氧化碳，將其轉化為其組織；這些植物和吃掉它們的動物再由呼吸作用釋放部分碳回大氣；當生物死亡後，細胞腐爛，部分碳進入土壤或沈入海底，再被微生物所利用，或形成碳酸鹽被植物根所吸收。在某些情況下，碳可以轉化成煤、石油等化石燃料，再因人類的使用而釋放至大氣中，形成複雜的循環變化。

碳氫化合物 hydrocarbon

由碳和氫組成的有機化合物，其離子排列成鍊狀或環狀。

碳酸化作用 carbonation

地下水或雨水中的碳酸和岩石中的金屬離子發生化學變化，所造成的化學風化作用。

潭瀨系列

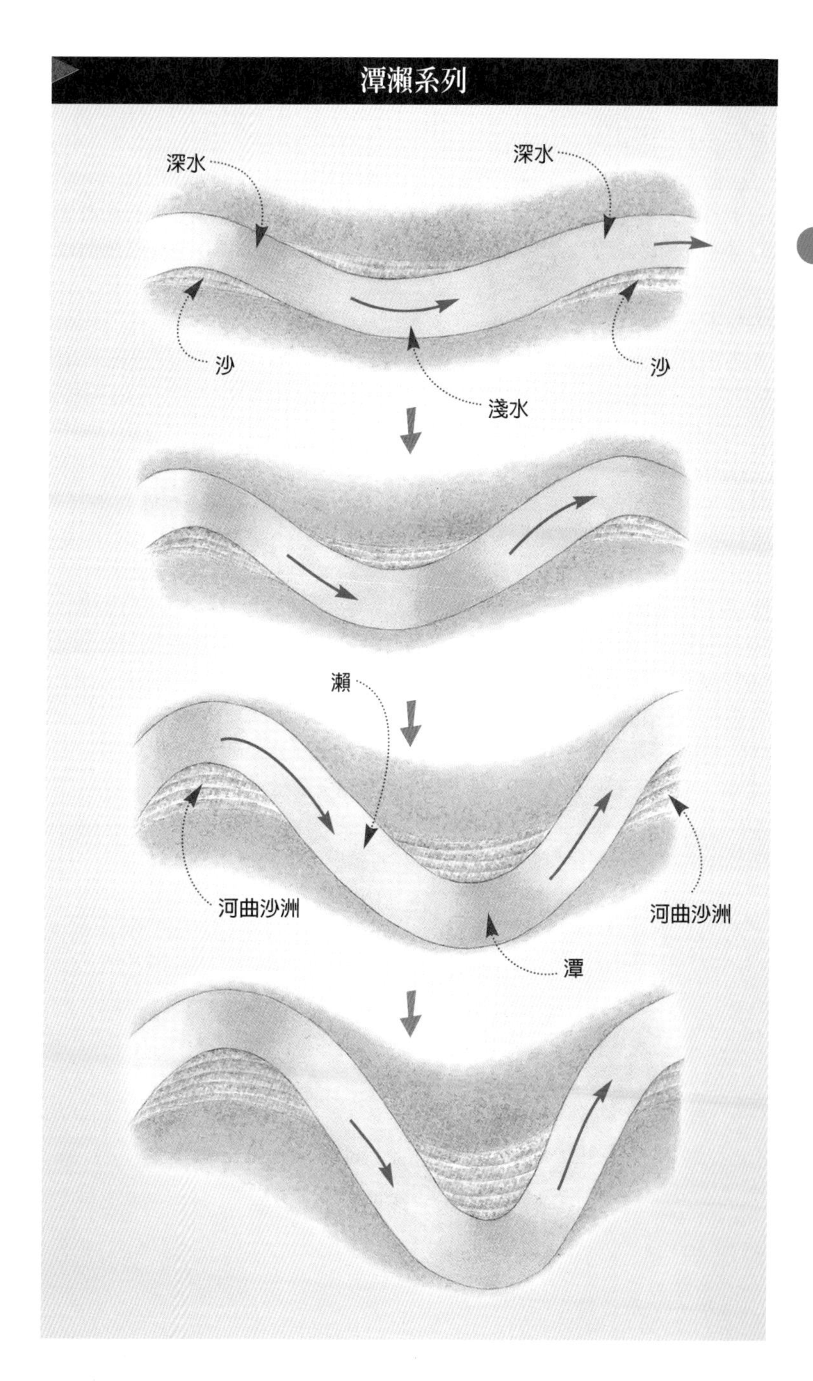

ㄋ

泥 mud

由黏土、坋沙和水混合而成的沈積物。通常含有少量的沙，有時則含有有機質。

ㄋ

泥盆紀 Devonian

地質時間表中，古生代的第四個紀，距今約四億一千萬到三億五千四百萬年前。

泥炭 peat

積聚在沼澤地的植物殘骸，因為積水中缺乏氧氣而無法有效分解。由此種大量局部分解的植物組織和少量礦物質所構成的土壤，稱為泥炭。含碳量略高於50%，為最低級的煤。

泥裂 mud crack

溼泥土在乾涸的過程中，因收縮所呈現的多邊形的裂痕。

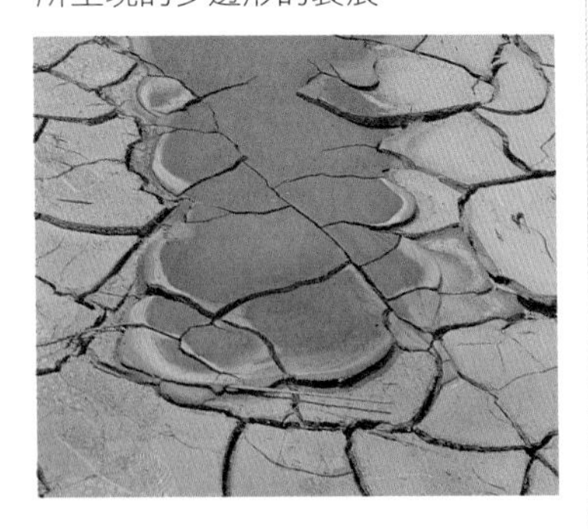

泥流 mudflow

指高水分含量的泥質岩屑和土壤沿著谷地快速向下坡滑動的現象。經常由地震或時間短但強度大的暴雨所引發。

泥火山 mud volcano

天然氣和混合泥沙的地下水自地表裂隙噴發後，由泥漿堆積而成的小型錐狀地形。

▲燕巢泥火山。

泥灰岩 marl

含石灰質甚多的泥岩。

泥岩 mudstone

由泥、坋沙及細沙混合所形成的無層理或層理結構微弱的細粒塊狀沈積岩。

▲利吉泥岩惡地。

逆斷層 thrust fault

斷層的上盤相對於下盤呈現低角度（小於45度）上移者。參見斷層。

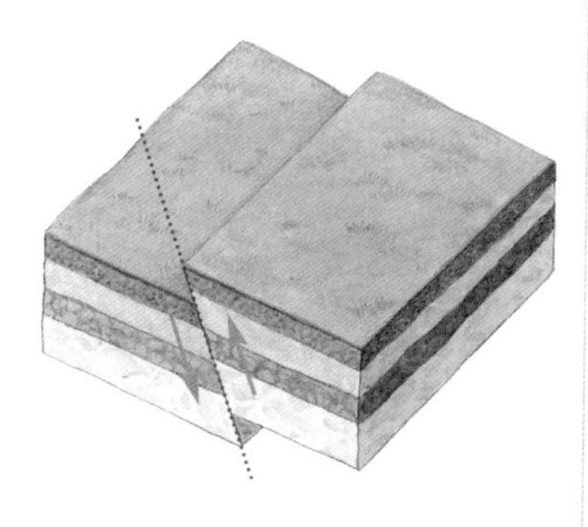

逆衝斷層 thrust fault

指斷層面的傾角小於45度，且上盤相對於下盤往上移動的斷層。

逆溫 temperature inversion

在正常情況下，大氣對流層的氣溫會隨著高度增加而下降；當局部地區的氣溫隨著高度增加而上升時，這種反常的現象稱為逆溫。

地表形成逆溫的主要原因有二：一是由於地面輻射旺盛，使地面溫度快速下降而低於緊鄰的上空空氣；另一個原因為冷空氣沿著地表流入，使地面氣溫低於上空空氣。

溺谷 drowned valley

河谷下游因海水面相對上升而被淹沒的地形。

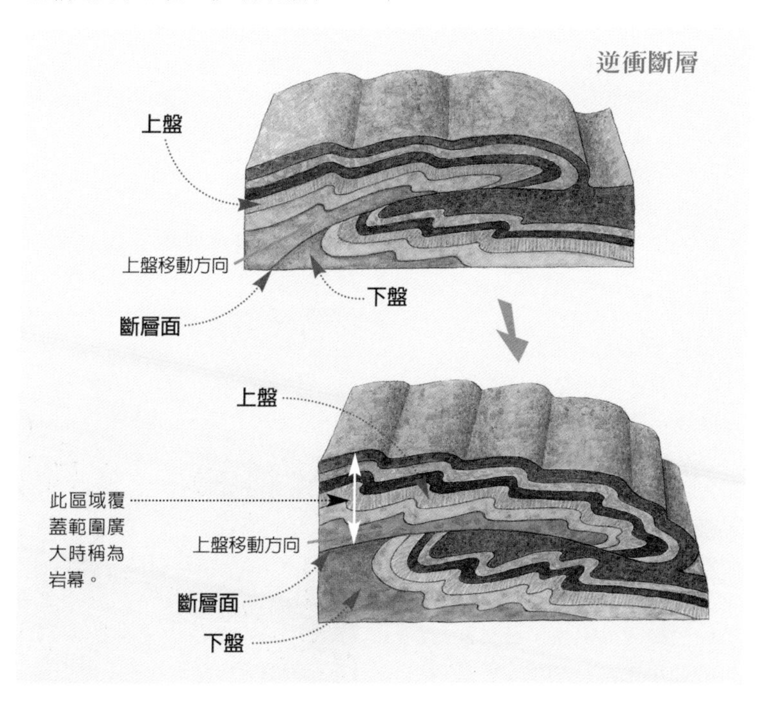

3

牛軛湖 oxbow lake
曲流於曲流頸被截斷後，被棄置的弦月形舊河道所形成的湖泊或沼澤地稱為牛軛湖。為寬廣氾濫平原上典型的地形。

黏土 clay
直徑小於0.002公釐的礦物顆粒。另外也指一種由沒有層理的泥質沈積物所構成的沈積岩。由於顆粒之間的孔隙很小，因此其間的水分被表面張力所吸引，不容易流動，而呈現不透水的特性。

黏土岩 claystone
由黏土礦物岩化而成、但缺乏不連續面的沈積岩。

黏裂土 vertisol
分布於熱帶和溫帶的半乾燥區，由於富含黏土礦物，在乾季裡土壤會乾縮龜裂，表層植物殘株掉入裂隙，雨季土壤膨脹而造成翻攪，因此土壤中有機質含量高，酸鹼度呈中性。

黏絮作用 flocculation
懸浮在河水中的黏土礦物與海水接觸後，膠結成團粒而快速沈澱的現象。

黏滯性 viscosity
乃液體內部分子間相互移動難易度的指標。溫度是影響黏滯性最明顯的變因；例如，攝氏20度的水的黏滯性約為80度水的三倍。因此在地下水壓力不變的狀態下，冬季地下水的出流量會比夏季來得少。

年均溫
mean annual temperature
指一年中十二個月的月均溫平均值。

年溫差
annual temperature range
一年內最高溫與最低溫的溫度差距。

凝固熱
latent heat of solidification
水凝固成冰所釋放的潛熱。

凝華 deposition
指大氣中水氣直接變成冰的過程。

凝灰岩 tuff
細粒火山碎屑物固結所成的岩石。

凝灰角礫岩 tuff breccia

由大的火山碎屑以及火山灰基質所組成的火山碎屑岩。

凝結 condensation

物質由氣態轉換成液態的過程。

凝結高度 level of condensation

舉升的空氣因為絕熱冷卻作用，溫度下降至露點，導致空氣中的水蒸氣開始凝結的高度。參見不穩定的空氣。

凝結核 condensation nuclei

指當空氣的相對溼度達到100％時，水蒸氣在凝結成水滴的過程中所附著的固態核心。凝結核包括沙塵、煙霧和鹽粒等自然界所提供的物質，和人為活動所產生的工業污染物等。

暖鋒 warm front

冷、暖氣團相遇，暖氣團較強大，推擠冷氣團並爬升到它上面時，兩者的介面稱為暖鋒。該鋒面往冷氣團的方向前進，移動速度約為每小時24公里，鋒面倒向冷氣團，但坡度約為0.5度到1度，比冷鋒平緩。由於空氣舉升平緩穩定，多形成層狀的雲，且範圍較廣，使得暖鋒附近的雲雨區較冷鋒廣大。

暖鋒

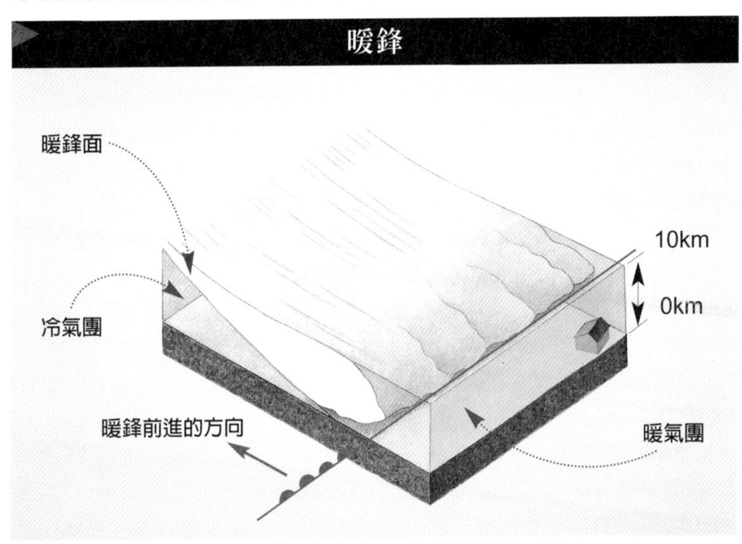

暖鋒型囚錮 warm occlusion
當冷鋒從後方追上暖鋒時，若構成冷鋒的冷氣團較構成暖鋒的冷氣團溫度高，則冷鋒系統爬上暖鋒系統之上所形成的囚錮。參見囚錮鋒。

暖流 warm current
指水溫高於流經地區海面水溫的洋流。通常是由低緯度區往中、高緯度區流動的洋流。

暖血動物
warm-blooded animal
儘管環境溫度發生變動，具有一種以上調節體內溫度的機制，以維持穩定體溫的動物。

耐旱植物 sclerophylls
具有硬質樹葉，可以忍受夏季長期乾旱的常綠樹木或樹叢。

內陸水系 interior drainage
沒有出海口而流入內陸盆地的水系。

內含水 internal water
由地面往下，岩壓不斷提升，使岩石孔隙閉合，原來孔隙中所含的水與礦物發生化學作用，而貯存在礦物結晶構造中者。

內營力
endogenic processes
能量來自地球內部的作用；主要包括地殼變動與火山活動。參見營力。

南半球副極區
subantarctic zone
位於南緯55度到60度之間的緯度帶。

南方振盪
Southern Oscillation
以澳洲達爾文市為中心的東印度洋，和以大溪地為中心的西太平洋上的氣壓週期性高低變動的現象。參見聖嬰現象。

南回歸線 tropic of capricorn
南緯23.5度的緯線；為太陽正射範圍的南界。

南極圈 antarctic circle
南緯66.5度緯線。

南極圈帶 antarctic zone
位於南緯60度到75度，跨越南極圈，介於副極圈帶和極地之間的區域。

能源 energy resources
包括電力、天然氣、水力、核能、石油、煤和森林等可以提供動力的資源。

ㄌ

離水海岸 emergent coast
陸地相對於海平面而被抬升的海岸。被抬升的因素包括地殼的構造運動、冰河融化後因地殼均衡作用的反彈。另外，當冰期造成海平面下降時，陸地相對於海平面而言亦猶如上升。
典型的離水海岸為脫離海浪侵蝕的海崖、抬升的沙灘、海階，以及廣大的海岸平原。參見沈水海岸。

▲卯澳為離水海岸。

離岸沙洲 offshore bar
由沙礫在離岸相當距離的平淺海水中堆積，形成與陸地不相連，而與海岸平行的堆積地形。通常乃大的海浪侵蝕海床，將岩屑往前拋所堆積而成。此類地形會因為沿岸漂沙而逐漸加長，並因為沙丘的生成而穩固。其內陸側形成潟湖，終將逐漸被泥或坋沙所填充而演變為鹽沼。

粒變岩 granulite
由粗粒礦物交錯相嵌而成的變質岩；多形成於較高溫度和壓力的條件下。

粒級層 graded bedding
岩層所含的顆粒粒徑由下而上逐漸由粗變細者。

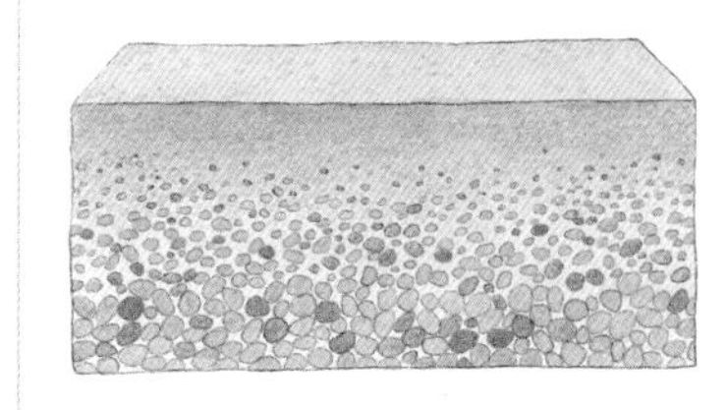

粒雪 firn
在高山或高緯等氣候寒冷的地區，積雪終年不消，雪層漸厚，底層壓力增大，積雪重新結晶成冰，密度增加到0.72到0.84時，稱為粒雪。

粒狀崩解
granular disintegration
岩石崩解成組成礦物顆粒或小岩塊的過程。通常認為其屬純機械性風化，但事實上，更可能牽涉

ㄌ

到特定的化學風化，例如膠結石英沙粒的鐵質氧化，或花崗岩中長石的水化，均可能造成岩石的崩解。

粒狀岩理 granular texture
為一種侵入火成岩的岩理。大小約略相等的粗粒礦物呈犬牙相錯的排列。

礫灘 shingle beach
由海浪或沿岸流，攜帶河流所供應的礫石或自海底侵蝕而來的礫石，在水流能量降低時堆積而成的海岸地形。

礫漠 gravel desert
乾燥地區布滿岩石碎塊的漠地，經風力將細小物質吹蝕殆盡，僅剩下較大的礫石覆蓋地表，稱為礫質沙漠，簡稱礫漠。參見沙質沙漠。

礫石 gravel
直徑約在2到60公釐之間的圓形、次角狀或多角狀的石頭。河流所堆積的礫石由於多曾經過在河床上長距離的滾動、滑動和磨蝕，通常呈現圓形的外貌。

▲石門海岸的礫石。

礫岩 conglomerate
為一種由磨圓的礫石和沙質填充

▲東海岸礫灘。

物膠結而成的沈積岩。通常是在沙灘或湍流等高能量環境下的堆積物，由於顆粒在搬運的過程中彼此摩擦而變得圓滑，顆粒間則填充著較細粒的基質。

裂縫噴發 fissure eruption

順著火山表面狹長的裂縫中噴出熔岩及氣體。可以造成廣大的火山熔岩高原。

裂點 knickpoint

河道的縱剖面明顯變陡的部分，通常會形成瀑布或急湍。可能是由於某種堅硬岩層的出露，使地層下游側變陡所致。另外，通常河流往海岸線以外延伸部分的縱剖面，坡度會比陸地上河流最下游段為陡，因此當海平面下降時，河流的最下游段變陡，而使河流進行向源侵蝕，逐漸將陡坡段往上游推進，而在河道上形成陡峻的斷裂點。

裂谷 rift valley

與地塹相似，由塊狀斷層所造成的狹長下陷斷谷。通常是由張力拉裂而成。最著名的為南北縱長約5,500公里的東非大裂谷。

流量 discharge

指河流的總流量或通過河道中某斷面的流量，後者以單位時間內通過的河水體積來表示，通常以每秒立方公尺為單位。可以河道的斷面面積乘以通過該斷面的平均流速來估計流量。

流量歷線 hydrograph

同水文歷線。

流紋岩 rhyolite

屬於酸性火成岩，富含鈉、鉀及二氧化矽（後者佔70%至78%）。主要出現在大陸地區，其細質地的基質常呈玻璃質，但有時包括較大的長石、石英或雲母晶體。其平行排列的斑晶形成色帶，可指出岩漿在管道中流動的方向。由於二氧化矽含量高，岩漿極為黏稠，因而流動緩慢，並且可以抑制氣泡的逸散。當接近地表時，氣體含量低者形成厚層的熔岩流；但氣體含量高者則爆炸噴

發，所挾帶的揮發性氣體（水和二氧化碳）因外部氣壓減低而快速膨脹，使岩漿噴發後產生多孔狀的浮石。

流域 drainage basin，watershed
一條河流及其支流排水的地表區域。通常被視為研究河流地形學的完整的地形單位和水文系統。
流域的界線可能為可明顯劃分的狹窄嶺線，但有時卻是沒有明確邊界的寬廣低矮丘陵地。同集水區。

ㄌ

連島沙洲 tied bar
連接沿岸島嶼之間，或島嶼和大陸之間的沙洲。參見陸連島。

鱗剝穹丘 exfoliation dome
山丘頂部因同心圓狀或洋蔥狀的鱗剝作用所形成的圓渾山頭。

鱗剝作用 exfoliation
岩石因為重複的脹縮，產生放射狀與同心圓狀的破裂面，並進行如洋蔥瓣膜一般的層狀剝裂過程。

臨時河 ephemeral stream
位於乾燥地區，平時河道乾枯無水，僅在大雨或積雪融解之後才有流水，有時水位甚至會暴漲形成洪水。參見常流河、間歇河。

淋溶作用 leaching
指土壤中的滲漏水將礦物質及可溶性鹽類溶解並帶離土壤的過程。通常發生在降雨量大於蒸發量的潮溼氣候區排水良好的沙質土中。土壤經過此種作用後，其表土的酸鹼度和沃度均會降低。

淋育土 ultisol
分布於乾溼季節分明的季風帶。雨季洗出作用將氧化鐵洗入B層而呈紅或黃褐色，酸鹼度呈中性。

露 dew
指地表空氣降低至露點，水蒸氣在地表物體表面所凝結成的小水滴。通常發生在無風的長夜之

▲清晨蜘蛛網上的露水。

後，因地面快速輻射降溫，進而降低緊鄰空氣的溫度，使其達到露點，而將空氣中的水蒸氣凝結成小水滴。

露點 dew point
指空氣中的水蒸氣達到飽和時的溫度。

露點下降率
dew point lapse rate
空氣體的露點隨著高度升高而下降的速度；通常每上升1,000公尺，露點下降攝氏1.8度。

露頭 outcrop
地底基岩出露於地面，沒有被岩屑、土壤或植物掩蓋的部分。

露天的 subaerial
在空氣中發生的。

露天開採 strip mining
將覆蓋在沈積礦層上方的岩層剷除，再進行採礦的過程。

陸風 land breeze
海岸地帶，夜晚陸地因比熱小，散熱快，陸面空氣較海面空氣冷，形成相對高壓，空氣由陸地吹向海洋形成陸風。參見海風。

陸連島
landtied island or tied island
指藉由連島沙洲與大陸相連的島嶼。

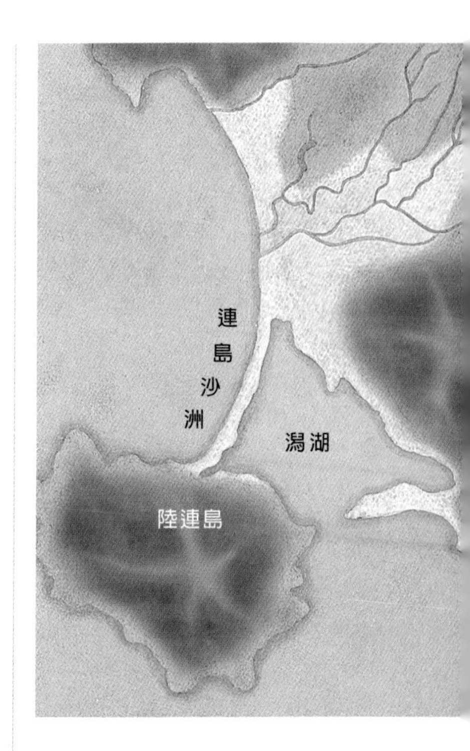

陸上沈積物
terrestrial sediment
沈積在海水面以上、任何高度的陸地上之湖泊、沖積平原、冰磧丘的沈積物。

陸源沈積物
terrigenous deposit
源自陸地但在淺海環境下沈積的沈積物。

羅式比波 Rossby wave
在中高緯度地區，於對流層中部出現，由西向東流動，呈現波狀擺動的氣流，其成因不明。通常南北半球各出現四個羅式比波。

高空的噴流在羅式比波的波谷處最為強烈，而北半球的反氣旋通常在羅式比波南流的區段發展，溫帶氣旋則在羅式比波北流的區段發展。

裸露地盾 exposed shield
前寒武紀古老的基底岩石出露的大陸地盾。

亂流 turbulent flow
同紊流。

龍捲風 tornado
為快速旋轉及移動的小範圍、極低氣壓風暴，中心風速非常高，有時甚至超過每小時300公里。最常在春季或夏初時出現在美國中部的大平原區。存在時間很短，僅一至兩小時，直徑多半小於100公里，但是破壞力極強。
龍捲風通常肇端於冷鋒所形成的積雨雲中，上升的氣流因為雲內的風速和風向的變化，開始由雲頂緩慢旋轉，並向下延伸而逐漸變窄，當渦旋半徑縮小，旋轉速度加快，若旋轉的空氣繼續下降，便在雲底形成漏斗雲。漏斗雲中心氣壓非常低，周圍空氣迅速被吸進其中，並舉升凝結而釋放大量能量，進一步增加空氣的動能。漏斗雲若往下發展接觸地面，則形成龍捲風。

落塵 fallout
大氣中的固體顆粒因為重力而落至地面。

落石 rock fall
指陡坡上因風化或崩壞而脫離的岩塊，直接經由空氣，以自由落體的形式往下掉落的現象。參見塊體崩壞。

落葉植物 deciduous plant
會進行季節性落葉的樹木或灌木。

鋁土礦 bauxite
主要由含水二氧化鋁所構成的岩石，在熱帶風化劇烈的地區最普遍，為提供鋁礦主要原料的殘積礦床。

綠片岩相 greenschist facies
含有綠泥石及綠簾石的變質岩，代表低壓高溫環境下所造成的變質岩。

綠洲 oasis
沙漠中有泉水或井水等自然水源的地方。有些風蝕窪地的地表表

▲中橫的綠色岩。

層沙土被風移除，使地下水面接近地表而形成綠洲。

綠色岩 greenstone
野外稱曾受換質或變質作用的基性火成岩（如細碧岩、玄武岩、輝長岩或輝綠岩），由於含有綠泥石、陽起石或綠簾石而呈現綠色。

樂夫波 Love wave
為一種剪切性的橫向表面波。地面質點乃平行於水平面、垂直於地震波傳遞方向而運動。參見地震波。

雷暴 thunderstorm
大型積雨雲中，上升氣流旺盛，高度可達6,000到12,000公尺。冰晶在雲內上下震盪，互相碰撞，帶正電的粒子聚集在雲端，而帶負電的粒子聚集在雲底，雲底負電使下方地面開始聚集正電，當電荷聚集到一定程度時，則以閃電形式釋放能量。叉狀的閃電發生在雲與地面之間，在短短一秒

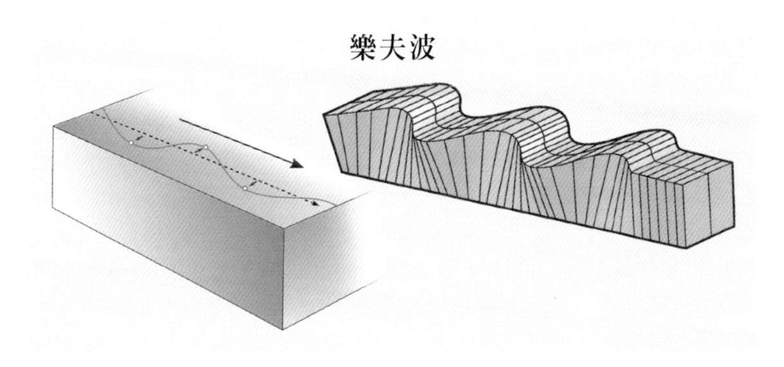

樂夫波

鐘之內，將附近空氣加熱到攝氏30,000度以上，造成空氣急遽的膨脹。空氣急遽膨脹發出巨大的響聲，即稱為雷。雷暴通常會產生極強的下衝風，到雷暴末期階段，此下衝風將超過上升氣流，而使雷暴系統逐漸消散。

雷利波 Rayleigh waves
為一種表面波。地面質點的運動乃沿著地震波傳遞方向的垂直面，呈橢圓形的倒轉運動，即前、上、後、下的震動，這個橢圓形的長軸與地面垂直，而短軸與地震波的傳遞方向平行，如下圖。參見地震波。

累積區 accumulation zone
同積累區。

勞亞古陸 Laurasia
二疊紀時的超級大陸，由原始大陸分裂而成，包括北美和歐亞大陸。參見古地中海。

老年期地形 old stage
河谷平淺而寬廣，各河流間的分水嶺變得非常低平，不容易分辨，地表水因坡度太小而流動緩慢，甚至流向不清，侵蝕及堆積作用幾乎停頓，地勢一片低平，僅剩下少數低緩的殘丘散布在彎曲的河道之間。

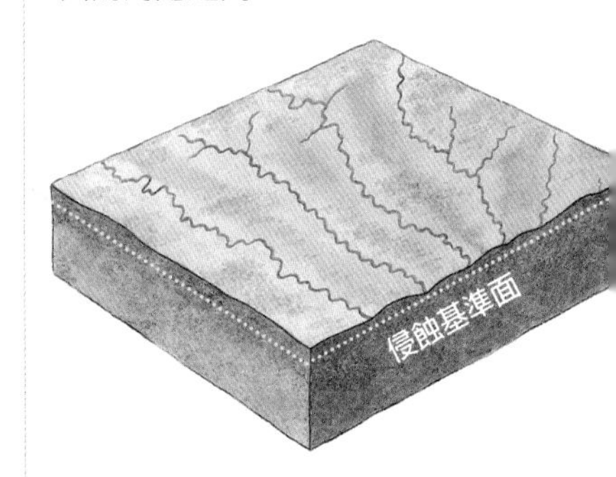

濫伐 deforestation
剷除整片森林的行為。通常會導致嚴重的環境和經濟問題。

浪裂點沙洲 break-point bar
在地面坡度非常平緩的海岸地帶，浪裂線通常距離濱線有一段距離，當海浪中海水分子的圓周運動因觸底而被打斷時，浪會往

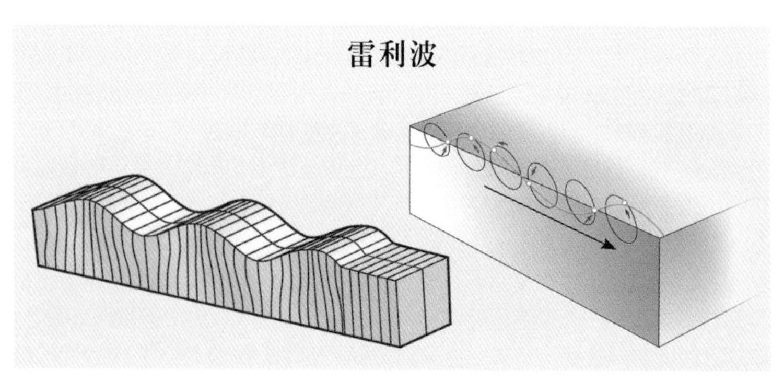

冷鋒

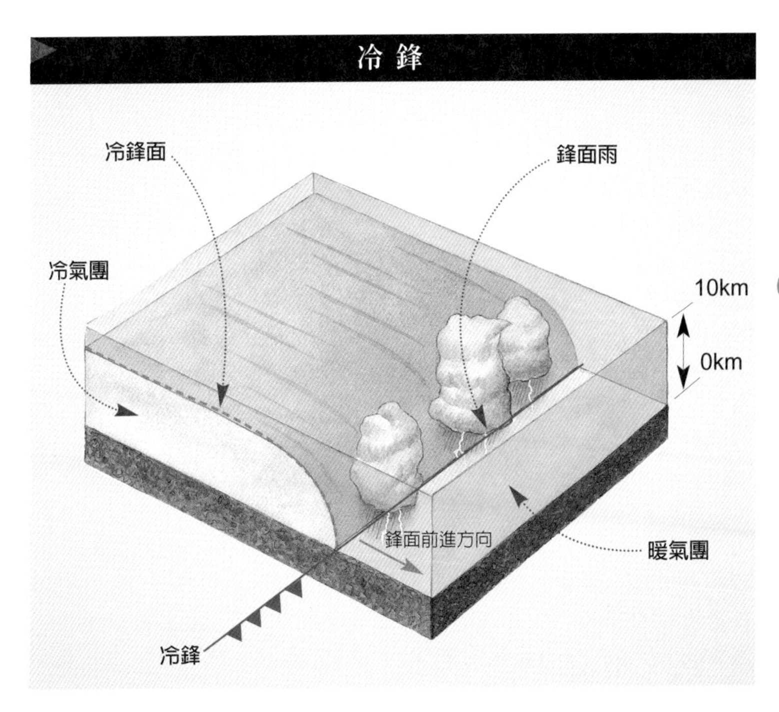

前傾而崩潰，形成碎浪，海水攜帶著沙礫往前沖，在碎浪線的內陸側堆積成沙洲。

浪裂線 breaker zone

海浪在沿岸海水中破碎的地點。因為海底深度越接近岸邊越淺，海浪前進至某一深度時，因為海水深度小於其波長之半，海水與海底的摩擦力減低海浪前進的速度，使海浪底部的海水速度落後於海浪上部波峰的圓周運動往前的速度，因此造成波往前傾而崩潰。由於湧浪通常具有相似的波長，因此相繼到達的浪幾乎都在同一個深度產生碎浪，而形成浪裂線。

冷鋒 cold front

冷、暖氣團相遇，當冷氣團較強，侵入暖氣團之下時，兩者的介面稱為冷鋒。鋒面向暖氣團的方向前進，移動速度約為每小時35公里，但鋒面倒向冷氣團，坡度約為1/50度，比暖鋒陡急。由於暖空氣被迫沿著陡峭的鋒面舉升，常發展出劇烈的對流系統，多形成積雲，甚至積雨雲，可能出現短暫的豪雨，甚至降下冰雹。冷鋒經過時，經常出現氣溫陡降，風向驟變的天氣狀況。

冷鋒型囚錮 cold occlusion

當冷鋒從後方追上暖鋒時，若構成暖鋒的冷氣團較構成冷鋒的冷氣團溫度高，則冷鋒系統將暖鋒系統舉升所形成的囚錮。參見囚錮鋒。

冷底冰河 cold-based glacial
高緯地區的冰河底部溫度低於冰點甚多，因此不會融解促成冰層的滑動，此時冰河是靠冰粒受壓時的重新結晶，緩慢改變冰層形態而產生移動。

冷血動物
cold-blooded animal
體溫隨著環境溫度變動的動物。

冷雨期 pluvial period
在第四紀冰期發生時，其他無冰河覆蓋地區呈現多雨而蒸發減少的氣候狀態。

孤山 butte
堅硬岩層受侵蝕作用所遺留下來的孤立山丘，常為平頂而邊坡陡峻的地形。

谷冰河 valley glacier
中高緯度順著谷地移動的冰河，狀若河流，成帶狀分布。

谷風 valley wind
指白天的山頂地面因為接受太陽強烈的輻射而增溫，進一步傳導至鄰近的空氣，使其受熱舉升，山谷的空氣因而被吸引前來補充，形成由山谷往山頂吹的風。參見山風。

谷磧 valley train
自端磧沿著山谷向下，由冰河外洗的沙礫在現行河床上所形成的台地狀堆積地形。

谷灣 ria
海岸內凹處或河口。

谷灣海岸 ria coast

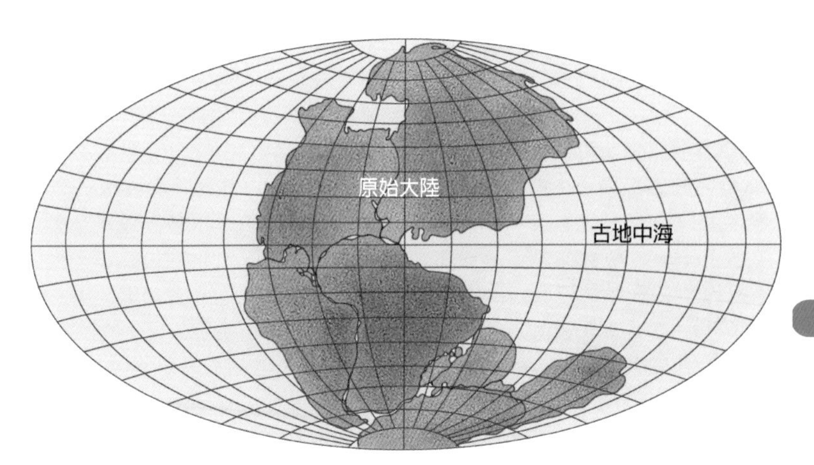

指河川侵蝕而成的山谷和山脊，因沈水作用而被海水淹沒所成的海岸地形。此類海岸通常有很深的海灣或河口灣、岬角和離岸島。

古地中海 Tethys
由原始大陸包圍的古海洋。

古地磁 paleomagnetism
研究岩石中所具有的磁性方向，以推測古時地球磁場和磁極的位置和性質的科學。

古陸 craton
大陸的內部，自前寒武紀時期以來，就沒有再受到劇烈地殼變動的最古老地塊。例如澳洲大陸。參見地盾。

古新世 Paleocene
地質時間表中，第三紀的第一個世，距今約六千五百萬年到五千五百五十萬年前。

古生代 Paleozoic Era
地質時間表中，前寒武紀之後，三個代中的第一個代；約在五億七千萬年到二億五千一百萬年前。

古生物學 paleontology
研究地層中古時生物的形態遺骸和其演化的科學。

鼓丘 drumlin
為在冰原下堆積，與冰河前進方向平行排列的流線形冰磧地形。鼓丘內部並無明顯的層理，但個別石礫的長軸均與冰河移動方向一致。其縱剖面呈不對稱發展，迎冰面較陡，向著冰河前進方向的坡則較緩。通常高度在20到30公尺，長度約數百公尺。可能是冰原底層融化時所釋放的冰磧物堆積，後被前進的冰河摩擦重塑成流線形。參見冰河作用及蛇丘。

固氮作用 nitrogen fixation
在氮循環過程中，由微生物將氣態氮轉換成可被植物使用的離子形式的化學作用。

固溶體 solid solution
同一系列礦物群在其晶體構造中，某元素的原子可任意由另一元素的原子所取代，造成同一晶系中，不同礦物的成分比例出現一定範圍內的變化。

國際換日線
International Date Line
主要以180度經線為主，在局部地區稍作東西修正，作為比格林威治標準時間晚十二個小時和早十二個小時的兩個相鄰標準時區的界線。參見標準時區。

國家公園 national park
指為保護一國特有的自然景觀、野生動植物生態、歷史古蹟，並提供學術研究及國民旅遊、休閒而劃定，並實施相關保護規定的區域。

過冷水 supercooled water
氣溫低於冰點時，仍以液態形式存在的水。

規模 magnitude
同地震規模。

管道流 channel flow
指在局限的管道中流動的地表逕流；溪溝、河流均屬此類。

光合作用 photosynthesis
植物由根部吸收水分，以葉片吸收空氣中的二氧化碳，在日光照射下，以葉綠素作為觸媒，製造植物所需養料的過程。

光澤 luster
光線照到礦物表面所造成的反光強度和性質，可分為金屬和非金屬光澤兩類。

公轉 revolution
行星繞著恆星，或衛星繞著行星轉動的現象。

共生 symbiosis
1. 指兩種生物生活在一起，彼此均獲益的關係。例如灰藻一方面自珊瑚類水螅取得食物和二氧化碳，一方面將氧和醣類供給珊瑚吸取。因灰藻需要陽光進行光合作用，因此珊瑚和藻類僅能在淺水區繁殖。
2. 其中一方受益，另一方無利也不受害的關係。例如鯽魚以吸盤吸附在鯊魚或箭魚、海龜的體表，攝食鯊魚等的食物殘屑；或如某些甲蟲的幼蟲和成蟲黏附在田鼠的皮毛，被田鼠攜帶到巢中，或從一個巢帶到另一個巢，田鼠不但提供甲蟲隱蔽、攝食的場所，也幫助其散布。參見寄生。

共生水 connate water
同原生水。

格子狀水系
trellis drainage network
同一集水區內的河道呈現兩個主要的流向，彼此直交，但是河道兩側的次級河道未必呈直交。通常出現在軟硬岩交互出現的地層所在地。參見水系型態。

格子狀水系

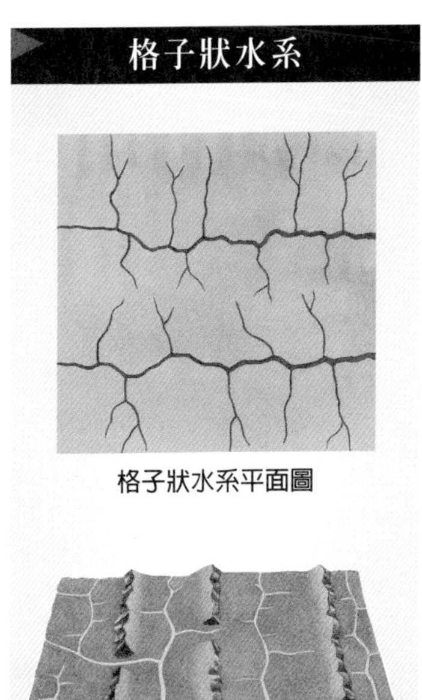
格子狀水系平面圖

格子狀水系立體圖

鈣華 travertine
同石灰華。

鈣化作用 calcification
在平均蒸發量比降雨量大的地區，土壤的鹼性基未被雨水淋溶而保留在土壤中。亦即夏季時土壤母質中的碳酸鈣溶解於雨水，被土壤毛細管力吸至表層時，水蒸發而碳酸鈣沈澱在底土層的作用。

鈣質層 caliche
在土壤B層中碳酸鈣所累積造成的結核或片狀沈積物。

鈣層土 pedocal
發育於溫帶較乾燥氣候下的土壤，在B層中多碳酸鈣結核所成的硬盤。

蓋岩 cap rock
位於儲油層上方，具有不透水性，可以防止油氣向上逸散的封閉性岩層。

高嶺土 kaolin
長石經化學風化或火山熱液變質產生的黏土礦物。

高空西風帶
upper-air westerlies
出現在中高緯度高空的西風環流系統。

高積雲 altocumulus
出現高度約在2,000到6,000公尺，色灰白、體積較卷雲大而有影，雲塊密集，多半排列有序。這種雲如果出現在溫暖日子裡的上午時刻，通常表示傍晚可能有雷雨。參見雲。

高差 relief

特定地表範圍內，最大的高度差。

高潮 high tide

每天有兩次，海面會因為地球自轉而轉至面對月球或背對月球，受到月球最大的引力而舉升，稱為高潮。參見潮汐。

高山苔原 alpine tundra

在高山林線以上的苔原植物群落。

高山永凍層 alpine permafrost

位於極區永凍土所出現的最低緯度，至赤道之間的高山上的永凍層。

高草原 tall-grass prairie

由高大的草類和寬葉禾本植物所組成的草原生態系。

高層雲 altostratus

出現高度約在2,000到6,000公尺，呈灰或藍色層狀的雲，雲層厚者可遮蔽日光，薄者則似毛玻璃。

高原 plateau

比鄰近地表高達數百公尺以上的廣闊平坦地形，通常四周由陡峻邊坡所圍繞。可能由水平岩層經侵蝕而形成，或由大規模熔岩所覆蓋。

高原玄武岩 plateau basalt

由裂隙噴發造成平鋪在地面上的玄武岩流，多覆蓋累積於高原地區，面積延展甚廣。

溝蝕 gully erosion

坡面上紋溝侵蝕而成的小紋溝繼續受到集中水流的侵蝕而擴大，當其寬度和深度更大，農耕機具無法跨越時，即稱為蝕溝，其寬度可達15公尺以上。水流順著蝕溝所進行的侵蝕作用則稱為溝蝕。在熱帶地區，溝蝕作用經常是因為人類對山坡的干擾所引發，例如，剷除植被或進行上下坡方向的耕作，又如過度放牧造成表土壓密，降低雨水的入滲率，使得大部分的降雨形成地表逕流，都會加速土壤的溝蝕作用。不過，溝蝕也可能是發生在惡地的自然侵蝕作用，常導致密布的水系及山坡的快速下切。

構造弧 tectonic arc

乾燥地形

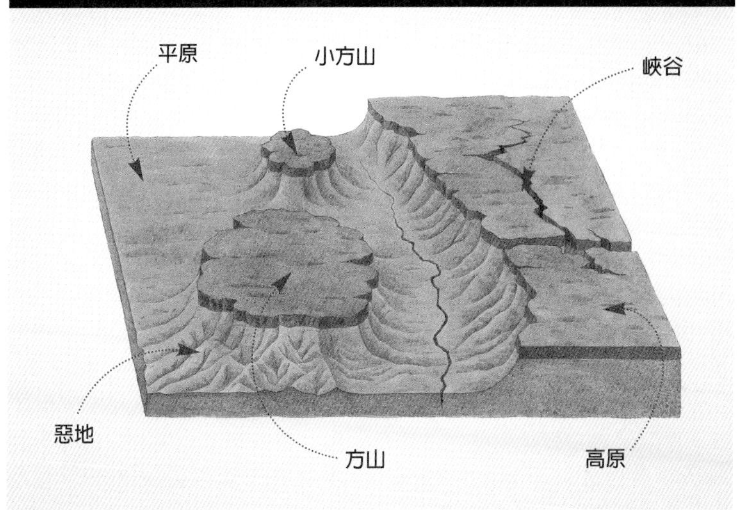

沿著隱沒帶邊緣的海溝分布，由板塊運動所形成的狹長列島、山脈或海底山脊所組成。

構造脊 tectonic crest
由構造弧的高峰所連成的山脊線。

乾漠土 aridisol
分布在沙漠地區，由於植物稀少，腐植質含量少，但因沒有淋溶作用，因此富含營養元素，呈灰至棕色的鹼性土。

乾谷 wadi
指北非和阿拉伯沙漠地區乾涸平坦的沙礫河床，其地下水面接近地面，有時有泉湧出，為沙漠商隊的主要通道。另外，乾燥和半乾燥地區的乾涸河谷也統稱為乾谷或旱谷，不過名稱因地而異，例如北非和阿拉伯稱wadi，美國稱arroyo、wash、coulee，南非稱donga，印度稱nullah，阿爾及利亞稱chebka或shebka等。各處地形不完全相同，例如chebka為岩漠或礫漠中的乾谷，谷壁陡直崎嶇，如同惡地。

乾化作用 desiccation
沈積物孔隙中的水分由於蒸發或壓縮作用而逐漸消失的過程。

乾河谷 dry valley
先前為常流河行經之地，但後來除了特殊的天氣狀況外，平日呈現乾燥無水的谷地。石灰岩地區因為地表水容易往下滲漏，此為其特徵地形。另外，在上次冰期結束之際，因為地底永凍層阻礙地表水的入滲，使得融冰水累積成大量的地表逕流，沖刷地表形成山谷，後因融冰減少及永凍層消融，地表逕流減少甚至消失，也遺留下乾燥無水的谷地。

乾旱植物 xerophytes
能夠適應乾燥環境的植物。

乾絕熱冷卻（增溫）率
dry adiabatic lapse rate
空氣團舉升的過程當中，並不與外界進行能量的交換，而由於外界氣壓隨著高度變低，使得氣團為了保持內外氣壓的平衡而膨脹，結果減少內部空氣分子的碰撞機率，造成氣溫的下降。
當空氣的相對溼度小於100％時，空氣團每舉升100公尺，氣溫會下降攝氏1度。此種乾空氣舉升所造成的氣團內部氣溫隨著高度增加而下降的速率，稱為乾絕熱冷卻率。反之，當氣團下沈時，每下沈100公尺，則會使氣團內的溫度增加攝氏1度，是為乾絕熱增溫率。參見溼絕熱冷卻率。

乾溼球溼度計
sling psychrometer
具有乾球和溼球溫度計的溼度測量儀器。

乾鹽湖 playa
沙漠盆地中的窪地僅在大雨後積水成湖，其餘時間多半乾涸，而由鹽類沈澱物所覆蓋。

橄欖石 olivine
一種橄欖綠色的鐵鎂質礦物，化學式為（$(Mg, Fe)_2SiO_4$），通常呈圓形的晶體。

岡瓦納古陸 Gondwana land
原始大陸的南方部分，包括南美洲、非洲、澳洲、印度和南極洲。參見古地中海。

更新世 Pleistocene
地質時間表中，新生代第四紀的第一個世，距今約一百八十萬年到一萬多年前，通常以最後一次冰期的出現作為與全新世的分界。

枯枝落葉 litter
指地表堆積的植物殘骸，包括枯死的草、葉、樹枝。會逐漸經化學或生物作用而分解，並混入土壤中。

枯萎點 wilting point
當土壤儲存的水量少於某個限量時，土壤孔隙的毛細管力將大於植物根部對水分的吸力，使植物無法再由土壤中取用水分而枯萎，因此稱此土壤儲水量為枯萎點。枯萎點的高低與土壤質地的粗細有關，一般而言，沙質土壤的枯萎點比黏土低。

塊體崩壞 mass wasting
指當作用於斜坡物質的重力超過其抵抗下滑的力量時，土壤、岩屑等物質由重力牽引往下移動的過程，其移動的速度因坡度和塊體性質而不同。

塊體運動 mass movement
同塊體崩壞。

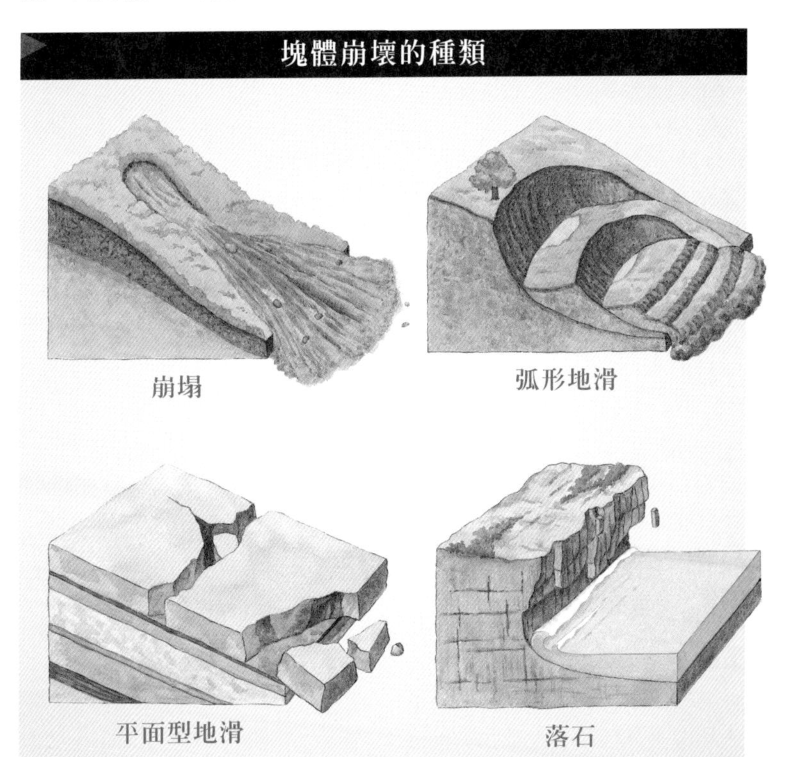

塊狀斷層 block fault
以正斷層為主的斷裂，把地殼分裂成若干不同高度和排列的斷塊。

塊狀熔岩 block lava
含有57％以上二氧化矽、僅含少量的揮發性氣體的安山質熔岩，流動緩慢，當噴出後表面冷卻結成殼時，裡面炙熱的熔岩仍在流動，常衝破外殼而流出，再凝固成塊狀堅硬的岩塊，其中有許多石塊擠成一團，形成數公尺大小各種形態的岩體。

快速流 quick flow
構成單場降雨事件水文歷線中，最先出現的洪峰水流。

礦碴 spoil
開礦過程當中殘留的岩石碎屑。

礦石 ore
特殊礦物元素富集，而構成有經濟開採價值的礦脈。

礦物 mineral
礦物是自然生成的無機物質，乃構成岩石的材料。大多數礦物為由原子重複規律排列所形成的晶體，通常具有一定的結晶構造和外形，僅有少數礦物不具規律結晶構造，呈現類似玻璃的非晶體。目前已經發現的礦物超過四千種以上，但是構成地球表面岩石的常見礦物大約僅三十種。

空間晶格 space lattice
在討論礦物結晶的構造中，一個原子或其所代表的一個點，在立體空間中依照直線對稱重複排列，可以造成各種不同組合格式的現象。

空氣污染 air pollution
由自然或人為方式在空氣中增添不需要或無益的物質，包括氣溶膠、氣體或固體的現象。

空氣污染柱
pollution plume
污染的空氣向污染源下風處流動所成的氣流。

孔隙率 porosity
在一定體積的土壤或岩石中，其組成顆粒間的孔隙所佔的比率。

孔隙水 interstitial water
含於岩石孔隙中的地下水，即廣義的地下水。

孔隙水壓
pore water pressure
存在於土壤或岩層孔隙中的水分，對周圍土壤或岩石顆粒所施加的壓力。

科氏力 Coriolis force
物體在轉動的地球上運動，對於站在地表的觀察者來看，空氣質點在運動時會產生偏向。為了要以牛頓力學定律解釋這種偏向現

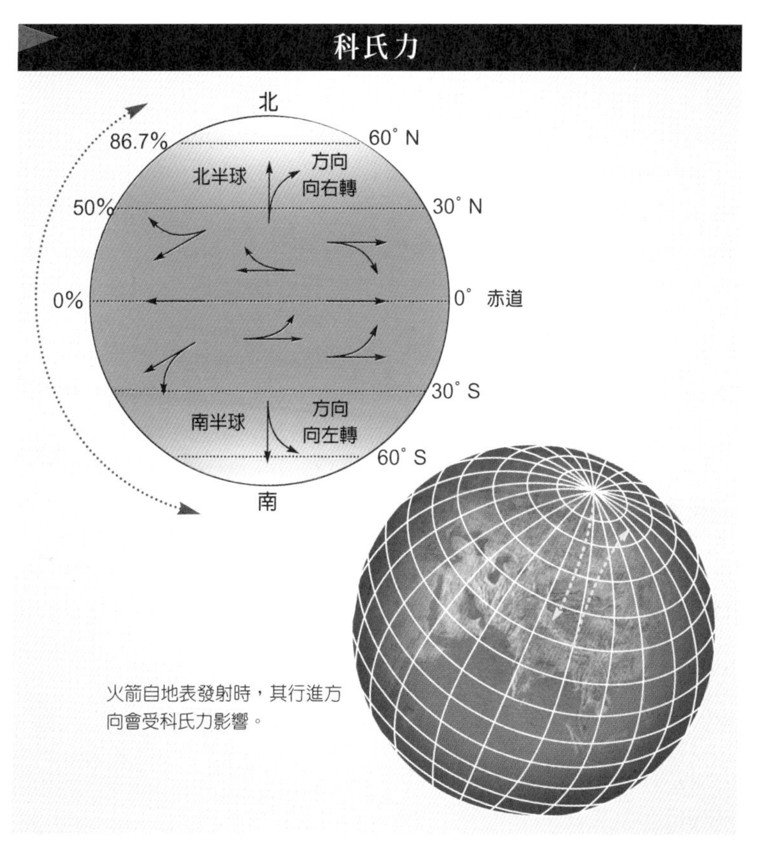

火箭自地表發射時，其行進方向會受科氏力影響。

象，於是假想有一力存在，該假想力稱為科氏力。其公式如下：

$$F=2mV\omega\sin\theta$$

式中：m為質量，V為速度，ω為地球自轉角度，θ為緯度。

科氏力隨緯度的增大而變大，在低緯地區，因為θ值小，所以柯氏力小，而在兩極達到最大。在北半球，柯氏力使物體向原來運動方向的右方偏轉；在南半球，則使其向左方偏轉。

可感熱 sensible heat

在大氣中可以利用直接傳導或由熱空氣對流傳送的熱能。

可更新資源

renewable resources

在人類存在的時間內，可供人類使用而不至於枯竭的自然資源，例如太陽能、水和空氣等，以及可循環使用的物理性資源，如風力、水力等，及各種生物性資源，此類資源若在符合生態平衡的條件下使用，則永無匱乏之虞。

可見光 visible light
波長在0.4到0.76微米之間的電磁波。參見太陽輻射。

可塑性變形
plastic deformation
物體受外力作用，已超過彈性極限，但尚未到達破裂階段所發生的永久變形。

喀斯特地形 karst
指在雨量豐富、節理發達的厚層石灰岩層分布的地區，經過長期的溶蝕作用演育而成，具有複雜地下水系和豐富地表溶蝕地形的特殊地形景觀。由於此種地形最早在前南斯拉夫喀斯特地區進行詳細研究，因此稱為喀斯特地形。參見石灰岩。

凱氏溫度 Kelvin scale(°K)
以絕對溫度零度（攝氏零下273度）為起點的溫度計量單位。

弧陸碰撞
arc-continent collision
火山島弧與大陸板塊在隱沒帶邊緣的碰撞。

弧後盆地 back-arc basin
在隱沒帶火山島弧後，因上覆地殼變薄所形成的弧狀盆地。

弧前槽 forearc trough
在島弧與大陸之間的淺槽，沈積物在此累積成帶狀的構造。

弧形地滑 rotational slide
由岩屑和土壤所組成的岩體，順著一弧形的滑動面緩慢向下坡滑動的一種塊體運動現象。滑動體不但往下坡移動，且因為轉動的關係，產生往後傾的現象。參見塊體崩壞。

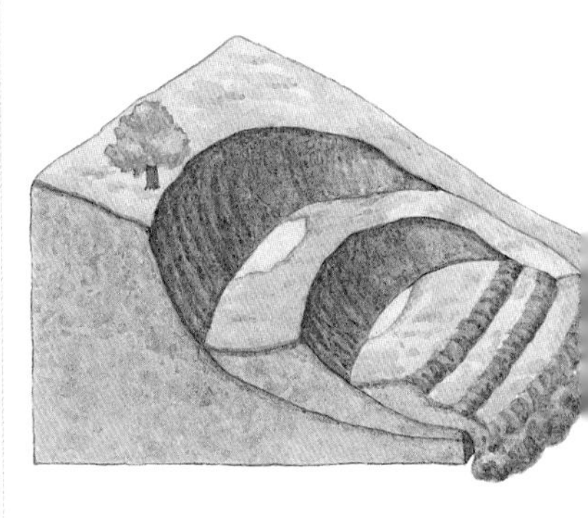

弧形山脈 mountain arc
在板塊聚合邊緣所形成的弧形造山帶。

壺穴 pothole

河水或海水的漩渦攜帶著岩石碎屑，在堅固的岩層表面鑽挖磨蝕所形成的凹洞。洞中有時還留著流水用來鑽磨用的石礫。

虎克定律 Hooke's law

在彈性限度之內，固體內的應變和應力成正比的關係。

花崗岩 granite

為在地殼深處冷凝而成的侵入火成岩，通常以大範圍的岩基形態出現。主要由富含二氧化矽的礦物（石英、長石）及少量的雲母

和角閃石所構成，屬於酸性火成岩的一種，顏色多變，具有直徑數公釐的大型晶體結構。

滑落面 slip face

沙丘的陡直背風面。沙粒吹過沙丘脊後，以自由崩落的方式，在坡腳以小於安息角的角度堆積。

滑走坡 slip-off slope

在河流同時進行下切和側蝕的河段所形成的緩斜坡。通常曲流河灣的外側（凹岸）因受流水直接攻擊而後退並出現陡崖，而內側則因水流緩慢，產生堆積形成凸岸，成為覆蓋著河流沖積物的緩斜滑走坡。參見曲流。

化學風化 chemical weathering

指岩石中的礦物因為水、氧氣、二氧化碳和有機酸的作用而產生化學性質的變化過程。此種風化作用在熱帶潮溼地區最為有效，因為在高溫環境下，化學作用反應較快，加上此地土壤溼度較高，且植物殘骸的腐敗速度較快，有利於有機酸的生成。不過最近的研究顯示，化學風化作用在寒冷的極區也很活躍，因為沼土中植物的腐爛可釋放出大量的二氧化碳，而二氧化碳的溶解度在寒冷地區比熱帶地區更高。

化石 fossil

埋藏在岩層中已經石化的生物遺

骸。

▲海膽化石。

化石水 fossil water

沈積岩生成時，被岩層封閉的水。因和岩石同時生成，又稱同生水（connate water）。因沈積岩多由海相沈積物固結而成，因此化石水略帶鹹味。

化石燃料 fossil fuel

由動植物化石遺骸所轉換成的碳或碳氫化合物等燃料。包括泥炭、瀝青、煤、石油和天然氣。

活動帶 mobile belt

發生強烈造山運動的狹長地帶。

活火山 active volcano

現今仍在活動的火山。

火口湖 crater lake

休火山或死火山的火山口因積水所形成的湖泊。

火灰土 andisol

分布在火山地帶，母質多半來自火山灰，常呈黑色，土壤肥沃。

火成岩 igneous rock

由熔融的岩漿冷凝固結而成的岩石。根據生成的地點，分為噴出地表後冷凝固結而成的火山岩或噴出岩，及在地底淺處冷凝的侵

▲印尼的 G. Semeru 火山大約每半小時便會出現狀似火雲的噴發物。

▲美國奧瑞岡州的火口湖。

入岩或深成岩。也可以根據二氧化矽和鐵鎂礦物的相對含量，分為酸性、中性、基性和超基性火成岩。參見岩漿。

火山 volcano
由從地殼裂縫中噴發出的火成岩物質所堆積而成的錐狀小丘或山頭。其型態與岩漿的特性密切相關。富含二氧化矽的酸性熔岩較為黏稠，噴發所成的火山邊坡陡峻，呈穹窿狀；幾乎不含石英的基性岩漿流動性較佳，則形成邊坡平緩的火山。

火山爆發 eruption
從火山裂縫中噴出或流出固態、液態或氣態物質的現象。可分為裂隙噴發和中心噴發。

火山彈 volcanic bomb
火山噴發時被噴出的大塊熔岩進入大氣後，所冷凝而成的流線形岩塊。

火山泥流 lahar
當炙熱的火山灰因豪雨、冰雪融化或火口湖潰流而飽含水分時，形成快速往下坡奔流的高溫泥流和碎屑流，對所經之地會造成毀滅性的破壞。

火山礫 lapili
直徑在4到32公釐之間的火山碎屑物。

火山管 volcanic pipe
岩漿和其他氣體上升到地面所穿過的垂直管道。

▼印尼的 G. Semeru 火山群。

火山口 crater
通常位於火山頂端的圓形漏斗狀窪地，為熔岩、氣體或火山碎屑物噴發的出口。火山口壁乃由火山噴發的物質累積而成，其直徑大小不一，小者僅十餘公尺，大者可達二十餘公里。

火山弧 volcanic arc
因海洋板塊隱沒到大陸板塊下，發生火山活動所形成的山脈，如安地斯山。參見板塊運動。

火山灰 volcanic ash
火山碎屑岩中，直徑小於4公釐、被岩漿中逃逸的氣體強力帶出的細粒物質，通常呈玻璃質。

火山角礫岩 volcanic breccia
由直徑大於4公釐的火山礫或火山彈所堆積膠結而成的岩石。

火山臼 caldera
因為火山強烈的爆發，將火山上部岩體爆裂移除，或因火山中心岩漿大量流出，造成頂部岩層的塌陷，而在火山頂所形成的大型碗狀窪地。

火山頸 volcanic neck
岩漿在先前活動的火山噴發通道冷凝所成的岩體。這種充滿已固化的岩漿或火山碎屑的岩體，由於其岩性比周圍岩石堅硬耐蝕，常在周圍岩石被侵蝕後，凸出於平坦的地面，形成高聳陡峻的山體。

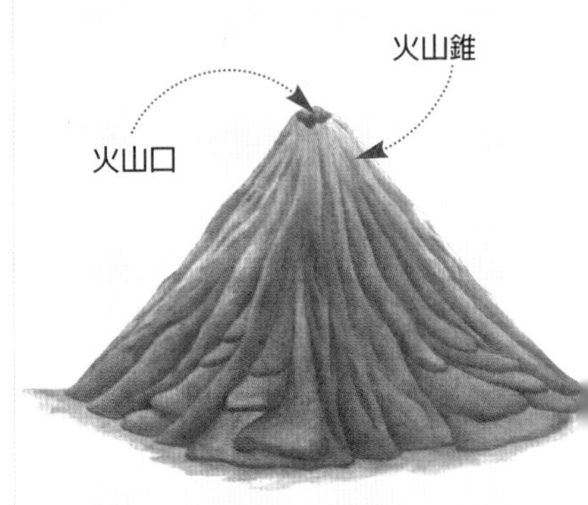

火山噴發時，熔岩由火山口流出，形成錐狀的火成岩地形。

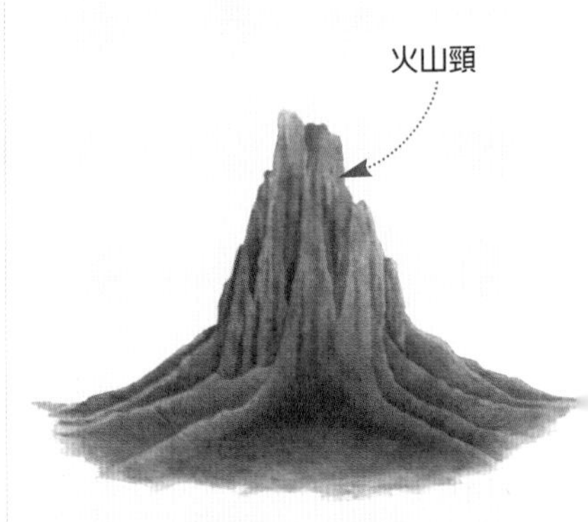

火山錐經侵蝕作用後，僅留下錐體中心較堅硬的岩牆。

火山碴 scoria
大部分由中性或基性成分的岩漿冷凝而成的熔岩，表面有無數氣孔。

火山碴錐 cinder cone
鬆散而尖銳的火山岩石碎屑自火雲中掉落，在火山口附近堆積所形成的陡峭錐狀地形。

火山作用 volcanism
泛指地殼內部的岩漿從地殼中衝出地表的各種作用。

火山碎屑 tephra
由火山爆發所產生的各種大小火山碎屑物的總稱。

火山碎屑流 pyroclastic flow
酸性岩漿噴發時，由氣體、浮石、火山灰和原有岩石碎屑組成，順著火山坡面上的谷地衝下來的高溫混合體，溫度可達攝氏800度。通常出現在爆發性強烈的火山。

火山碎屑岩 pyroclastic rock
由火山噴出的火山灰、火山屑、火山礫等碎屑物膠結而成的火山岩體。

火山岩 volcanic rock
岩漿噴出地表冷凝固結而成的火成岩。因為岩漿快速冷卻，形成的礦物晶體通常很小，使得岩質細緻，甚至因為沒有礦物晶體而呈現玻璃質。

▲東北角的火山岩脈。

火山岩屑 pyroclastics
岩漿噴發時，在空中冷凝成細粒的火山灰和粗粒的火山礫，再因重力落下所堆積的物質。
通常二氧化矽含量較高的岩漿較為黏稠，氣體不易排出，當岩漿抵達地表時，岩漿中所含的水、二氧化碳和其他氣體會迅速膨脹而引起爆炸，將岩漿打碎成火山灰，並形成多孔狀的浮石；噴發到高空後，最大、最重的顆粒會先落在火山口附近，形成較厚的堆積層，較小、較輕的顆粒則掉落在離火山口較遠的地方，形成較薄的堆積。

火雲 fiery cloud，nuee ardente
指火山猛烈地爆發時，大量的塵屑和氣體向上衝出，在高空形成蕈狀的高溫雲朵。其雲高可達數千公尺，溫度可達攝氏數百度。火雲中的炙熱火山碎屑與過熱的蒸氣混合，由火山口噴出後結成塊狀物質，因比重較空氣大，很快地下墜，散布在火山附近的廣大區域，毀滅地表的生物；冷卻後多形成凝灰岩。

揮發物 volatile
有些氣體或水，在礦物結構中的鍵結疏鬆，當變質作用破壞礦物時，這些氣體很容易從岩石中逃逸掉，即為揮發物。

輝綠岩 diabase
由玄武岩礦物組成，但粒度較粗的一種基性火成岩。

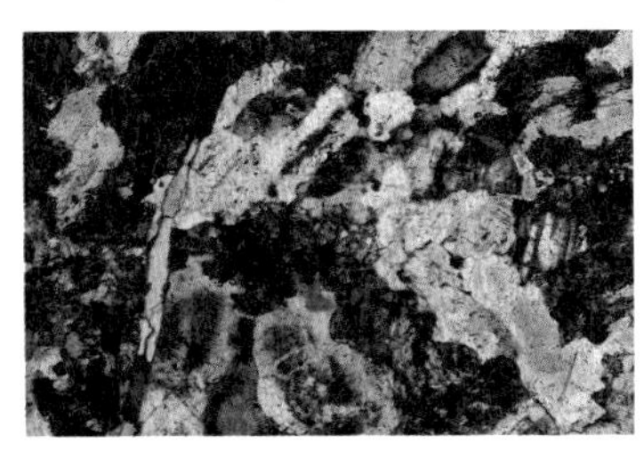
▲輝綠岩所特有的輝綠組織。

輝長岩 gabbro
成分與玄武岩類似的基性火成岩，但是屬於深成岩，有比較粗顆粒的礦物結晶，和大量（20%至65%）的輝石和橄欖石礦物，與玄武岩同為構成海洋地殼的主要岩類。

輝石 pyroxene
一種具有矽氧四面體單鍊構造的矽酸鹽鐵鎂質礦物。

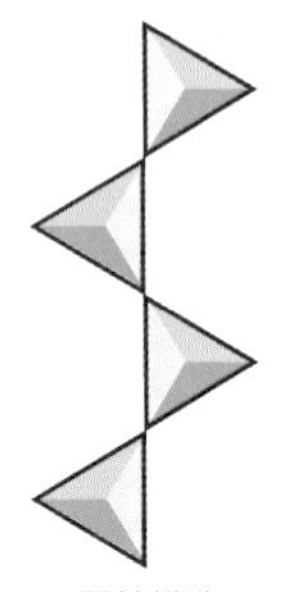
▲單鍊構造。

灰化土 spodosol
分布在冷溼寒帶氣候的針葉林區。因落葉不多，氣候寒冷，有機質分解緩慢，表土腐植質層不明顯，A層因洗出作用而呈灰白色，B層則因洗入作用，富含腐植質和鐵鋁氧化物而呈黑色或棕黑色；酸性強，地力貧瘠。

灰化層 spodic horizon
由有機質和氧化鋁或氧化鐵的非晶質物累積形成的土壤化育層。

灰壤 podzol
加拿大土壤分類系統中的一個土類。為具有鐵鋁和腐植化有機質富集土層的森林土壤。

灰藻 calcareous algae
組成珊瑚礁的一種生物體。

回饋 feedback
在一個系統中，某作用的進行會

增加或減少另一作用時，兩作用間即存在回饋的機制。參見負回饋。

回濺 backwash
在掃浪帶中，上衝的薄層海水衝到無力前進時，因重力作用而垂直於海灘面流回海洋的過程。回濺通常帶著沙礫，沿著與等高線直交的方向往海流動。

回春作用 rejuvenation
河流因為侵蝕基準面的下降或氣候變遷，導致其下切侵蝕力增強的現象。通常會伴隨出現谷中谷、切鑿曲流、裂點或河階等地形。

環太平洋帶
circum-Pacific belt
由安山岩火山所組成的一系列環繞太平洋盆地的山脈和島弧。

環流 gyres
圍繞副熱帶高氣壓中心，呈環狀流動的大型洋流系統。

環礁 atoll
環繞著潟湖的環狀珊瑚礁。是南太平洋上常見的珊瑚島嶼景觀。一般相信，環礁原來生長在火山島沿岸，後來島嶼因為板塊下沈或海平面上升而被海水淹沒，但是以其為基礎的珊瑚繼續往上生長、凸出於海面形成環形的島嶼。由於珊瑚在最外側生長得最旺盛，因此珊瑚礁不但往上也往外成長，環礁的內緣則為潟湖的界線。參見次頁圖。

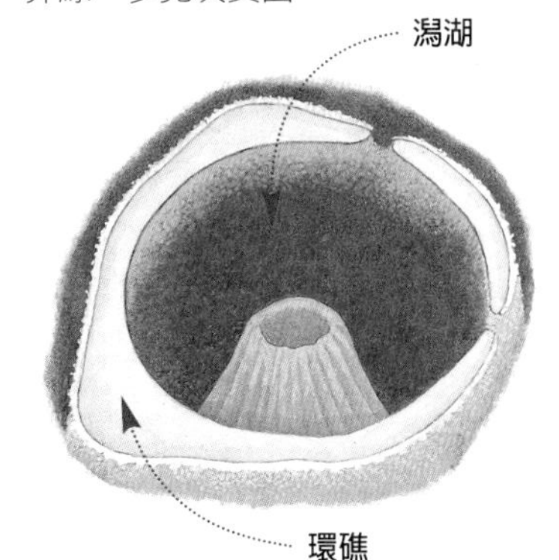

環境變遷
environmental change
指自然環境為因應外來干擾所產生的調整和變化。當變遷越突然、規模越大，越可能影響生存於其中的生物。

環境負載力 carrying capacity
在特定資源條件下，所能支援使用者的數量極限。例如某一森林環境內植物生長的極限數量。

環境影響評估
environmental impact assessment
對執行某項開發計畫可能對環境產生的衝擊進行仔細的評估。考量的面向很廣，主要聚焦在實施地點的環境特性上，例如在風景秀美的山區興建水庫，除了考量安全外，經常還包括其可能對景觀美感、野生動植物棲地的干擾等。

環礁的演變

環礁的形成以達爾文的「沈降說」最為一般學者所接受，本書即以此為例。

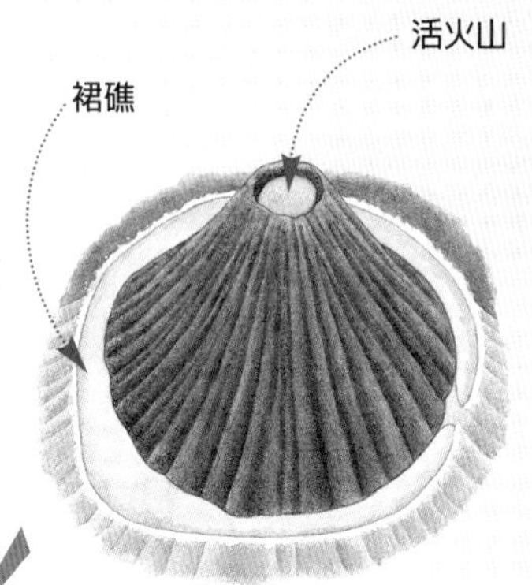

火山因噴發而逐漸凸出於海面之上，珊瑚乃附生於火山錐上發育，形成裙礁。
裙礁在台灣南部海岸甚為常見。

堡礁
死火山
潟湖

火山不再活動後，因地殼均衡作用，逐漸沒入海水中，而珊瑚礁仍持續生長，因此形成與陸地隔著潟湖的堡礁。
位於澳洲東海岸的大堡礁是世界最大的珊瑚礁群。

環礁
潟湖

火山完全沒入海平面下，殘留的珊瑚礁台即為環礁。
東沙島與其鄰近的南、北灘島即為一環礁地形。

環境污染
environmental pollution

指由人類活動直接或間接對自然環境所造成的干擾。造成污染的原因或污染源包括燃燒化石燃料、使用肥料與殺蟲劑、排放工業和家庭廢水、製造各類噪音等，產生的環境污染則包括酸雨、水污染、噪音污染等。

環境溫度遞減率
environmental lapse rate

一地於某時間內，空氣溫度實際隨著高度變化的速率。全球平均值約為每上升100公尺，下降攝氏0.6度。會隨著氣團的經過和一日中的時刻而發生變化。

環狀水系
annular drainage network

同心圓狀的水系。通常是由河水侵蝕穹丘狀地質結構中的軟岩地層所形成。

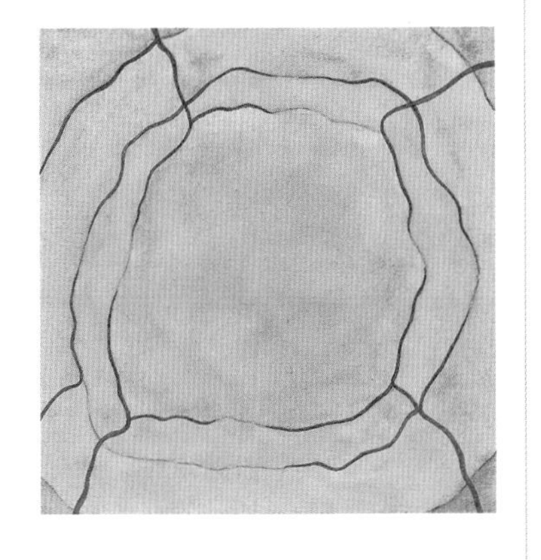

環狀岩 ring dike

呈現環形露頭的岩脈，其向下呈錐狀或圓筒狀的層態。

換質作用 metasomatism

岩漿中的揮發成分和其他流體與岩石中的離子發生化學作用，造成岩石的變化，也是一種間接的變質作用。

▲陽明山四磺坪溫泉的換質作用地帶。

混同層 melange

由各種不同大小、形狀、岩理和種類的岩石混合在一起，並以泥質岩為主要的填充物所組成的一個雜亂無章的岩層。其乃為兩板塊碰撞時，巨厚的海洋沈積物經過強烈擠壓和褶曲斷裂或變質作用，所形成的構造複雜、難以詳細分層的岩體。

混合岩 migmatite

火成岩和變質岩混合組成的片麻岩狀變質岩，兩者呈緊密互層的條紋構造，係由岩漿侵入變質岩的無數葉理所造成。

混濁砂岩 graywacke

由石英、長石、岩屑、火山碎屑和土質填充物相混組成的砂岩。

黃道 ecliptic
地球環繞太陽公轉的軌道。

黃道面 plane of the ecliptic
地球繞著太陽公轉的軌道所在的假想平面。

黃土 loess
岩石在沙漠或冰緣區進行機械性風化所產生的細粒的土沙，被風力搬運到他處沉積而成的一種土層。一般分布在大陸的半乾燥區及其鄰近地帶。黃土粒徑約在0.02到0.04公釐左右，淘選度佳，顆粒常具稜角，土層無顯著層理，透水性大，且具壁立性。因為富含石灰質，可形成肥沃的土壤。

洪峰流量 peak discharge
指水文歷線最高峰處的流量。參見水文歷線。

洪峰滯延期 lag time
由於雨水從落到地面、順著坡面流動再匯聚到河道，然後流至水文測站需要時間，所以從降雨高峰或重心發生的時間，到水文歷線洪峰到達之前會經過一段時間，這段界於降雨高峰與逕流洪峰之間的時間差距稱為「洪峰滯延期」。洪峰滯延期的長短會受集水區形狀、水系型態、河道坡降

地球與太陽的相對位置

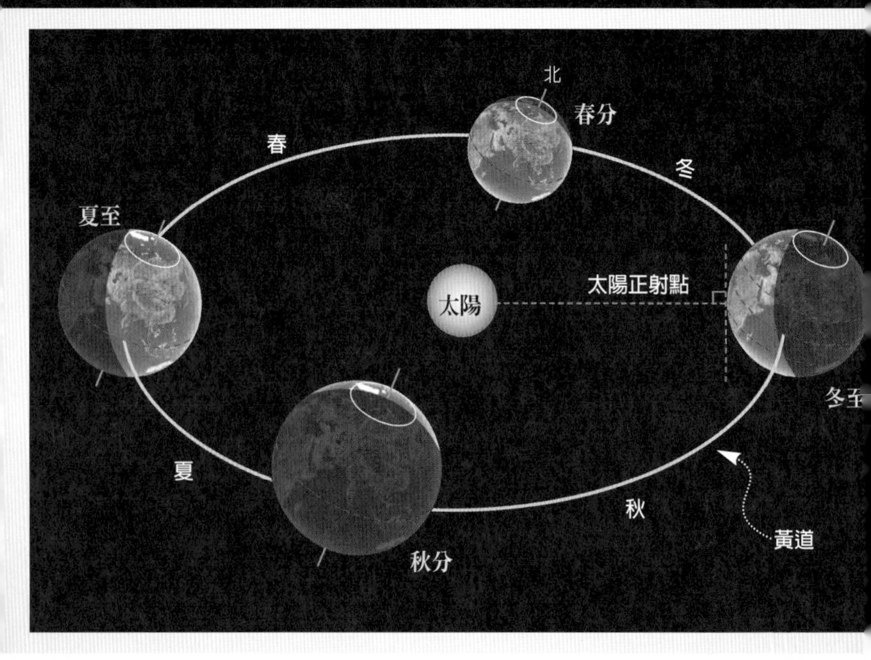

等的影響。參見水文歷線。

洪流玄武岩 flood basalt
由裂縫噴發造成，覆蓋廣大高原、呈水平層態的玄武岩層。

洪水 flood
指河流流量超過河道所能輸運的容量，漫過河岸淹沒鄰近低窪地區的現象。參見滿岸。

洪水回歸期 flood recurrence interval
特定規模的洪水出現的平均週期。例如一百年洪水指該河川平均在一百年間只會出現一次規模大於或等於此種洪水量的事件。

洪水位 flood stage
針對特定河段所定的河水水位高度，凡河水水位超過此高度，便有可能造成河水氾濫。

紅土 laterite
熱帶地區風化所成的土壤，因富含鐵和鋁的氧化物，呈磚紅色。

▲東引島上風化後的紅土。

紅樹林 mangrove
為木本溼生植物分布最為廣泛者，能適應高鹽度、強風，主要生長在河口泥灘等溼地環境，其下的土層除了低潮時會露出於空氣中，大多數時候被水淹沒。其錯綜複雜的支柱根有利於高潮時攔截流進來的泥沙，助長堆積作用，有穩固海岸或河灘的功能，其枝葉等有機碎屑可提供水中生物食用，構成一個重要的生態系。

▲淡水紅樹林。

紅外線 infrared radiation
一種波長較可見光長的電磁波。可穿透雲層，常用於遙測照相技術中。參見太陽輻射。

哈布風 haboob
夏季午後經常發生在蘇丹北部的沙塵暴，通常由雷暴前端的下衝流橫掃覆蓋在地表上的沙塵，將之帶往高空，在雲底形成高高的沙牆，水平延展可至150公里寬，並以每小時56公里的速度移動。

哈德雷環流胞 Hadley cell
指赤道低壓帶的空氣受熱舉升，到達對流層頂後，向南北半球分流並逐漸冷卻，接著在副熱帶高壓帶下沈，然後回流至赤道所形成的對流胞。參見行星風。

河道 stream channel
河流在河谷中下切形成的狹長槽溝，其部分或全部、暫時或長時間有河水在其間流動。

河道坡降 channel gradient
河流某段河床縱剖面的坡度，為上下游兩端點的高差與兩者間河道長度的比值，以度或%表示。

河道粗糙度 roughness
代表河道粗糙程度的地形參數。數值越大表示河道對水流的摩擦力越大，減緩河水流速的效應越明顯。影響河道粗糙度的因素包括床載的粒徑、河床凸出的岩石、急湍或沙洲、河道的彎曲度、河岸的植生覆蓋，以及人為的阻礙物等。
一般而言，河道粗糙度對水流的阻礙程度在小河流影響較大，大的河流因為水深較大，其影響顯著地降低，因此河道粗糙度的影響，通常由上游往下游逐漸降低。

河流搬運力 stream capacity
在特定流量下，一條河流搬動沈積物的最大負荷量。

河流搬運作用 stream transportation
河流以溶解、懸浮和床載方式向下游搬動沈積物的作用。

河流剖面 stream profile
以距離下游河口的長度為橫座標，河床高度為縱座標，所繪製的河道高度變化圖。

河流負載 stream load
河流以溶解、懸浮和床載的方式所攜帶的沈積物總量。

河流級數 stream order
河流水系中各河段的分類。根據地理學家A.Strahler的定義，河流最上源最小的河流為一級河，兩條一級河匯流後形成二級河；兩條二級河匯流形成三級河；但是一條一級河與一條二級河匯流後，仍屬於二級河；依序類推。因此流域中最高級數的河流擁有最大的流量；並且以其為該河流流域的河流級數。

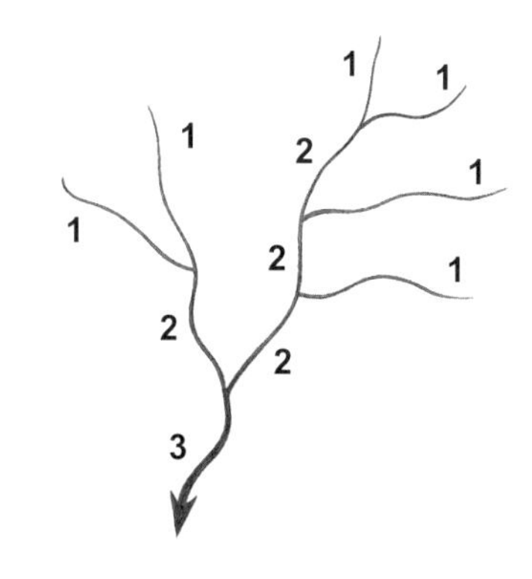

河流搶水 stream capture
同河流襲奪。

河流襲奪 stream piracy
河流經過下切作用與向源侵蝕作用，搶奪緊鄰河川上游集水區的現象。

河流作用 fluvial process
指河流的侵蝕、搬運和堆積作用及其他相關作用的總稱。

河口灣 estuary
指許多大河在匯入海洋的地方所呈現的寬廣如漏斗狀的海灣。

河流襲奪

當兩相鄰河川之河道高度有落差，若較低海拔的河川上游向源侵蝕，則易出現河流襲奪現象。

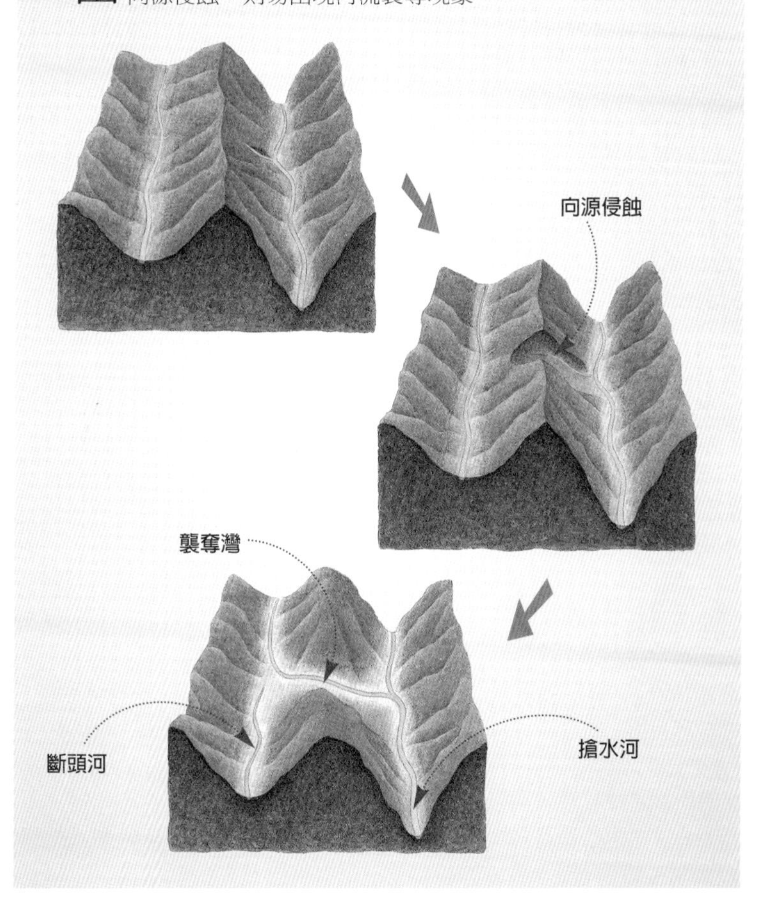

河階 river terrace

河谷中的平坦高地，通常上覆薄層礫石或沖積層。河階的後方銜接山嶺或另一層河階的陡壁，前方則為鄰接河道或氾濫平原的陡降崖坡。河階通常是當地體停留在先前侵蝕基準面，河流蜿蜒流動，堆積出平坦地形，後來因為流量增大、搬運物減少，或地盤上升引起回春作用，河道被快速下切所留下來的原河谷谷地。

ㄏ

▲迴頭灣上的河階。

河曲沙洲 point bar

河水攜帶坋沙、沙粒和礫石，在曲流河灣的內側所堆積，浮出水面形似沙灘的地形。

河川 river

雨水或融雪成為地表逕流，沿著凹凸不平的地表，首先匯聚成涓涓細流，再聚集成溪流，然後逐漸與其他溪流會合，所形成的具有比較固定河道的水流。

河川分歧比 bifurcation ratio

流域中各河流級數決定之後，同一河流級數的河段的數目，與比其高一級河川級數的數目的比值。參見河流級數。

河水水位 the stage of the river

河流水面的高度。

褐鐵礦 limonite

含鐵的礦物經化學風化所產生的含氧化鐵和水的礦物。

褐炭 lignite

介於泥炭和煙煤之間的低級煤，約含70%的碳。

核能 nuclear power

利用核分裂或放射性物質的蛻變所產生的放射性能量。

荷重 load

同淤沙載。

海 sea

大洋邊緣較小的海域，稱為海、灣或海灣。有些海的範圍並不明確。海的面積比深洋小，受大陸和大洋的影響，而沒有獨立的潮汐和洋流系統者。

海濱 shore
海崖底部向海延伸到碎浪帶的濱海地帶，通常位於高潮線和低潮線之間。

海冰 sea ice
極區洋面上海水凍結，釋放出鹽分，所形成的含鹽量很低、密度低於海水的冰層。全球約有7%的海面被海冰所覆蓋。
海冰的形成：首先海面形成一層具黏性如稀泥狀的冰晶，稱為脂狀冰；隨後冰層加厚、變硬，並被波浪擊碎成片狀；冰片互相擦撞，尖角被磨圓成圓盤狀的餅狀冰；最後達30公分厚，形成約一年左右的冰，再與厚達3到10公尺的多年冰結合。其中凍結在海岸或冰棚邊緣的海冰稱為岸冰；而其他地區游移的冰則稱為浮冰。

海平面上升 sea level rise
由於地球增溫使得兩極冰層融化，注入海洋，造成全球海平面的升高。根據研究資料，過去一百年全球海平面平均上升了14公分。科學家認為如果全球氣溫繼續上升，海平面甚至可能在未來數十年內再上升1公尺以上。

海埔地 tidal flat
同潮汐灘地。

海面升降變動 eustatic change
全球性的海水面升降運動。

海濱剖面示意圖

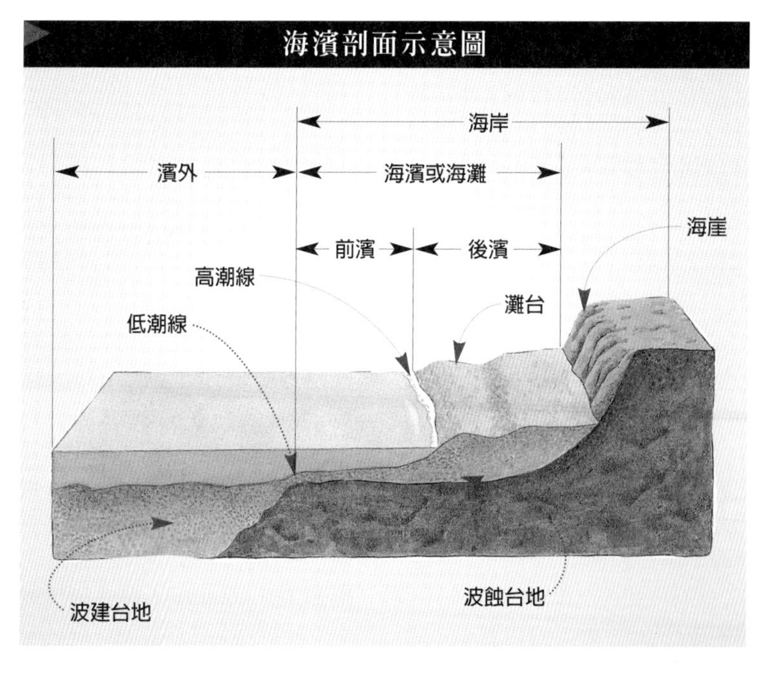

海風 sea breeze
沿海地區在下午或傍晚由海面上吹來的涼爽風。海風是由於陸地在白天受太陽輻射，溫度增高得比海洋快，空氣受熱舉升，促使海面上的空氣流入補充而形成。參見陸風。

海底方山 guyot
同海桌山。

海底擴張 sea-floor spreading
為中洋脊或其他海洋中部張裂帶的一種板塊活動。在此等板塊邊緣會產生許多大的裂隙，並逐漸被從地函上湧的玄武質熔岩所填充，結果使得火山岩不斷地增附在兩側緩慢分裂後退的板塊之上，產生以分裂帶為對稱軸的地質構造。根據研究，海底分裂的速度大約為每年1公分，換句話說，大西洋每年變寬2公分。此種作用也與紅海和加利福尼亞灣的分裂有關。參見板塊運動。

海底峽谷 submarine canyon
在大陸棚及大陸坡上的V字形河谷。一般認為是由海底山崩或地震所引發的濁流或泥流挾帶大量沙礫侵蝕海底所形成。

海底山 seamount
海底孤立的圓錐狀火山，高約1公里左右。

海退 regression
由於海水面相對於陸地下降，使得原來被海水淹沒的地區出露，並開始進行侵蝕作用。

海灘 beach
沙、貝殼或其他較大顆粒的物質沿著濱線，在暴浪與低潮線之間所堆積的地形。沙灘上的物質乃由碎浪和潮汐流堆積而成。通常碎浪往灘面上衝時會把海水中所攜帶的物質堆積下來，而其回濺則會將部分物質侵蝕帶走，因此沙灘的形貌與這兩種作用的彼此消長密切相關。一般而言，沙灘通常具有向上凹的縱剖面，其最內陸側堆積著粗粒的礫石，因此有比較陡的坡面，外緣靠海區則為沙粒或甚至泥質物質所構成，坡度較小。

▲小琉球星沙海灘。

海灘漂移 beach drift
在海灘面上的掃浪帶中，由於海浪發生上濺和回濺作用，使沈積物呈現鋸齒狀移動的現象。參見掃浪帶。

海灘灘面 beach face
指位於灘台之下，高潮線以外，

海灘坡度陡降的部分。其坡度在風浪大的季節裡，因為侵蝕作用而減緩，在風平浪靜時，則因為建設性海浪的堆積作用而變陡。參見海濱。

海龍捲 water spout

從海面上的積雨雲底部伸出一漏斗狀黑雲，呈尖端向下的灰色圓柱體，中心氣壓極低，空氣迅速旋轉，風速可達每秒百餘公尺，可將海水吸捲而上，破壞力甚大。

海溝 oceanic trench

在板塊隱沒帶，海洋板塊帶著其上的沈積物沈入另一個板塊之下，在其沈降處所形成的極深的弧形凹槽。

海溝的深度大多在6,000公尺以上，其中最深的馬里亞納海溝深達11,034公尺。海溝深處一片黑暗，水壓極大且水溫接近冰點，然而仍有許多生物生存其中。參見板塊運動。

海拱 sea arch

沿著斷層或節理，在岬角的兩側懸崖底部發展的海蝕洞，因為持續接受波浪的侵蝕而擴大加深，最後兩洞打穿連貫所形成的地形。

▲蘭嶼情人洞即為一海拱。

海岬 foreland

由海浪侵蝕或堆積作用所形成凸出於海岸線的地形。

▲金山海岬。

海蝕地形

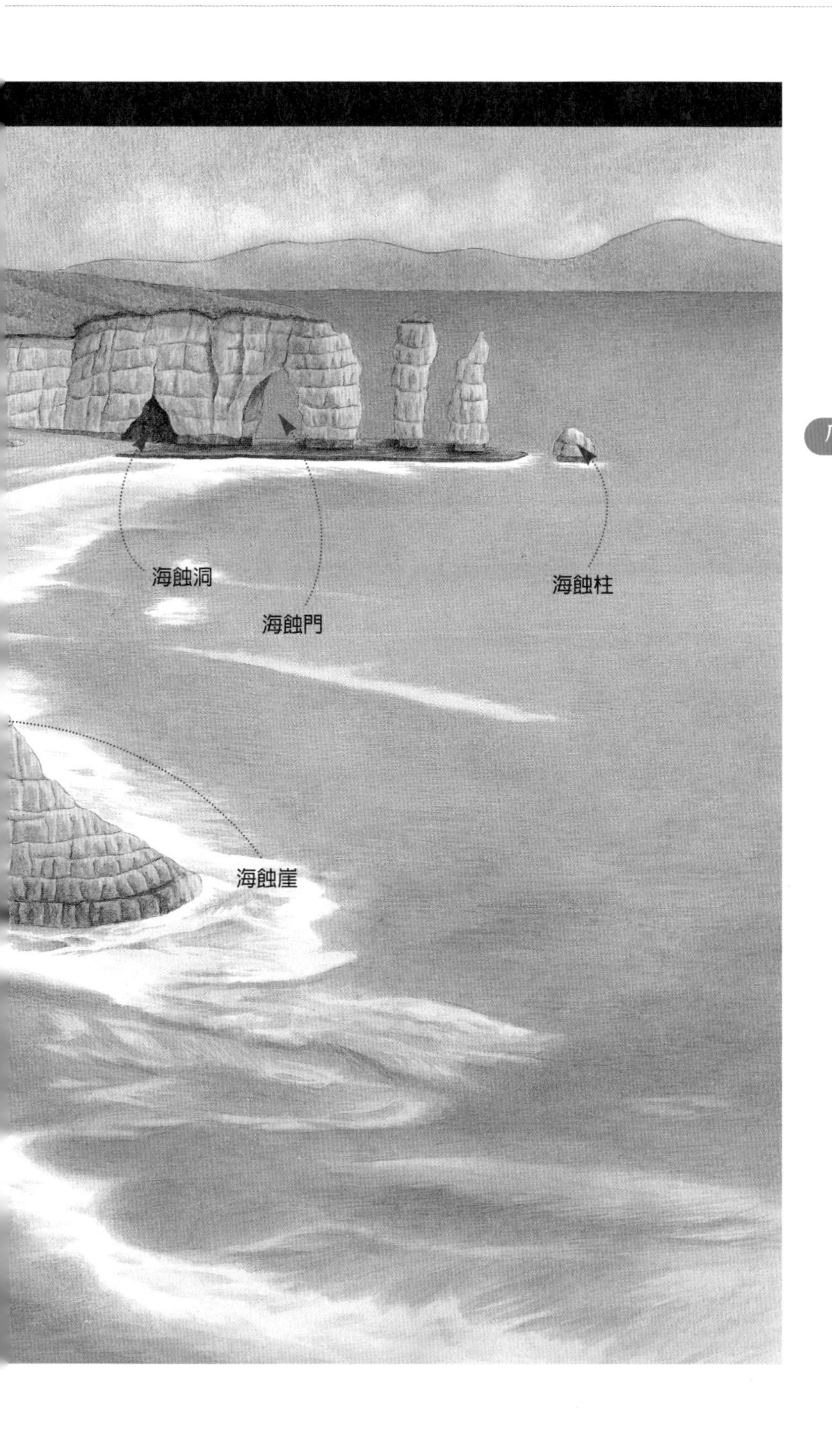
海蝕洞
海蝕門
海蝕柱
海蝕崖

海階 marine terrace，sea terrace
原本的波蝕棚（波蝕平台）因為海水下降或陸地上升而露出海面，其前端又受海浪的侵蝕而成小陡崖，當陸地經過數度的抬升，所形成的一連串階梯狀的海岸地形。

海進 transgression
海水對陸地相對上升，造成原海濱環境逐漸變為深海環境，堆積的物質因而變細的過程。

海丘 seamount
同海底山。

海嘯 tsunami
海嘯通常由海底地震或海底崩塌所引發，然後以極高的速度穿越海面，可以將能量傳送到很遠的地方。海嘯的波長很長但高度很小，因此在外海海面上幾乎不可辨識。當海嘯抵達海岸時，海水深度變淺，波長縮短，波峰大幅增高，甚至形成30公尺高的巨浪，在岸邊造成嚴重的災害。

海柱 stack
由波浪侵蝕切斷海岬，所造成的離岸小島或岩石殘柱。參見海蝕柱。

海桌山 guyot
海洋中被侵蝕削平頂部並沈陷入海的火山。

海蝕平台 abrasion platform
指自波蝕平台向外海延伸的平坦部分。其乃由波浪和海流所共同磨蝕而成，與波蝕平台之間並無明顯界線，可合稱為海蝕台地。

▲八斗子海蝕平台。

海蝕門 sea arch
同海拱。

海蝕洞 sea cave
由海浪在海岸岩壁上侵蝕所形成的洞穴。通常海浪拍擊岩壁時，會壓縮岩壁上節理等裂隙中的空

▲鼻頭角海蝕洞。

氣，對岩石產生壓力，當海浪消退時，岩石頓時減壓碎裂。接著波浪帶著沙粒撞擊磨蝕岩石，逐漸加大裂隙而成。

海蝕台地 marine-cut terrace
由海崖基部向海延伸的平淺台地，包括波蝕平台和海蝕平台。

海蝕柱 sea stack
海拱受到海浪的侵蝕而繼續擴大，其頂端的岩層最後崩塌，使原海拱的外側岩體與陸地失去連接，形成凸出高潮面的孤立岩柱，稱為海蝕柱。參見海樁。

▲金山燭台嶼即為海蝕柱。

海蝕崖 sea cliff
指岩岸受到波浪侵蝕及崩壞作用所形成的陡崖。在海岸地帶，海崖可以分為活動海崖（active cliff）和死海崖（dead cliff, inactive cliff）。前者是正在經歷海浪基蝕作用的崖面，通常具有相當陡峻的坡度；後者可能因為海平面下降，或因海崖基部有相當的堆積物或護坡設置，而不再受海浪的侵蝕。死海崖會因風化作用而逐漸減緩坡度，並覆蓋一層岩屑層，最終將長滿茂密的植物。

海蝕凹壁 sea notch
海蝕崖下方經常受到海浪侵蝕而形成的凹槽。

海水入侵 sea water invasion
海邊含水層中的淡水與海水相接觸，兩者互相推擠，當含水層的地下水補注量大、使用量小時，地下水面會上升，淡海水的介面會往外推動，反之超抽地下水使地下水面下降時，使得淡水底下的鹹水上升，甚至進入井內的現象稱為海水入侵。

海深學 bathymetry
測量海水深度和海底地形並加以製圖的學科。

海樁 stump
海蝕柱經過風化侵蝕後，高度逐漸降低，最後在高潮時可以完全被海水淹沒者，稱為海樁。參見海蝕柱。

海藻構造 stromatolite
同疊層石。

海洋盆地 oceanic basin
大陸邊緣以外的海洋低地，為真正的海洋地殼，主要由玄武岩組成，上面覆蓋薄層的沈積物。

海洋地殼 oceanic crust
在海洋洋底，構成海洋板塊頂部

的玄武岩質地殼。

海洋岩石圈
oceanic lithosphere
在海洋地殼之下的岩石圈。

海霧 sea fog
當潮溼的暖空氣吹過寒流，因溫度下降而凝結，結果在海面上形成一層霧。

海灣 bay
海岸線內凹的地區，波浪能量較低，在岬角被侵蝕的物質常向灣內搬運，於灣頭沈積形成沙灘。

海灣洲 bay barrier
指橫越海灣的出口，而將之全部封閉的沙洲。參見沙嘴。

海岸 coast
陸地與海洋接觸的狹長地區，由濱線延伸至內陸地形明顯變化之處。參見海濱。

海岸平原 coastal plain
原來被海水淹沒的大陸棚因陸地上升或海平面下降而出露海面，其上覆蓋著平緩斜向海洋的沈積層，形成海岸地帶平緩的地形面。

海岸退夷 retrogration
指海岸線、沙灘、海崖等往內陸退縮的現象，可能源於原濱線附近的陸地逐漸沈入海平面下，或海浪對濱線附近的沙灘、海岬或海崖的侵蝕作用。

▲鵝鑾鼻海灣。

海岸進夷 progradation
指經由外海較深層沿岸流攜帶沈積物，在濱線附近往外海堆積，形成沙灘、沙洲或沙嘴，使原濱線以下的部分逐漸陸化的過程。

海岸線 coastline
指海崖或沙丘脊線的連線，為平常海水侵蝕和堆積作用的內陸界線。

黑鈣土 chernozem
加拿大土壤分類系統中的一個土類，與美國綜合土壤分類系統中的軟黑土相當。

黑鈣土綱 chernozemic order
在加拿大土壤分類系統中，具有富含有機質的厚層A層的草原土壤。

黑纖土 histosol
分布在高緯或高山的湖泊區。土壤中含有至少20％以上的有機質，主要是由植物分解的殘餘物質積聚所形成的腐泥或泥炭。呈酸性反應，不利植物生長。

黑潮 Kuroshio Current
指由東向西的北赤道洋流在亞洲大陸東岸受阻，部分會反方向流動，成為赤道逆流，部分則轉向北方，所成的暖流，即為黑潮。黑潮流至中緯度後，受到西風吹拂而折向東，稱為北太平洋洋流。

黑潮夏季時沿台灣東海岸北上，冬季仍然沿東海岸北上，但另有一支流沿台灣海峽北上。參見洋流。

▲本圖拍攝於台灣東海岸，圖中明顯可見海水色澤不一，顏色較深者即為黑潮。

黑色燧石 flint
黑色微晶質石英的俗稱。

黑曜岩 Obsidian
當黏稠的流紋岩熔岩流快速冷卻的時候，個別礦物來不及形成晶體，而形成玻璃狀、緻密、不透明至半透明的岩石。因為含有極細粒的鐵鈦氧化物（如磁鐵礦），因此多呈現深顏色。

黑雲母 biotite
黑色雲母，為一種具有片狀結構的鐵鎂矽酸鹽造岩礦物。

毫巴 millibar（mb）
以往用以測定氣壓的單位。1毫巴相當於1百帕（hpa）。

後濱 backshore
在海灘高潮線內陸側至暴浪所及之處，超出平日海浪作用的範圍。參見海濱。

後冰期 postglacial
從更新世冰原最後一次後退至今。在英格蘭北部約於一萬年前開始進入後冰期，但是有些地方開始的時間較晚，例如芬蘭南部約開始於八千年前。其乃與氣溫升至局部最暖期的時間密切相關，在歐洲，最暖期大概結束於四千到五千年前。

後退磧 recessional moraine
冰河後退時，因不時局部滯留，而在當地留下一連串的冰磧丘或堆積物。

後成河 subsequent stream
河流下切至基岩時，地質構造或岩性會開始控制河道的發育位置，結果使得河道逐漸轉向，沿著軟弱的岩層而流動。此為形成格子狀水系的機制。參見先成河。

寒帶 cold climate region
指極圈以內的高緯地區。因為太陽高度角很小，輻射量低，氣溫嚴寒。

寒流 cold current
指水溫低於流經地區海面水溫的洋流。一般為自高緯區域流向中、低緯度區的洋流。

寒武紀 Cambrian
地質時間表中，古生代的第一個紀，距今約六億到五億年前。

含水層 aquifer
可以貯存及流通地下水的透水性

岩層。
由沙、礫堆積而成的岩層，因為孔隙大，透水度佳，常成為良好的含水層。

含油沙 tar sand
砂岩中含有瀝青質石油的填充物，係原油經蒸發後所剩餘的物質。

含鹽度 salinity
在純水中溶解鹽所佔的比例，通常以千分比表示。

旱谷 arroyo
北美乾燥或半乾燥地區乾涸河谷的稱呼，通常只有在大雨後才出現間歇性的流水。參見乾谷。

旱災 drought
當一段相當時間內的降水量比歷年來同月分或季節的平均值低很多，因而造成區內農作灌溉、都市給水和發電用水等的匱乏時，稱為旱災。

橫斷面 cross-section
切過某地物或地形以顯示其外形或內部結構的圖形。

橫沙丘 transverse dune
當新月丘數目增加，漸漸互相連接形成與盛行風向垂直的長形沙丘，從空中鳥瞰，猶如大海中的波浪。沙丘的迎風面較緩，而在背風坡下滑的沙粒呈較陡的安息角堆積。通常發生在沙源多、風速稍強的沙漠地區。參見沙丘。

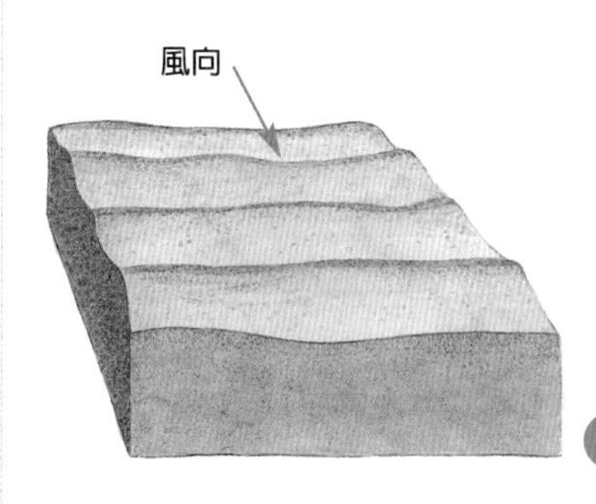

橫移斷層 transcurrent fault
斷裂面兩側岩體發生水平方向相對運動的斷層。同平移斷層。

ㄏ

基盤 basement
一個地區出露的最古老地層，多半為火成岩和變質岩組成的雜岩，偶有沈積岩覆蓋其上。

基流 base flow
一條常流河在無雨狀況下仍能維持相當穩定的流量，此種源自地下水滲流的河川流量稱為基流。

基性岩石 mafic rock
深色火成岩，含45%到52%之二氧化矽。

基準面 base level
河川所能下切侵蝕的最低海拔高度，通常指海平面。有時被視為一平面，但是因為河流需要坡度才能流動，因此此基準面應該為一個由上游往海岸微傾的緩斜面。若流水注入河、湖時，通常將其注入處的水面視為該河流在其上游河段的臨時基準面。

基蝕 undercutting
山坡坡腳被侵蝕的現象。例如曲流對河岸坡腳的側蝕作用，或海岸對海崖坡腳的侵蝕。

基蝕坡 undercut slope
曲流河灣的外側或凹岸，河水直接攻擊河岸的坡腳所造成的陡峻河岸。

基石盤 plinthite
在厚層土壤的底部，因為反覆的乾溼變化，逐漸累積鐵質而形成的堅硬土層。

基岩 bedrock
地表土壤或岩屑層之下，尚未風化的新鮮連續岩體。

機械能 mechanical energy
物體運動和所在高度所代表的能量；包括動能和位能。

機械性風化
mechanical weathering
岩石因為壓力或溫度變化，發生物理結構的變化，岩體由大變小而崩解，但化學成分並未發生改變的作用。也稱為物理性風化。參見化學性風化。

積累區 accumulation zone
冰河後方冰雪堆積量比融雪蒸發量大的區域，冰河厚度不斷增加而向外移動。

積水 waterlogging
沈積層中的地下水面上升，使飽和帶升至植物根部的現象。

積夷 aggregation
指風、水、冰河攜帶沈積物在低窪處堆積，建立一個沈積面的過程。狹義而言，特指為維持地形均夷狀態而進行的堆積作用。例如，當河川的輸沙量突然增加，超過河流的負荷量時，河流就會在其行徑中放下多餘的淤沙，進行堆積作用，增加河道的坡度，以提高河流搬運能力。

積雨雲 cumulonimbus clouds
高聳如山，底部平坦顏色較暗，而頂部呈白色隆起的巨大雲塊，乃垂直發展最為劇烈的雲，頂部常擴展成鐵鉆狀，並經常與雷電雨雹伴生，又稱為砧狀雲。參見雲。

積雲 cumulus
獨立分散、球狀的白色低層雲。雲底在1,000公尺以下，但垂直向上發展，形成像棉花、山嶽，呈日光不能透過的白色或深灰色的直展雲。參見雲。

極鋒 polar front
指南北半球極地環流胞往低緯吹的冷空氣，與哈得雷環流胞往高緯吹的暖空氣之接觸帶。該鋒面系統會隨著季節移動，冬季往高緯、夏季往赤道移動，這種南北的微小波動經常引起溫帶氣旋的發展。

極鋒噴射流
polar front jet stream
極鋒附近，因為冷暖空氣交會所產生的噴射氣流。參見行星風。

極鋒帶 arctic front zone
極區氣團和極地氣團交互作用的地帶。

極鋒入侵 polar outbreak
極區的寒冷空氣以舌狀的冷鋒形態，突圍入侵到熱帶甚至赤道區的現象。

極地東風 polar easterlies
由兩極高壓往低緯度吹送的風，因為受到明顯的科氏力效應，而形成東風。

極地環流胞 polar cell
在兩極與緯度60度之間，微弱淺薄的大氣環流系統。
兩極的冷空氣下沉到地面後往低

緯流動，到達極鋒帶，與哈得雷環流胞來自低緯的暖空氣相遇後往上升，再回流到兩極所形成的環流。極地東風帶即此環流胞在地面流動的部分。參見行星風。

極光 aurora
在100公里高的天空中，大氣因為受到宇宙輻射、X光輻射及紫外線的影響，會產生電離作用（ionization）。當這些帶電的離子由300公里高的上部增溫層向下進入下部增溫層時，特別是在距離地球南北磁極20至25度緯度的地方，會產生北極光（Aurora Borealis）和南極光（Aurora Australis）。

極區 polar zone
位於南、北緯度75度到90度之間的區域。

極區苔原 arctic tundra
在苔原氣候區，由低矮的草本植物與極少數短莖的木本植物所組成的植物群落。

極區高壓 polar high
持續出現在南北極地表的高氣壓中心。

極圈帶 arctic zone
跨越北極圈，位於北緯60度到75度，介於副極圈帶及極地之間的區域。

極盛相 climax
生態演替過程發展到最後所形成的穩定植物和動物群落。

極移 polar wandering
地球的磁極在不同的地質時間有不同的位置。參見地磁期。

急湍 rapids
坡降陡急的河道中，因局部小落差所形成的快速水流。通常形成於軟硬岩相間的地質區，尤其是當地層急斜向上游側，或與河道傾斜一致但坡降稍陡的情況下，當硬岩在河道中出露時，由於侵蝕不易而形成局部較陡的河道，進而加速水流而成。

集水區 catchment，watershed，drainage basion
利用某河流排水的地表範圍。在該範圍內，所有的降雨、地表逕流、地表下逕流最終都會流到該河流，並經由其河道排出。

集水區水文循環
drainage basin hydrological cycle
集水區內降水、蒸發和逕流等水的輸入、流動和輸出過程。其研究有助於瞭解集水區內水資源供給、洪水、乾旱、山坡崩壞和土壤生成等議題。

擠入構造 diapir
鹽丘推擠上覆的沈積岩所形成的凸起構造。

季風 monsoon
指在海陸交界地帶，由於陸地和海洋對太陽輻射反應的差異所形成風向隨著季節明顯變動的風。大陸因比熱小，冬季降溫快，而形成強烈高壓中心，空氣由陸地吹向海洋；海洋因比熱大，夏季溫度比陸地低而形成相對的高壓中心，空氣由海洋吹向陸地。

寄生 parasitism
指一種生物生活在另一種生物的體表或體內，並從中吸收營養物質而生活，兩者屬於對抗性質，通常會危害宿主。另外，杜鵑的巢寄生行為：母鳥把蛋下在別種鳥的巢裡，杜鵑的蛋類似其所寄生巢原來鳥蛋的外觀，而且杜鵑幼鳥在先孵化後會把其他蛋推出巢外，造成被寄生鳥巢的母鳥只餵養杜鵑的雛鳥。參見共生。

加速侵蝕 accelerated erosion
土壤的侵蝕速度因自然事件或人為干擾，而高過土壤從基岩生成的速度者。

岬角 headland
山脊凸出海岸線所形成的地形。此處受波浪侵蝕最為強烈，海蝕崖、海蝕洞等侵蝕性地形最顯著。參見海蝕地形。

假晶 pseudomorph
礦物晶體的組成成分已被交換成其他物質，但仍維持相似結構的晶體。

假整合 disconformity
不整合面上下的新舊地層互相平行，但沈積作用的發生時間有間斷者。通常表示兩層地層堆積時間曾發生環境的變動，使沈積作用間斷，甚至發生侵蝕。

鉀長石 potash feldspar
含鋁矽酸鹽中以鉀為主要金屬的礦物。

甲烷 methane
為沼澤、稻草或牲畜糞便發酵所釋放的氣體，其溫室效應約為等量二氧化碳氣體分子的二十到四十倍。

皆伐 clear cutting
指將森林中所有的立木一次採收的伐木方式。此法簡單省工，但容易造成水土流失、邊坡崩塌、景觀破壞，並產生大量棄木等問題。參見擇伐。

階地 terrace
一側緊鄰懸立的陡坡而表面近乎水平的地形，通常陡坡底下臨接著河流或海洋等水體。

接觸變質作用 contact metamorphism
在岩漿侵入區，緊鄰高熱岩漿的岩石受到高溫和岩漿釋出的化學物質的影響而發生的變化。

接觸圈 aureole
圍繞侵入火成岩體，受到接觸變質作用的圍岩範圍。

節理 joint
岩層的斷裂面，裂隙兩側的岩石並沒有顯著的相對位移。節理可能形成於火成岩冷卻時的收縮，也可能在岩石受到地殼運動所造成的壓力或解壓作用時形成。

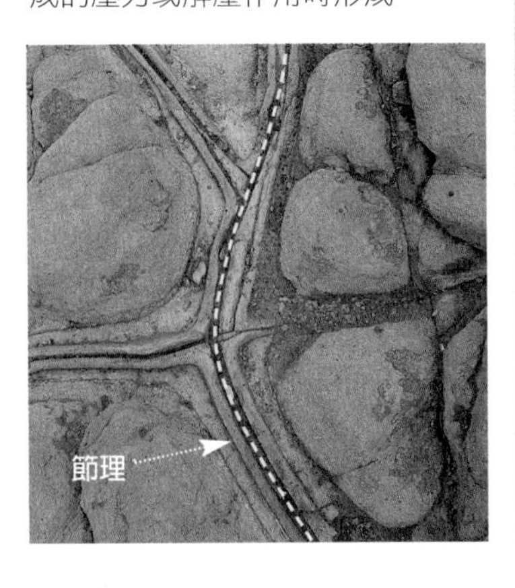

節理系統 joint system
兩組或兩組以上節理呈一定角度相交所成的系統。

節理組 joint set
一群具有相同的走向和傾斜，而互相平行的節理。

截流 cutoff
曲流頸部被河流切穿，使河水改道的地方。參見曲流。

截留 interception
降水被植物或地面上其他的覆蓋物所阻攔，沒有接觸到地面就蒸發回大氣，稱為截留。
植物的截留作用可以降低雨滴對土壤的衝擊，也會減少地表逕流量，減緩土壤沖蝕。

結核 concretion
圓形或橢圓形的單獨個體，被包圍在沈積岩的中間，狀如岩瘤。通常是因為膠結物或其他物質圍繞一由岩礦破片或生物粒所構成的核心，不斷富集，逐漸形成成分異於圍岩的結核。

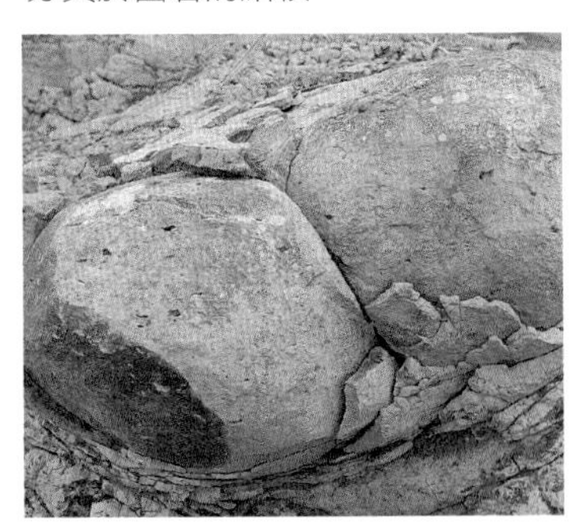

結晶作用 crystallization
指由於氣體的凝結、溶液的沈澱，或岩漿的冷凝而形成晶體的地質作用。

▲硫磺結晶。

解理 cleavage
結晶質礦物是由規律的原子排列形成，原子鍵結較弱的地方會反覆出現而形成弱面，因此當礦物受到外力敲擊時，常依一定的方向裂開，裂面光滑形同天然的晶面。這種容易分裂的性質，稱為解理。裂開的光滑面則稱為解理面。參見板狀劈理。

解壓 unloading
以侵蝕作用除去基岩上方覆蓋的岩體，造成基岩膨脹，並因而形成頁狀節理的過程。參見地殼均衡。

界 Erathem
地層單位中最大的單位，相當於地質時間表中代的單位。

礁 reef
由一些鈣質生物組成，因較能抵抗海浪的侵蝕，而形成高出四周海底的小丘或脊狀構造。

膠體 colloids
可以無限期地懸浮在水中的極小粒物質。

膠結物 cement
為地下水在沈積物顆粒間的孔隙中沈積，可以把沈積顆粒膠結成為沈積岩的礦物質。

交角不整合
angular unconformity
不整合面上下的新老地層具有不同的層態，兩者互不平行，呈現交角。

▲瑞士知名的馬特杭峰（Matterhorn）即為角峰。

交錯山嘴 interlocking spurs
河流遇到抗蝕岩層或岩塊等障礙時，水流向外側遠離，迂迴曲折而下，造成河道兩側山坡脊線交錯互現的現象。

交錯層 cross bedding
出現在砂岩中的一種地質構造，乃由厚度非常薄，且與主要層理大角度相交的沉積層所構成。通常為三角洲堆積物的典型構造，也可能是沙粒在沙丘背風側的堆積。

角峰 horn
當一個山頭被多條山嶽冰河所包圍時，由於各冰河冰斗的溯源發展，將山頭侵蝕成尖銳類似金字塔形的錐狀地形，稱為角峰。參見冰河作用。

角礫岩 breccia
此種沉積岩的組成顆粒呈多角狀，顯示未經長距離搬運，通常是崩塌堆積物或冰磧石經過成岩作用而形成。

角礫雲母橄欖岩 kimberlite
含有石榴子石及橄欖石的橄欖岩，呈火山筒產狀，可能代表地函上部的物質。為金剛石的主要基岩。

交錯層的形成

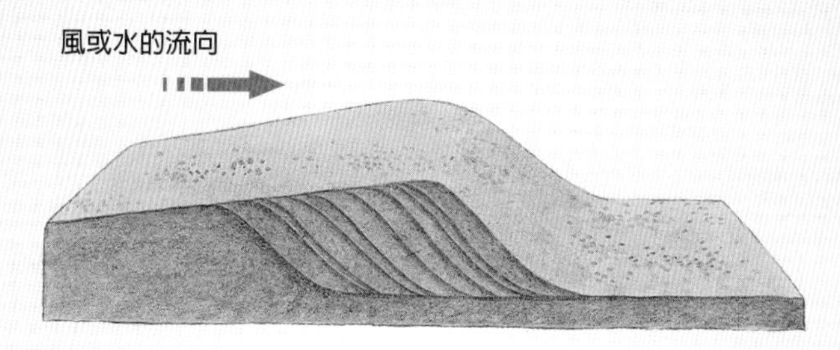

沙順著風向或水流方向堆積，形成層狀沉積。

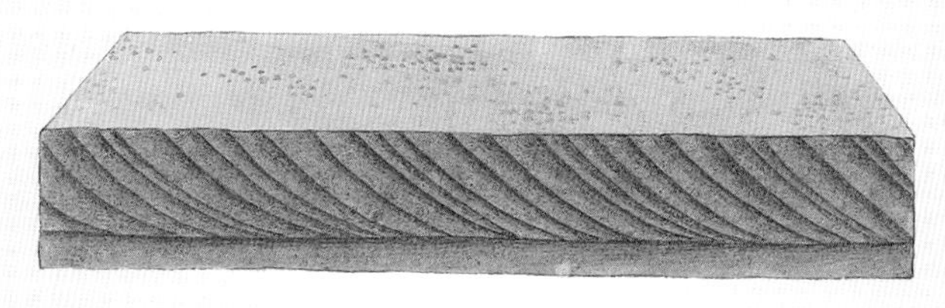

一旦沙源中斷，強大的風或水流將沉積層頂部侵蝕掉。

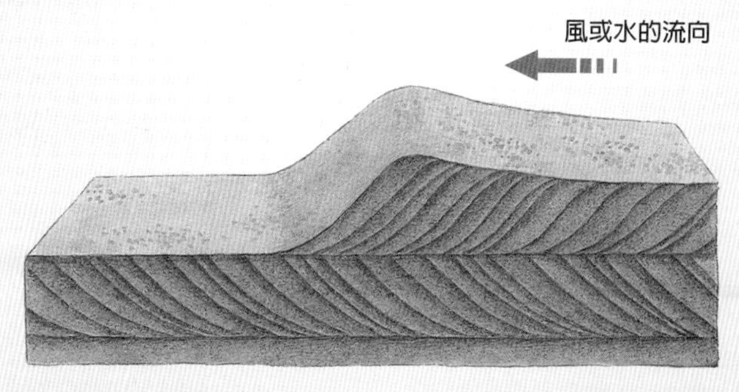

若因環境變動而使風向、水向發生變化，再度產生堆積，堆積物也會出現與原沉積層不同的堆積方向。因此地質學家可利用交錯層推估地形的變動。

角閃石 Amphibole
由鐵鎂質礦物所形成的主要造岩礦物，其矽氧四面體具有雙鍊構造。

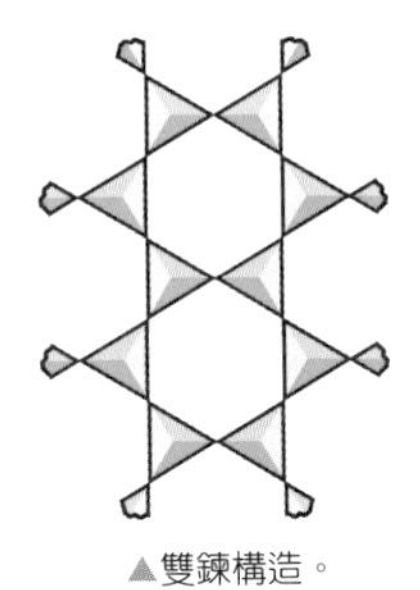
▲雙鍊構造。

角閃岩 Amphibolite
為基性火成岩（如玄武岩和輝長岩）或中性火成岩（如安山岩和閃長岩）變質而成的岩石。由於角閃岩的主要組成角閃石能夠包容許多元素，在變質時可以保持穩定，因此出現在熱力和區域變質的高温變質帶。

角頁岩 Hornfels
為沈積岩受到侵入火成岩放出的高熱影響，變質而成的新岩石。

間冰期 interglacial
在更新世中，具有相對溫暖氣候、可區隔冰期的地質時期。根據最近的海洋沈積物的研究，更新世可能有多達二十個冰期，間夾為時較短約一萬年的間冰期。

間歇湖 playa
同乾鹽湖。

間歇河 intermittent stream
位於乾溼季分明的氣候區內，乾季時乾涸，雨季時洪流洶湧、漫滿整個河床的河流。參見常流河、臨時河。

間歇泉 geyser
在岩漿活動區或地温較高的地方，因地底地下水流通管道出現狹窄的隘口，其下地下水受熱，壓力逐漸升高，終於衝出隘口往上冒，此時原已加熱的水因壓力減輕，頓時大量汽化衝出地表，形成噴泉，之後地下水回補原來的空洞，再重新加熱，重複上述過程，因此形成間歇噴發的熱泉景觀。

▲冰島的噴泉

間熱帶輻合帶 intertropical convergence zone（ITCZ）
指由南北半球副熱帶高壓帶往赤道低壓帶吹送的空氣，在赤道附近會合的寬廣區帶，區內通常由不連續分布的對流系統形成間斷的雲雨帶。由於太陽直射的緯度隨著季節變化，此帶在北半球的夏季時北移，冬季時南移。且在陸地上的移動量要比在海面上大得多。

間域土 interzonal soil
在特定區域氣候條件一致的狀況下，受基岩、地形等局部環境條件控制所化育而成的土壤。例如泥炭土或鹽土等。參見定域土。

尖嘴岬 cuspate foreland
來自兩個不同方向的建設性海浪所堆積，由陸地往海凸出的沙洲。

減坡作用 degradation
同蝕夷。

減水河 influent stream
乾燥地區的地下水面低於河床，河道中的水自然下滲，使河水流量越流越少，此種河流稱為減水河。參見豐水河。

剪力 shear
使物體內部兩相鄰部分產生相對移動的應力。

剪力強度 shear strength
岩石藉著組成顆粒間的黏滯力和摩擦力抵抗破壞的最大強度。

劍丘 seif dune
狀如大刀，高度和長度異常巨大的縱沙丘。出現在風向不固定的沙漠地區。

漸新世 Oligocene
地質時間表中，第三紀的第三個世，距今約三千三百七十萬年到二千三百七十萬年前。參見地質時間表。

濺蝕 splash erosion
由降水直接衝擊土壤或岩屑所造成的土壤侵蝕。

建設性的海浪
constructive wave
進行積高海灘剖面的海浪。此種海浪的頻率通常很低，約為每分鐘六到八個，並且振幅小，通常出現在平緩的海灘上。當此種海浪破碎時，會產生相當強的前衝浪，攜帶沙礫往沙灘面上衝，而其回濺則因有效地入滲到沙灘中，而變得很微弱。

近日點 perihelion
地球圍繞太陽運行，其軌道為一橢圓，因而地球與太陽之間的距離並非恆等。當地球最接近太陽時，稱為近日點，大約在每年的1月3日，距離為1.47×10^{11}公尺。就垂直太陽輻射的地球表面而言，近日點時的單位面積吸收的能量比遠日點多7%。參見黃道。

降水 precipitation
指由空氣中的水蒸氣凝結而落在地表的液態或固態水，包括雨、霧、霜、雪、冰雹等。

降水強度 rainfall intensity
指單位時間內的降水量。

京都議定書 Kyoto protocol
1997年，聯合國氣候變化框架公約參加國，在日本京都會議中通過表決，具體要求三十七個成員國應在2000年將溫室氣體的排放量減低至1990年的標準，其中多數工業國家被要求削減5％到8％的二氧化碳的排放量。

經度 longitude
一地經線的所在平面與本初子午線所在平面的交角。由於各經線在兩極交會，因此1度經度的距離，會隨著緯度而變化，其在赤道上約為111.321公里，但在緯度30度處減為96.488公里，而到緯度70度時，僅剩38.187公里。

經線 meridian of longitude
通過南北兩極的半圓線。與所有緯線呈直角相交。

經線方向的傳輸 meridian transport
為平衡高低緯間太陽輻射能量的差異，能量或物質沿著經線的方向，往極區或赤道流動的現象。

莖流 stem flow
降水被樹木枝葉樹幹攔截，再沿著樹幹流下到達地面的部分。

晶胞 unit cell
一個礦物中最小的結晶構造單位。

晶面 crystal face
構成晶體的自然平整的平面。

晶洞 geode
岩石中的空洞，其邊緣四周布滿向洞心生長的礦物晶體。

晶體 crystal
以晶格或晶胞為基本單位所造成的多面形固體，乃由原子或離子呈有規則的立體排列所構成。

晶格 crystal lattice
晶體內代表原子的點在立體空間上，呈三個方向有系統排列的最基本的排列組合。

晶形 crystal form
晶體的自然幾何外形。

晶軸 crystallographic axis
通過晶體中心，垂直並連接相對

兩晶面的假想直線。常為三條或四條，長度不等，交角也不一致。

淨輻射 net radiation
指到達地面的入射輻射能量與地球往外輻射能量的差值。

淨光合作用
net photosynthesis
植物進行光合作用所產生的碳氫化合物，部分被呼吸作用分解以產生植物體新陳代謝所需的能量，其餘殘留的碳氫化合物稱之。參見總光合作用。

淨初級生產
net primary production
在特定生態系中，碳氫化合物被積累在所有植物組織中的速度；單位為公斤／年／平方公尺。

靜諾風 chinook
加拿大西部從落磯山頂往東吹下來的乾熱風。其經常導致冬雪的快速消融，有時甚至引發雪崩。參見焚風。

逕流量 runoff
流出集水區的水量。包括地表逕流（在地表上流動）、地表下逕流（在不飽和層中流動）和地下水（在飽和層中流動）。

競爭 competition
從同一資源庫取用資源的不同種植物或動物間的互動。

居里點 Curie point
為使礦物喪失磁性的溫度下限。

舉裂 frost heaving
又稱冰舉。地面冰晶成長所造成的壓力，將地表的岩石碎屑或土壤舉起的過程。通常小的土壤顆粒可被針狀的冰晶所舉起，而大的岩石顆粒則由較大的冰體所舉起。
舉裂會對地表岩屑進行垂直方向的淘選作用，大的顆粒會被舉到地表覆蓋在小顆粒之上。

矩形水系
rectangular drainage network
指主支流均作直角轉彎的水系型態。通常出現在節理或小斷層密度較高的岩層出露處。

颶風 hurricane
從每年7月到10月，發生在西部大西洋，南北半球緯度5到10度之間，尤其是西印度群島和墨西哥灣區的強烈熱帶低氣壓風暴。發生在北半球的機率為南半球的二到二點五倍。其形成過程和結構

與颱風類似。

巨礫 boulder
直徑超過256公釐的石塊。

聚合邊緣
convergent boundary
兩聚合板塊前緣碰撞處，為地殼隱沒、火山作用、造山運動和地震等劇烈活動地帶。參見板塊運動。

聚合作用 polymerization
矽氧四面體以不同的方式結合，形成不同結構的矽酸鹽礦物的作用。

聚鐵鋁化作用 laterization
淋溶作用旺盛的地帶，不可溶的氧化鐵、鋁等殘留聚集在土壤表層，使土壤呈現紅、黃色的作用。

絕滅 extinction
使得一個物種的個數降至零，而不再存在的事件。

絕對溼度 absolute humidity
單位容積空氣中所含的實際水蒸氣量。通常以公克/立方公尺表示。亦稱為水汽密度。

絕對時間 absolute time
能夠確定延續年數的地質時間。

絕對最低溫
absolute minimum temperature
一地歷年氣溫觀測資料中的最低氣溫紀錄值。就全世界而言，為出現在南極伏斯托克氣象站的攝氏零下88.3度。

絕對最高溫
absolute maximum temperature
一地歷年氣溫觀測資料中的最高氣溫紀錄值。就全世界而言，為1922年9月13日發生在北非的黎波里南方的阿夕西亞的攝氏57.8度。

絕對溫度零度
absolute temperature
指可能出現的最低溫度。
在此溫度下，物體內部不存在任何熱量。

絕熱率 adiabatic lapse rate
空氣舉升（下降）造成體積膨脹（收縮）而冷卻（增溫）時，其溫度隨著高度增加（下降）而降低（升高）的變化率。

絕熱過程 adiabatic process
空氣體未從外界取得或向外散失能量，而由本身的收縮或膨脹造成溫度變化的現象。

卷積雲 cirrocumulus
出現高度約在6,000公尺到10,000公尺，色白無影但稍能阻擋日光，排列有序，形同魚鱗的雲。

參見雲。

卷層雲 cirrostratus
出現高度約在6,000公尺到10,000公尺，如乳白色絹絲，當透過日光時，呈現光環的雲。參見雲。

卷雲 cirrus
出現高度約在6,000公尺到10,000公尺，純白無影，厚度甚薄，日光可透過，形如羽毛的雲。參見雲。

均變說 uniformitarianism
主張一切自然發生的地質作用，不管是過去或現在，永遠受完全一樣的化學和物理原則所控制。

均夷剖面 graded profile
指河流不斷地對河床進行侵蝕、搬運和堆積作用，使凸出的河床被夷平，凹下處被填滿，最後整條河流從上源到河口的河床縱剖面所呈現的圓滑下凹的曲線。

均夷河 graded stream
指河床縱剖面達到均夷的河流。理論上，該河川各河段流域所搬運的淤沙量，恰等於該河段的上游集水區所生產並運達該河道的淤沙量。

全球氣候區

海拔高度、離海遠近及所在緯度的不同常造成氣候差異。而氣候的差異又會影響地形、土壤的發育。

- 1 熱帶雨林氣候
- 2 熱帶季風氣候
- 3 熱帶莽原氣候
- 6 副熱帶氣候
- 7 地中海型氣候
- 8 溫帶海洋性氣候
- 10 溫帶大陸氣候

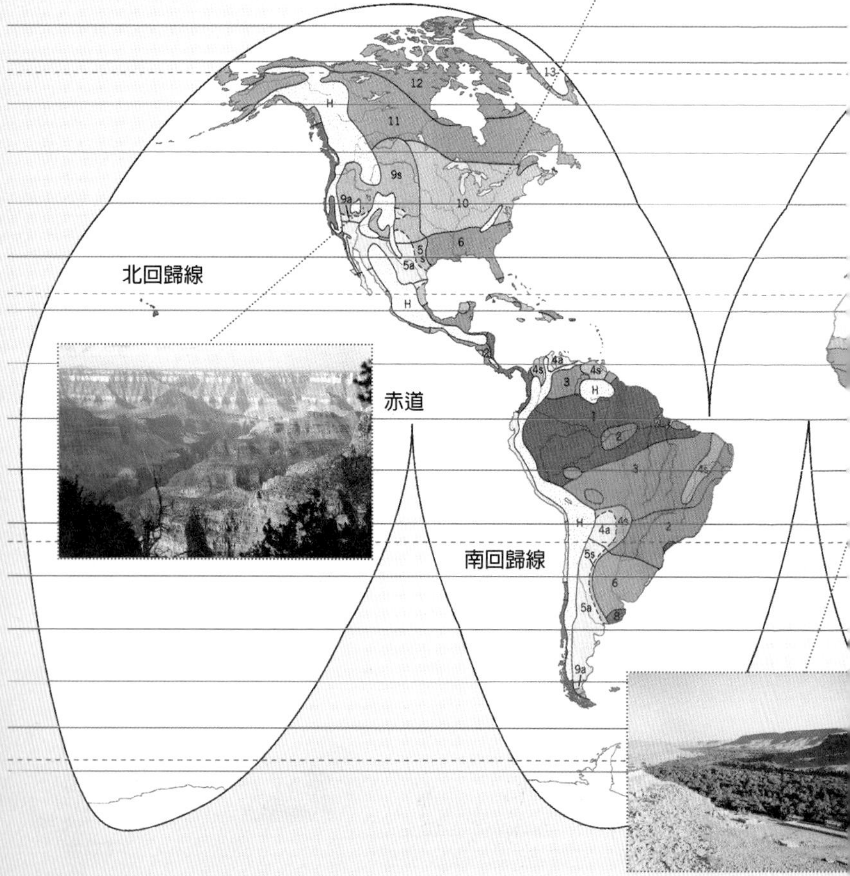

北回歸線

赤道

南回歸線

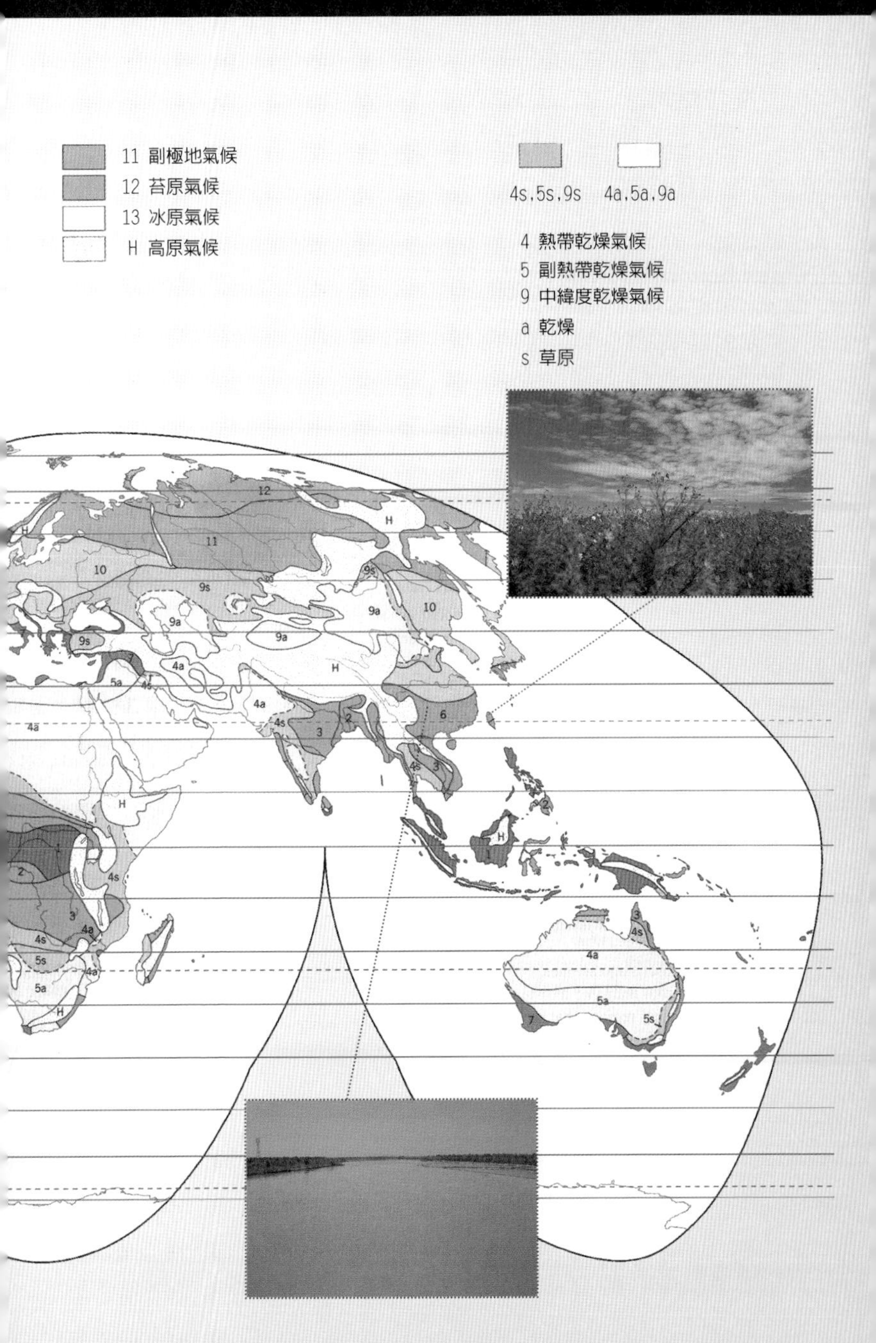
11 副極地氣候
12 苔原氣候
13 冰原氣候
H 高原氣候
4s,5s,9s
4a,5a,9a
4 熱帶乾燥氣候
5 副熱帶乾燥氣候
9 中緯度乾燥氣候
a 乾燥
s 草原

棲地 habitat
生態學上用來指稱特定植物或動物生存和繁殖的特殊環境。

棲止地下水面
perched water table
位於主要的地下水面之上，被不飽和的岩層或土壤所包圍，為孤立的地下水體。通常出現在岩層性質發生變化的地方，例如在透水的石灰岩層中，因局部不透水的灰泥堆積，使自地面入滲再往下滲漏的雨水在灰泥層上累積成孤立的地下水體。參見自流井。

期 Age
一個比較短的地質時間單位。

氣泡 vesicle
火成岩中的氣孔，主要為岩漿中氣泡逸出後所存留的空穴。

氣團 air mass
指範圍廣大，具有相當一致的溫度和溼度的空氣體。

氣候 climate
指一地長期天氣狀態所具有的規律變化或統計特徵。通常以各種大氣狀態的平均值、極端值、變化幅度、變動頻率和長期趨勢來表示。

氣候變遷 climate change
指描述大氣各種物理特徵的統計變量（如平均值、極端值、變化幅度和頻率等）隨著時間變化的現象。
造成氣候變遷的因素包括板塊移動、太陽入射能量的變動，以及大氣成分因為火山爆發或其他來源釋放溫室效應氣體而改變等。目前普遍相信人類干擾水文循環、大規模破壞森林和工業、汽車的廢氣排放等，已造成氣候的明顯變遷。

氣候圖 climograph
表現兩個以上氣候變數的圖表，如展示一年中各月月均溫和平均月雨量的圖幅。

氣候區 climatic region
將地表根據氣溫和降雨等特性，劃分成具有類似氣候特徵的區域。

氣候學 climatology
研究長期天氣的平均狀態及變動特徵的科學。包括氣溫、氣壓、風、溼度和降水等氣候要素的空間分布和季節變動。

氣象學 meteorology
研究大氣現象及其作用的科學；也就是研究天氣的科學。

氣旋 cyclone
由略呈圓形的封閉等壓線所圍繞的低氣壓區。在低氣壓中心附近，空氣由四周向中心輻合，由於地球自轉產生科氏力，使得空氣在北半球呈逆時針方向的流動，在南半球呈順時針方向旋轉。

氣旋雨 cyclonic precipitation

在氣旋中，暖空氣被舉升所造成的一種降雨型態。

氣懸膠 aerosol

指空氣中所含的固體微粒。此種粒子顆粒非常微小，終端速度很低，因此很容易被上升氣流所舉升。形體較大的粒子約在數分鐘內就會掉落地面，如煙霧般的小粒子則會停留在空中達數小時之久。大多數的氣懸膠是由自然界各種作用所產生的天然物質，包括火山爆發噴出的火山灰、沙漠風暴吹起的沙塵、閃電引燃森林大火所造成的煙霧和灰燼，甚至植物花粉、真菌孢子和細菌等。

氣溶膠微粒 aerosol

同氣懸膠。

氣壓 atmospheric pressure

同大氣壓力。

氣壓梯度
pressure gradient

指單位距離內氣壓的變化量。通常指垂直於等壓線方向的氣壓變動。等壓線密度越大者，氣壓梯度越大。

氣壓梯度力
pressure gradient force

使空氣由高氣壓流向低氣壓的水平驅動力。

氣溫 temperature

指大氣的溫度。通常隨著高度變化極大，標準的氣溫乃指由距離地面1.5公尺的百葉箱中的溫度計所量得的溫度。

切割坡 undercut slope

同基蝕坡。又稱攻擊坡。

切鑿曲流
entrenched meander

曲流因地盤快速上升，產生回春作用，順著原有河流彎曲型態繼續下切至基岩所成的地形。

秋分 autumnal equinox

發生在9月22日或23日太陽正射赤道的日子。當日全球各地日夜均為十二小時。

丘陵 hill

指與鄰近平緩地表相對高差小於數百公尺的高起地形。

▲丘陵台地茶園。

囚錮鋒

囚錮鋒可分為冷鋒型囚錮及暖鋒型囚錮，本圖為冷鋒型囚錮。

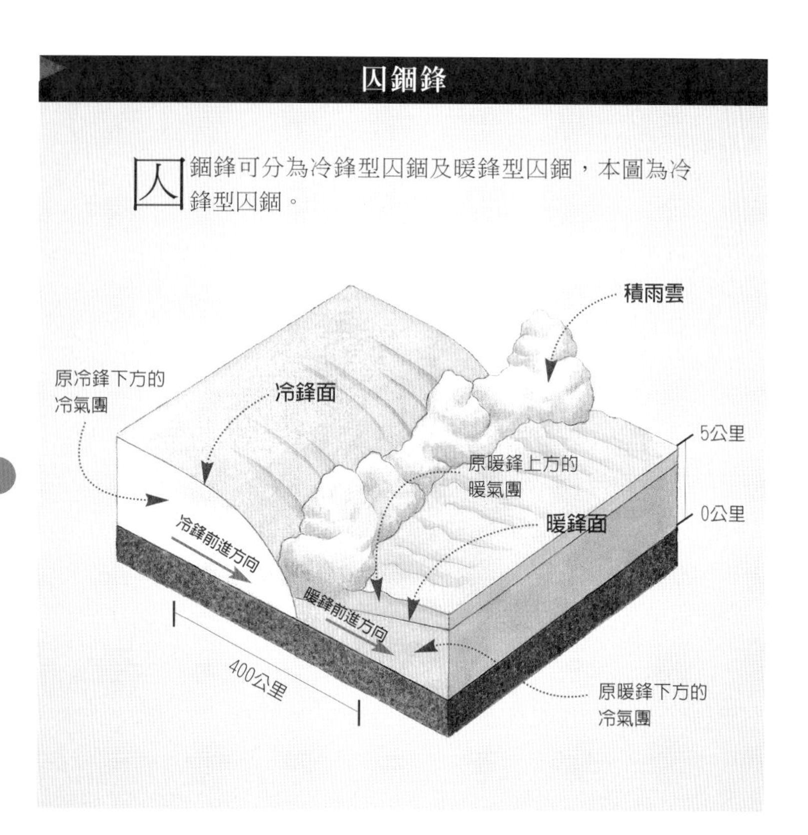

囚錮鋒 occluded front

中緯度溫帶氣旋所發展的一種鋒面型態。由於溫帶氣旋中的冷鋒移動速度較快，終於從後方追上暖鋒，將兩鋒間源於熱帶的暖溼空氣完全抬離地面，形成囚錮。溫帶氣旋自囚錮鋒形成後開始消散。

球狀風化

spheroidal weathering

地表下部分風化的岩體，順著岩層節理或層面等不連續面進行化學性風化，而由於兩相交不連續面交界處的岩石稜角，同時受到兩方向的風化作用，因此風化崩解速度較快，形成圓渾形狀。接

著，若岩質較為均勻，則順著新鮮岩體表面繼續往內進行化學風化作用，形成同心圓狀或如同洋蔥狀的層狀剝離過程。

千枚岩 phyllite
板岩經過進一步變質，所形成顆粒粒徑較大但仍具劈理面的變質岩。其劈理面因為板狀的顆粒表面容易反射光線，因此呈現出獨特的光澤。千枚岩通常具有一組劈理，但常因後來的擠壓力而扭曲變形，因此不像板岩容易形成均勻的裂面。

前濱 foreshore
位於最低潮線與平均高潮線之間的海岸地帶。參見海濱。

前寒武紀 Precambrian
地質時間表中，位於五億七千萬年之前的地質時代。參見地質時間表。

前震 foreshock
主要地震發生前的小震動。

潛熱 latent heat
指物質進行三態（氣態、液態和固態）轉換時，所需吸收或釋放的能量。例如當冰融化成水或直接昇華為水蒸氣時，會吸收能量以打斷水分子間的鍵結，但是未使冰或水的溫度發生改變，此種能量稱為潛熱。當水蒸氣凝結成水，或水凍結成冰時，能量則又會被釋放出來。

潛在蒸發散量
potential evapotranspiration
在一定的氣候且供水充分的條件下，完全由短莖植物所覆蓋的區域內所能蒸發掉的最大水量。因此，它包括一特定地區在一定時間內的土壤蒸發量及植物蒸發散量。以水的深度表示。

親潮 Oyashio Current
由俄羅斯堪察加半島附近海域南下的一股寒流。沿著千島群島向南流動，到日本北海道附近與黑潮交會時分成兩股，一股轉向併入北太平洋洋流，一股潛入黑潮之下。

侵蝕 erosion
同侵蝕作用。

侵蝕輪迴 cycle of erosion
由美國地理學家Davis在19世紀末首先提出完整的概念，認為地形的演育乃循著一定的步驟進行，此觀念之後陸續被其他地形學家所接受。
地形的演育主要包括下列幾個循序漸進的階段，由原始地形，經幼年期、壯年期到老年期，然後再因侵蝕基準面的下降（如海平面下降，或地殼隆升）而回到幼年期。參見地形循環。

侵蝕基準面
base-level of erosion

同基準面。

侵蝕性背斜
breached（denuded）anticline

順著背斜軸部侵蝕發展成平直谷地的構造，縱谷兩側則由相向的崖坡所夾峙。剛開始凸起的背斜軸因為張力，而發展出較易被侵蝕的節理系統，河流順著此等弱面向下侵蝕，結果發展出與原始地形起伏相反的構造地形，然後河流則繼續根據出露岩層的軟硬進行差異侵蝕。

侵蝕作用 erosion
由水、風或冰挾帶物質對岩石進行磨蝕，或將地表岩屑或土壤鬆動、溶解和移走過程的總稱。

侵入岩 intrusive rock
地底下的岩漿順著岩石的不連續面侵入，再緩慢冷凝固結所形成的火成岩。由於岩漿在地底下冷凝的速度較慢，先形成的礦物比較有時間繼續生長成大的晶體，後來形成的晶體則因體積小而不明顯。因此整體而言，侵入岩常有許多大而互相鑲嵌的晶體，呈現美麗的外觀。同深成岩。

搶水河 captor stream
指靠著下切和向源侵蝕作用，搶奪鄰近河川的一部分集水區的河流。通常為具有較低侵蝕基準面的低位河。如果流量因搶水而大量增加，則很可能發生回春作用，造成峽谷或河階地形。參見

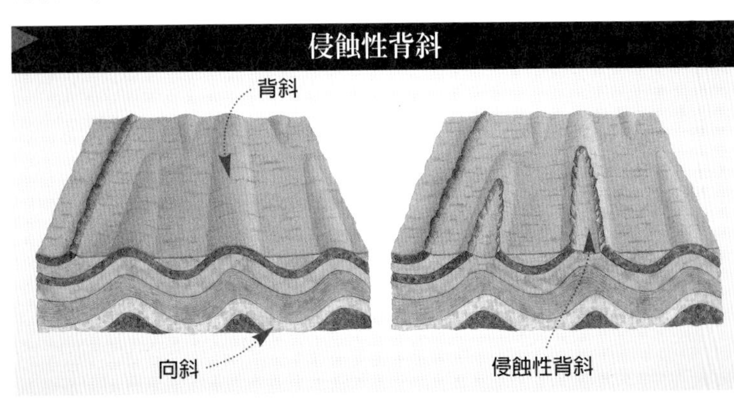

河流襲奪。

搶水灣 elbow of capture
同襲奪灣。

傾角 dip
指傾斜沈積岩岩層與水平面的最大交角，通常以其與傾斜的方向共同表示傾斜地質結構的位態，但也可以用來描述其他地質結構（如斷層面）的位態。

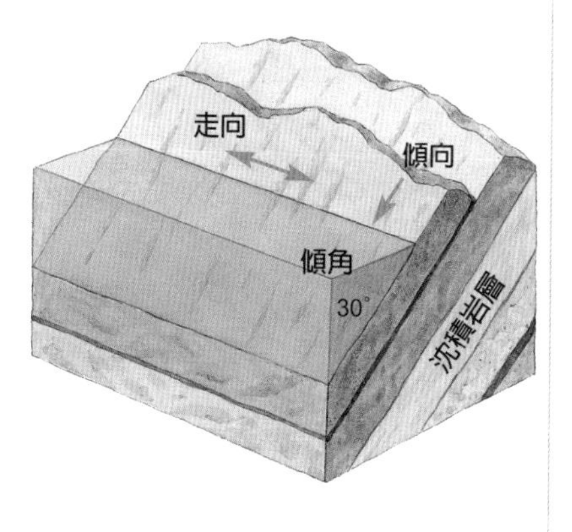

傾斜儀 cliometer
用以量測山坡或岩層走向和傾角的儀器。

傾移斷層 dip-slip fault
斷層所發生的相對位移是沿著斷層面的傾斜方向發生的，可能是正斷層或逆斷層。

曲流 meander
指河水受河床凹凸不平或硬岩抗蝕的影響，開始左右擺動而使流路彎曲而形成的河流。河灣一旦形成，由上游快速流下來的河水便集中能量正面衝擊彎曲處的外側，使之後退，河灣內側的水流流速則相對較低，將淤沙沈積堆積成沙洲，結果使得河道更形彎曲。隨著時間的流逝，曲流通常會變得更彎曲，而且各河灣會逐漸往下游移動。參見次頁圖。

▲曲流在人煙稀少處因較不受人為干擾（例如築河堤等），往往發育良好。圖為中國天山的曲流地形。

曲流捷徑 meander cut-off
當曲流彎曲得很厲害時，相鄰兩個曲流灣之間的曲流頸因為河流對河岸的侵蝕而越來越細，最後被洪水沖垮穿透，河道被截短，舊的彎曲河道從此被棄置。洪水截穿曲流頸後，退水時會在新河道與被棄置的舊河道之間堆積大量沈積物，因此當水位下降後，被棄置的彎曲河道中的河水無法流出，即形成牛軛湖。參見次頁圖。

曲流的發展

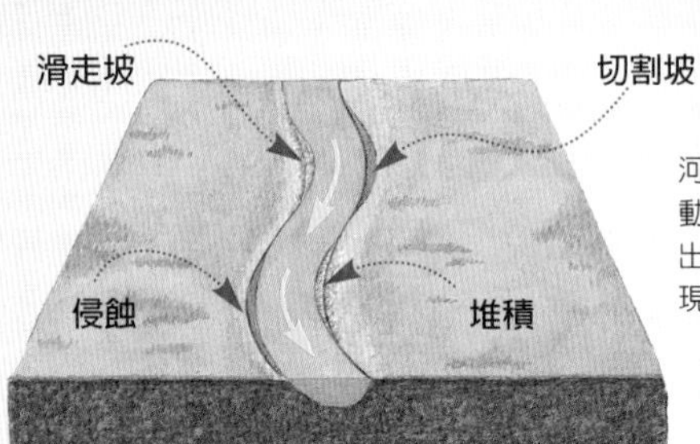

河流受地形影響開始左右擺動，在彎曲處的內側（滑走坡）出現沉積，外側（切割坡）出現侵蝕現象。

河水正沖曲流彎，外側偏下游側，導致曲流彎向下游方向移動。

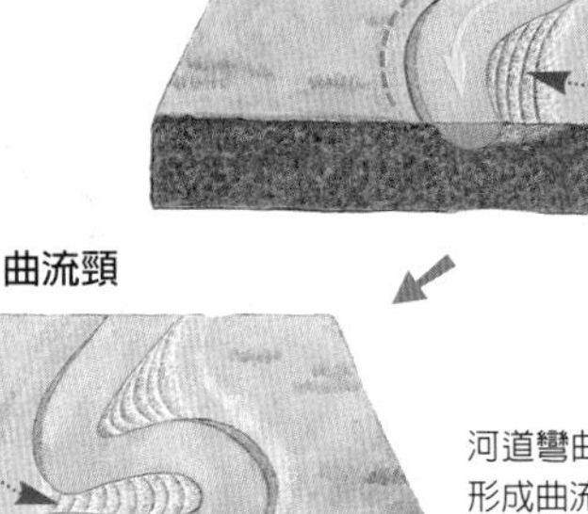

河道彎曲度日益擴大，漸次形成曲流頸。

如遇洪水氾濫，曲流頸被沖垮穿透（曲流捷徑），舊河道中的水因被沉積物堵住無法排出，而形成牛軛湖。

區域變質作用
regional metamorphism
因為板塊的擠壓所造成的大範圍岩石變質作用。

泉 spring
地表下的含水層出露於地面，所造成的地下水湧出現象。

泉華 tufa
石灰質的溫泉、河流、湖泊或洞穴沈積物。

全球增溫 global warming
指目前根據廣泛的氣候資料和冰河退縮等證據，所持地球的溫度正在逐漸上升的看法。研究資料顯示，過去一百年全球氣溫平均上升了攝氏0.6度。許多科學家認為此與人類使用石油、煤等石化燃料，而大量排放二氧化碳等溫室效應氣體有關。

全新世 Holocene
地質時間表中最後一個世，大約由一萬年前開始，繼更新世直到現在。

群落 community
在特定棲地生活和互動的所有不同種類生物的集合。

裙礁 fringing reef
與海岸相連並向海面延伸約數百公尺的珊瑚礁台，陸地與礁岩之間沒有顯著的潟湖。礁岩具有明確的外緣，以陸坡降至深海，表面因為差異溶解而有許多凹洞，同時布滿破碎的珊瑚礁，而顯得崎嶇不平。參見環礁。

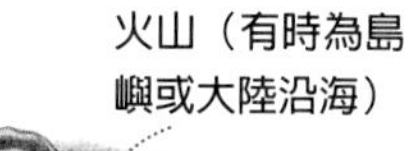

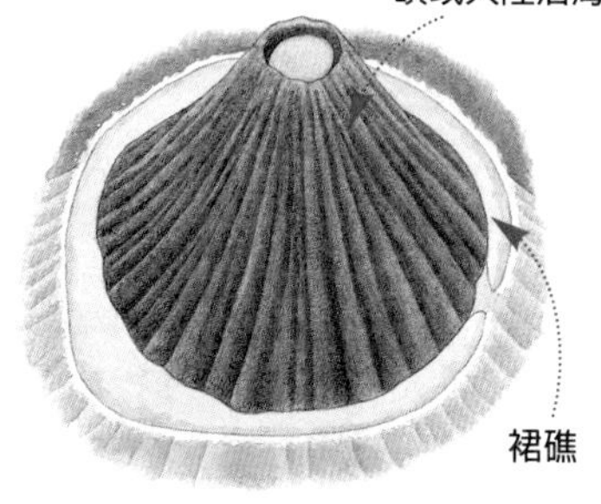

穹丘 dome
因地層的局部拱起，形成中央高起、四周低下的半球形緩起地形。

西風 westerlies
由南北半球的副熱帶高壓帶往極區吹的風，因受到科氏力的影響，偏向東前進，風力強勁，且風向穩定。同盛行西風。

西洛可風 sirocco
發生在南歐的地方風，通常發生在春季。北非空氣受地中海的低氣壓系統吸引，從撒哈拉沙漠捲起沙塵，越過地中海吸納水氣，抵達南歐，變成溫暖潮溼的風，有時甚至會降下泥雨。

稀土元素 rare earth elements
原子數介於57到71之間，含有十五個金屬元素的系列。

吸著水 hygroscopic water
附著在土壤顆粒表面的水分，既不流動也很難被蒸發或被植物吸收。

襲奪灣 elbow of capture
指河流襲奪過程中，搶水河河道在搶奪斷頭河上游河水處所呈現的不自然大轉折。參見河流襲奪。

洗落塵 washout
被降水自大氣層中往下掃落的顆粒。

洗出作用 eluviation
指土壤中的滲漏水將上層土壤中較細粒的礦物質和有機質往下搬運，在上層土中留下較粗顆粒的作用。

洗入作用 illuviation
指土壤中的滲漏水從上層土壤攜帶腐植質和黏土顆粒等細粒物質及溶解質，在底土層沈澱堆積的作用。

系 system
一種地層單位，代表一個紀的地質時間內所造成的全部地層。參見地質時間表。

矽鎂層 sima
地殼下部的岩層，成分以鐵和鎂為主，也是組成海洋地殼的主要成分。

矽鋁層 sial
地殼上部的組成岩層，富含矽和鋁。

矽酸鹽 silicate
任何含有矽氧四面體的造岩礦物。

矽氧四面體 silica-tetrahedrom

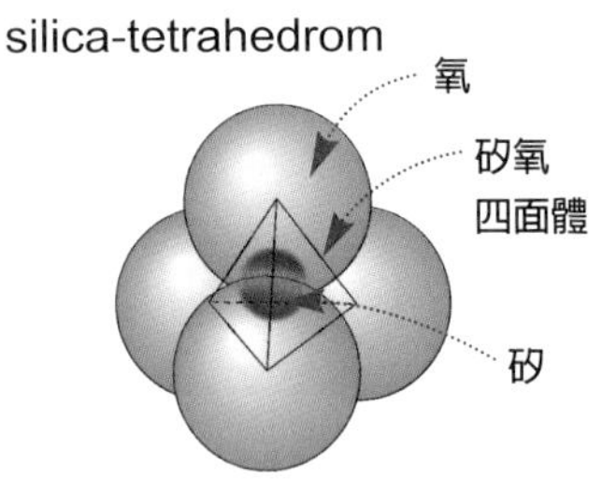

四個大的氧離子圍繞一個小的矽離子，造成金字塔形的四面體，為構成矽酸鹽礦物的基本單位，化學式為S_iO_4。

細礫 pebble
直徑在4到64公釐之間的礫石。

潟湖 lagoon
被陸地或島嶼圍住的海域，與開放的海洋有明顯的區隔。參見環礁。

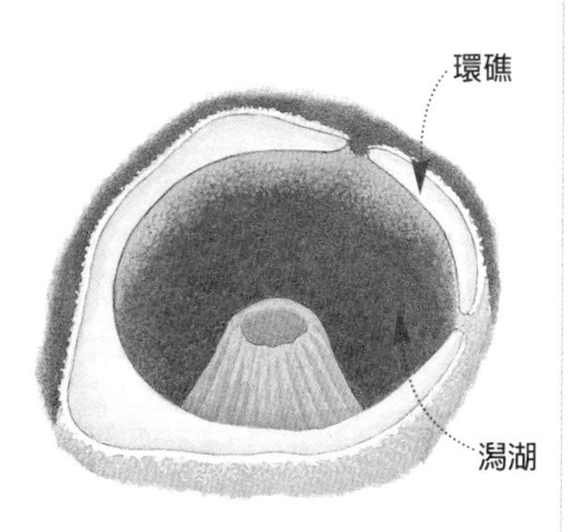

峽谷 gorge
指谷壁陡峭的狹長深谷。通常代表河流的下切作用遠大於側蝕作用。

峽灣 fjord
冰河在下游入海處，冰層底部雖低於海平面，仍能繼續挖深侵蝕，拓寬冰河槽，當冰河消融後，海水順著U形冰河槽入侵，形成兩側山壁陡峭，狹長深入內陸的海灣，稱為峽灣。

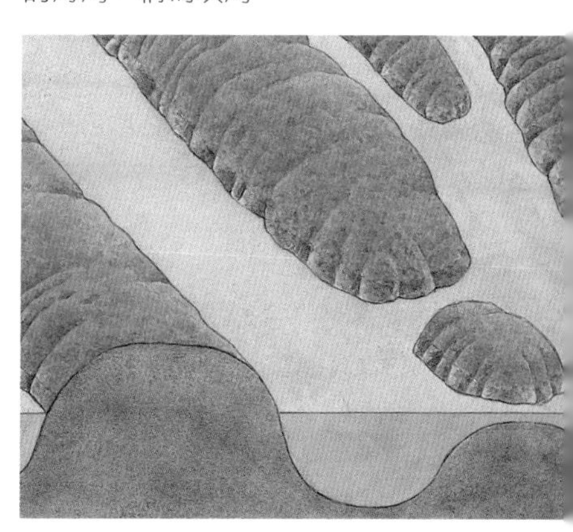

下坡風 katabatic wind
風速比一般山風強烈的下坡風，有些風速與颶風相當。下坡風最容易發生在四周有山地環繞的高原邊緣、由明顯地形缺口所連接的谷地。冬季裡，冰雪累積在高原上，其上的空氣變得極為冷冽，形成一個高壓區，當高原邊緣的氣壓梯度夠大時，會使冷空氣順著谷地流下，如果受地形局限，風速可能加強而具有破壞力。

▲秀姑巒溪的下切曲流地形。

T

下盤 foot wall
位於傾斜斷層面下面的斷塊。參見斷層。

下切曲流 incised meander
曲流因為地形回春的關係而下切，使得河床的高度大幅低於鄰近的地表面。當地形回春的速度較慢時，河流不只下切也會進行側蝕作用，結果可能產生不對稱的山谷，此種曲流稱為ingrown meander。相反的，如果河流下切的速度很快，則形成一個比較狹窄的對稱山谷，此種曲流稱為entrenched meander，後者例如秀姑巒溪下游。

下衝流 downdraft
劇烈發展的積雨雲中，暖空氣由前端被吸入舉升，成雲致雨，繼續提供風暴的能量，冷空氣則隨著猛烈的降雨從後方往下衝，稱為下衝流。

下蝕 down-cutting
河流順著河道向下挖深的侵蝕作用。

夏至 summer solstice
太陽正射北緯23.5度的時刻，發生在每年的6月21日或22日。參見黃道。

夏威夷式噴發
Hawaiian eruption
噴出大量黏性低的熔岩，而少有激烈爆發的火山噴發形式。通常出現在玄武岩質岩漿的活動區。

消費者 consumers

在食物鏈中，仰賴初級生產者或其他消費者維生的動物。

小方山 butte
同孤山。

小礫 granule
直徑在2到4公釐之間的礫石。

小行星 asteroid
行星爆裂的殘塊或尚未完全形成行星的小天體。

小潮 neap tide
當太陽與月球和地球的連線互相垂直時，太陽的引力抵消部分月球的引力，潮差變小，稱為小潮。出現在上、下弦月時。每十四天發生一次。參見潮汐。

斜坡沖刷 slope wash
水夾雜著沈積物，以表層侵蝕的方式沿著山坡往下沖蝕的作用。

斜交 discordant
坡面走向與主要的地質構造呈大角度的交角。

斜長石 plagioclase

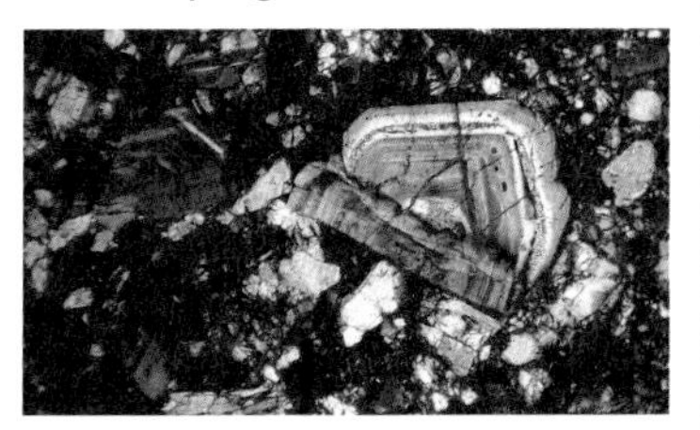
▲具有鈉長雙晶及環帶狀構造的斜長石。

以鈣和鈉為主要陽離子的長石類礦物。

斜移斷層 oblique-slip fault
斷塊在斷層面上移動的方向不與斷面的走向或傾向平行，乃斜切斷面而過。

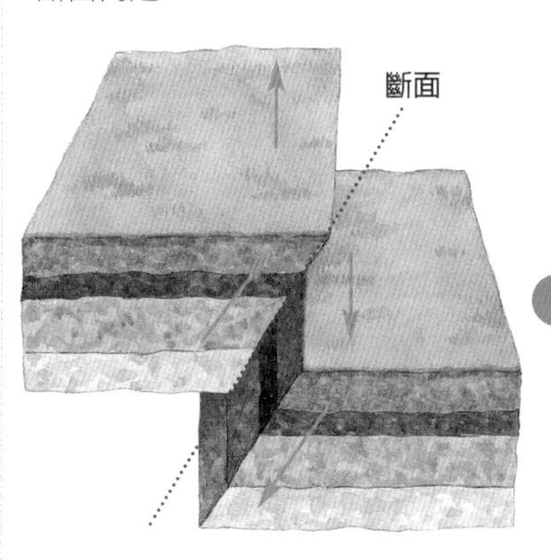

楔裂 frost wedging
同凍裂作用。

削斷山嘴 truncated spur
在冰河流過的河谷中，兩側緊鄰的山脊前端趾部被冰河切斷，於冰河融解後所呈現的三角形地貌。

休火山 dormant volcano
現在已經停止活動，但在人類歷史上有噴發紀錄的火山。此類火山雖然今日並未活動，但並不代表未來沒有噴發的可能。

休止角 angle of repose
同安息角。

先驅植物 pioneer plants
當一塊土地新生成，或是植物因為自然或人為因素被清除後，首先進入這塊空地的植物就稱為先驅植物。通常是草本植物。參見植物演替。

先成河 antecedent stream
原有河流發育的地面，因地殼發生褶曲而局部隆起，但因上升部分的速度不及河流下切的速度，因此該河流仍維持原來的流向繼續下切，不受後來地形的控制，而切穿褶曲山脈的河流。參見後成河。

顯礁 sea stack
同海蝕柱。

顯晶狀岩理 phaneritic texture
火成岩中用肉眼就可以看出個別礦物的岩理。

霰 sleet
當地面氣溫低於冰點，從雲底降下來的液態降水，進入地面附近冷空氣時，凍結成透明球狀固體顆粒，再掉落到地面。直徑約在2到5公釐之間。

線理 lineation
岩石中任何線狀排列的形象。

陷穴 sinkhole
石灰岩中因溶蝕作用或地下洞穴崩塌所形成的地表窪地。陷穴的深淺不一，淺者僅1、2公尺，深者可達7、8公尺，所佔面積由數平方公尺到1平方公里不等。陷穴底部若因淤積細泥，阻礙地表水向下滲透，則會形成水塘。

新褶曲帶 alpine chains
在相當晚近的地質時間內，因板塊活動引發的強烈褶皺和斷層作用所造就的狹長高山帶。

新月丘 barchan
從上空俯視，此種沙丘的形狀如同新月，長軸與風向垂直，月尖指向背風側。通常出現在中等風速、沙源有限的沙漠地區。最初為堆積在某些障礙物後方的一堆沙，形成後繼續阻擋被風吹起、在地表附近移動的沙石；而新近堆積的沙礫則被風吹動順著沙丘的迎風面往上移動，經過脊線後掉下堆積，使得整個沙丘逐漸往下風方向移動，移動的速度在沙丘中心處最慢、兩側較快，形成指向下風處的角狀凸出。
新月丘的剖面呈現不對稱的形狀，迎風坡較緩，背風坡因沙粒

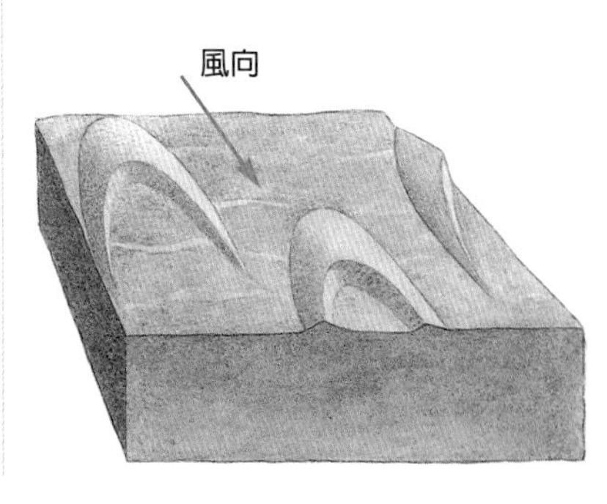

的不斷堆積而變陡，但是通常不超過乾沙的安息角34度，只要坡度超過此值，坡面就很容易崩塌。參見沙丘。

信風 trade wind

由於副熱帶高壓帶與赤道低壓帶非常穩定，因此在緯度5度到30度之間的區帶風向恆定，北半球吹東北風，南半球吹東南風；在昔日仰賴風力航行的時代，為貿易船隻可以信賴的風力，故又稱貿易風。

相 facies

一個岩石單位中，某一部分具有各種明顯的特性，使之可以與同一單位的其他部分或其他不同的岩石單位區別，或可以指示一個特別的沈積環境者。

相對溼度 relative humidity（RH）

空氣中實際水氣壓（e）與同溫度下飽和水汽壓（e_s）之比，比值用百分數表示者稱為相對溼度，其公式如下：

$$RH = \frac{e}{e_s} \times 100\%$$

相對時間 relative time

根據一些地質活動的定律，決定一連串地質事件發生的先後順序；或運用各沈積岩層在地層剖面中的相對位置，以定其生成的先後順序。

向心狀水系
centripetal drainage pattern

在火山口、陷穴及盆地中，流水由四周高處往中央輻合所成的水系型態。

向斜 syncline

岩層受板塊運動的擠壓，產生波浪狀彎曲，其向下彎曲，兩側岩層傾向中心線者。參見背斜。

向源侵蝕 headward erosion

由於河流的侵蝕下切作用，使河谷的源頭往上游或上坡延伸增長的現象。較明顯的例子為瀑布的後退。

星狀丘 star dune

在北非和阿拉伯半島的沙漠中，沙礫堆積成放射狀的沙脊，交會成一個中心山峰所形成的獨立巨大沙丘。通常為孤立的沙丘，在風向不定的狀態下，被風吹蝕而留下多條脊線所形成的地形。參見沙丘。

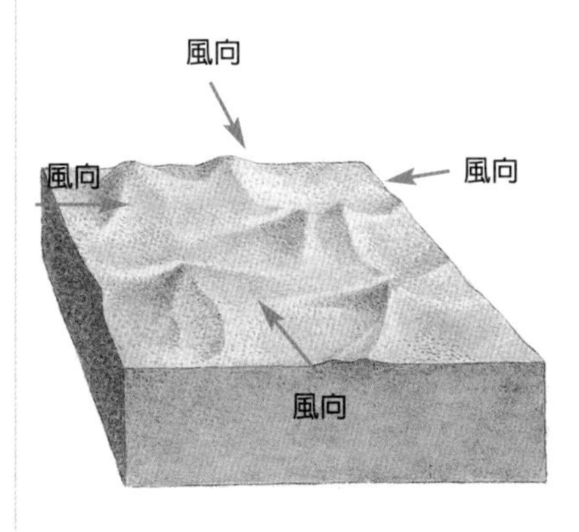

星子假說
planetesimal hypothesis
主張行星的形成導源於似雲一般的小冷星子的結合。

星雲說 nebular hypothesis
主張各行星的形成是由於旋轉中的星雲發生收縮作用，因離心力使其中的大小塊體分離，再凝縮而成各行星體的學説。

行星風 planetary wind
以全球為範圍，由於各緯度帶太陽輻射量的差異，造成主要的高低氣壓帶，進而帶動大氣的流動，又因科氏力的影響，所造成的全球性風帶。

徐昇氏多邊形
Thiessen polygon
利用點的資料去估算區域平均值的方法。在地圖上連接各資料點與其緊鄰的資料點，再畫出各線段的垂直平分線，然後連接各垂直平分線的交點，即成多邊形。估算的方法為以各點的數值為其所在多邊形區域的代表值，然後利用面積加權求取大區域的平均值，多用於雨量估計。

雪 snow
當氣溫低於攝氏0度時，空氣中的

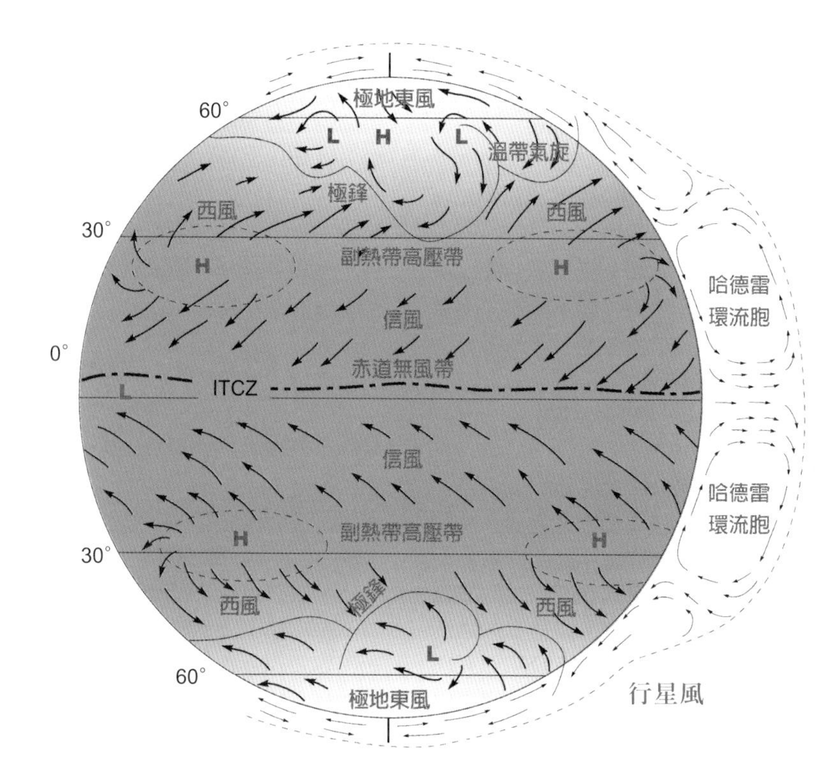

行星風

水蒸氣凝結成小冰晶，再連結成直徑約在1到20公釐之間的六角形固態降水形式。
當雲的溫度在攝氏0度到零下5度之間時，過冷水一接觸到冰晶很快就凍結，而使冰晶成長，因此所形成的雪花直徑最大。

▲合歡山雪景。

雪線 snow line
在降雪量大於融雪量的地區，終年積雪不消退地區的海拔下限。

雪蝕冰斗 nivation cirque
冰斗內只有積雪堆積，未能形成冰河，則稱之為雪蝕冰斗。

雪原 snow field
終年積雪不融的高山地區。

懸谷 hanging valley
冰河對河床的刻蝕能力與冰層的厚度有關，因此冰層厚度較薄的冰河支流下切力量較小，結果在支流匯入主流的交口處，造成支流冰河槽的谷床高度較主流河床為高的現象。當冰河消退後，便呈現支流河谷高掛在主流谷壁上的現象，稱為懸谷，並經常形成瀑布。

懸移質淤沙載
suspended sediment load
河流水體中所攜帶的細粒淤沙（通常為坋沙或黏粒），因水流浮力的承載而浮在水體中移動的部分。此類淤沙的沈澱速度通常非常緩慢。流水所搬運的懸移質以淤沙濃度（sediment concentration），即每公升若干毫克表示。

懸崖 cliff
通常為由水平堅硬岩層（如砂岩、石灰岩或熔岩流）所構成的幾近垂直的坡面。

玄武岩 basalt
一種基性火山岩，成分與輝長岩相仿，主要由輝石、橄欖石、斜長石所組成，是構成海洋地殼的主要岩石，但也出現在陸地上。由於玄武質熔岩噴出地表後快速冷凝，所形成的礦物晶體很小，因此岩石的質地很細緻，顏色深，也常有氣孔，孔內可能填充著沸石、瑪瑙等次生礦物。

T

選擇吸收 selective absorption

大氣中各種氣體成分、水滴及氣溶膠微粒等，吸收不同波段之太陽輻射的現象。例如臭氧吸收0.2～0.36微米的紫外線，因此具有保護地表生物免受紫外線傷害的功能。

蕈狀岩 pedestal rock

▲野柳女王頭為一蕈狀岩。

岩體因為差別風化或差異侵蝕，底部風化侵蝕速度較頂部快，所產生的上大下小、形狀如菇類的地形。同蕈岩。

蕈岩 mushroom rock

空氣帶動土沙移動時，空氣中土沙的濃度在靠近地面處最大，因此在對迎風的岩石進行磨蝕作用時，也以岩石的基部最為嚴重，經過長期侵蝕的結果，基部侵蝕後退較上層顯著，形成上粗下細的蕈狀岩體。同蕈狀岩。

▼植物演替會依其所在地不同而有差異。大體而言，由乾燥岩石或土壤開始，會依續出現殼狀地衣、葉狀地衣或苔蘚、一年生草本植物、多年生草本植物、混合生草本植物、灌木、陽性樹種、中性樹種，最後則是陰性樹種。

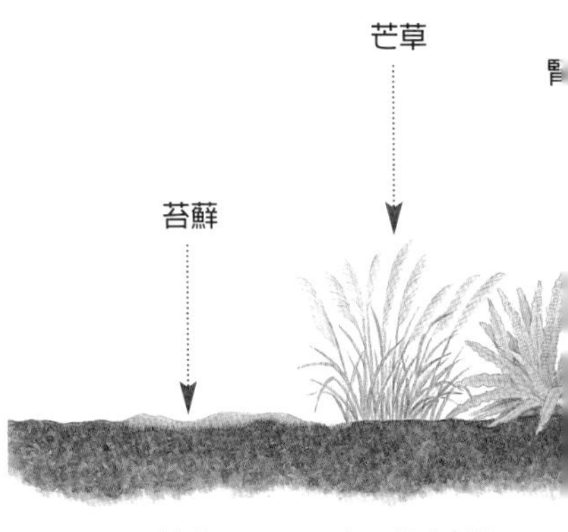

支流 tributary
河流系統中，注入主流的河流。

質地 texture
同岩理。

質量數 mass number
原子核中，質子和中子的總和。

質子 proton
原子中帶正電荷的次原子粒。

植物地理學 phytogeography
研究植物空間分布，及其隨著時間變化的過程和原因的科學。

植物生態學 plant ecology
研究植物及其生存環境之關係的科學。

植物演替
vegetation succession
一個生態系統中的植物群落所發生的一系列替換現象。

志留紀 Silurian
地質時間表中，古生代的第三個紀，距今約四億三千四百萬到四億一千五百萬年前。

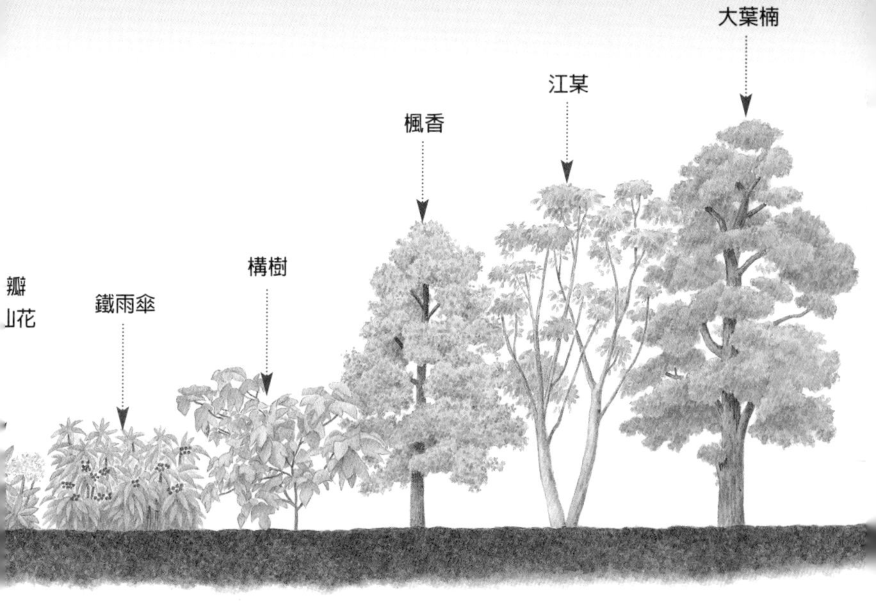

置換作用 replacement
溶液溶解部分物質，同時以等量的其他物質沈積於其中的作用。

指準礦物 index mineral
能作為指示變質度或變質環境的礦物。可根據此礦物將區域變質分成不同的變質帶。

豬背山 hogbacks
層面傾角大的堅硬岩層受風化侵蝕後所成的山脊，兩側都具有陡急的坡度。亦稱豚背山。

侏羅紀 Jurassic
地質時間表中，中生代的第二個紀，距今約兩億零五百萬年到一億四千一百萬年前。

主流 main stream
指河流系統中最主要的河道。

柱狀節理 columnar joint
熔岩噴出地面時，因突然冷卻凝結而收縮，所造成的長柱狀多角形裂面。

▲澎湖玄武岩的柱狀節理。

濁流 turbidity current
含懸浮荷重極高的水和沈積物的混合體，因為比四周水體的密度大，可快速沿著海底或湖底流動到很遠很深的地方。通常由地震引發海岸崩塌，或由洪水大幅提高河流攜帶入海的淤沙量而造成。此種密度大的水流會侵蝕大陸棚、大陸坡和大陸緣積，形成海底峽谷，所攜帶的淤沙則在谷口的深海平原上堆積成大型沖積扇。

濁流岩 turbidite
濁流所造成的沈積岩，具有明顯的粒級層。

錐丘 cockpit
在熱帶地區，因相鄰豎坑或陷穴擴大，其間殘餘的石灰岩體形成高度在十餘公尺到數百公尺不等的錐狀小丘，山坡壁立險峻，經常數峰並列，此種坑峰相間的地形景觀稱為錐丘或石林。參見石灰岩。

磚紅壤 latosol
潮溼熱帶地區經常出現的紅色、紅棕色或黃色土壤。通常具有由石英顆粒所組成的淺薄表土，由於落葉很快被細菌所分解，因此幾乎不含腐植質。底土通常深厚，由黏土、沙粒和氧化鐵、鋁所組成。此種土壤的沃度甚低。

轉形斷層 transform fault
中洋脊被許多平行於其分裂方向的斷層所切，而海床從中洋脊裂谷開始向兩側擴張，這些斷層在被切斷的中洋脊之間的部分，其兩側的相對運動，在往兩側過了中洋脊後就不再維持原來的相對運動方向，此種特殊的橫移斷層稱為轉形斷層。因此轉形斷層乃指可讓板塊間的相對運動方向發生轉變者。該斷層兩側的相對運動速度則取決於兩個板塊之間的相對速度。

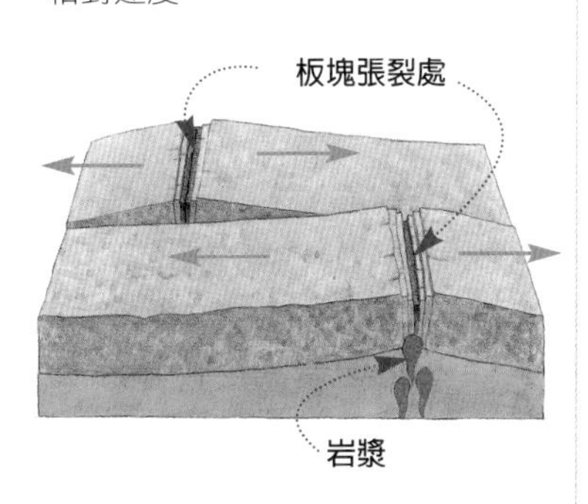

準平原 peneplain
在地殼維持穩定、不上下變動的情況下，經過長期的崩壞作用和河流侵蝕與堆積作用，形成僅剩下少數低緩殘丘的廣大低平地表面，其形成時的高度通常接近當時的侵蝕基準面。但是目前被認定為準平原者，大部分都已經很古老，因而可能經歷過地殼舉升或傾斜作用，甚至被河川所侵蝕切割，並不全然符合上述條件，例如亞馬遜盆地。

準平原作用 peneplanation
在地殼維持穩定、不上下變動的情況下，將地表起伏逐漸削平的所有地形作用的總稱。參見地形循環。

ㄓ

壯年期地形 mature stage
經過幼年期河流不斷的下蝕和向源侵蝕，地形的起伏達到最大，而河流縱剖面逐漸接近均夷剖面，側蝕作用加強，河谷逐漸開展，曲流開始發育，並逐漸發展出狹窄的河谷平原。參見地形循環。

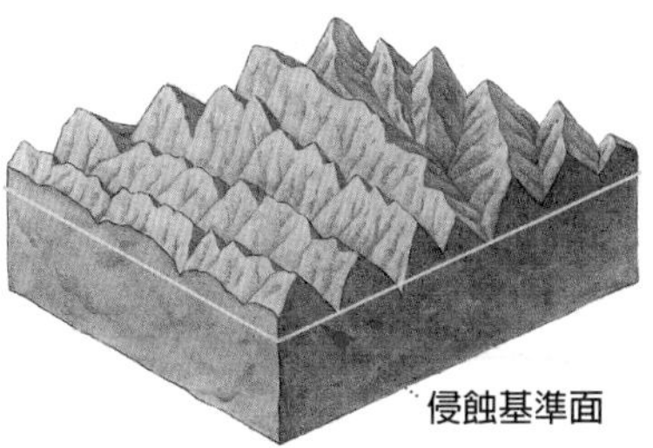

終端速度 terminal velocity
物體在流體中下降時，當重力對其所產生的加速度與流體對該物體的阻力達到平衡時，該物體下

降的固定速度稱為終端速度。終端速度會受粒子的大小、重量、形狀與流體特性的影響。

終磧 end moraine
冰河在其所曾到達最遠處造成的冰磧丘等堆積地形。同端磧。

中礫 cobble
直徑在64到256公釐之間的圓形或次圓形的石塊。經常出現在海邊的礫灘、海階或河階。

中磧 medial moraine
當相鄰冰河交會時，原屬於個別冰河的側磧會匯聚，在匯流後的冰河中心移動和堆積，稱為中磧。參見冰河作用。

中氣層 mesosphere
自大氣平流層頂往上至80到90公里高處。其底部溫度不隨高度變化，56公里以上溫度隨著高度而下降，到中氣層頂降至攝氏零下90度左右，垂直溫度梯度很大。參見大氣層。

中氣層頂 mesopause
大氣中氣層的頂部。

中新世 Miocene
地質時間表中，第三紀的第四個世，距今約二千三百七十萬年到五百二十萬年前。

中生代 Mesozoic Era
地質時間表中，前寒武紀之後三個代中的第二個代；約在距今二億四千五百萬年到六千六百四十萬年前。

中子 neutron
原子核中不含電價的次原子粒。

中酸凝灰岩 ignimbrite
由炙熱的火山灰和火山碎屑混合冷凝而成的火成岩。

中洋脊 mid ocean ridge
位於板塊分裂邊緣，由不斷自地函湧出的岩漿所構成的海底大火山脈。其為地表上規模最大的地質構造，在全球海床上分岔蜿蜒六萬五千公里。一般而言，中洋脊比周圍海床高出數千公尺，有些地方甚至露出海面形成島嶼，例如冰島。參見板塊。

中緯度 midlatitude
介於南北半球緯度35到55度之間的區域。

中緯度氣旋
midlatitude wave cyclone
高空的羅式比波牽動地面空氣，形成類似的波動，使得在地面低壓槽附近，低緯度暖空氣伸向高緯區形成暖鋒，而高緯度冷空氣伸向低緯區形成冷鋒，形成由鋒面所構成的低氣壓天氣擾動，稱為中緯度氣旋。此種天氣系統的發展是由冷、暖鋒相接成波狀開口的階段開始，經囚錮階段，將暖空氣完全舉離地面後，斷絕可進行凝結作用的水氣來源，導致無法持續提供運動的熱量，而逐漸消散。

鐘乳石 stalactite
同石鐘乳。

種 species
可以互相交配、繁衍產生有生殖力後代的生物體。

種雲 cloud seeding
由飛機在雲中散放乾冰、碘化銀或其他物質作為凝結核以利降水的形成，這種作法稱為種雲。

重力風 drainage wind
受重力影響，由高地流向低地的風；通常是冷冽的風。

中洋脊與海底地形

海底並非一片平坦，如圖所示，在各大洋中都有板塊交界處。

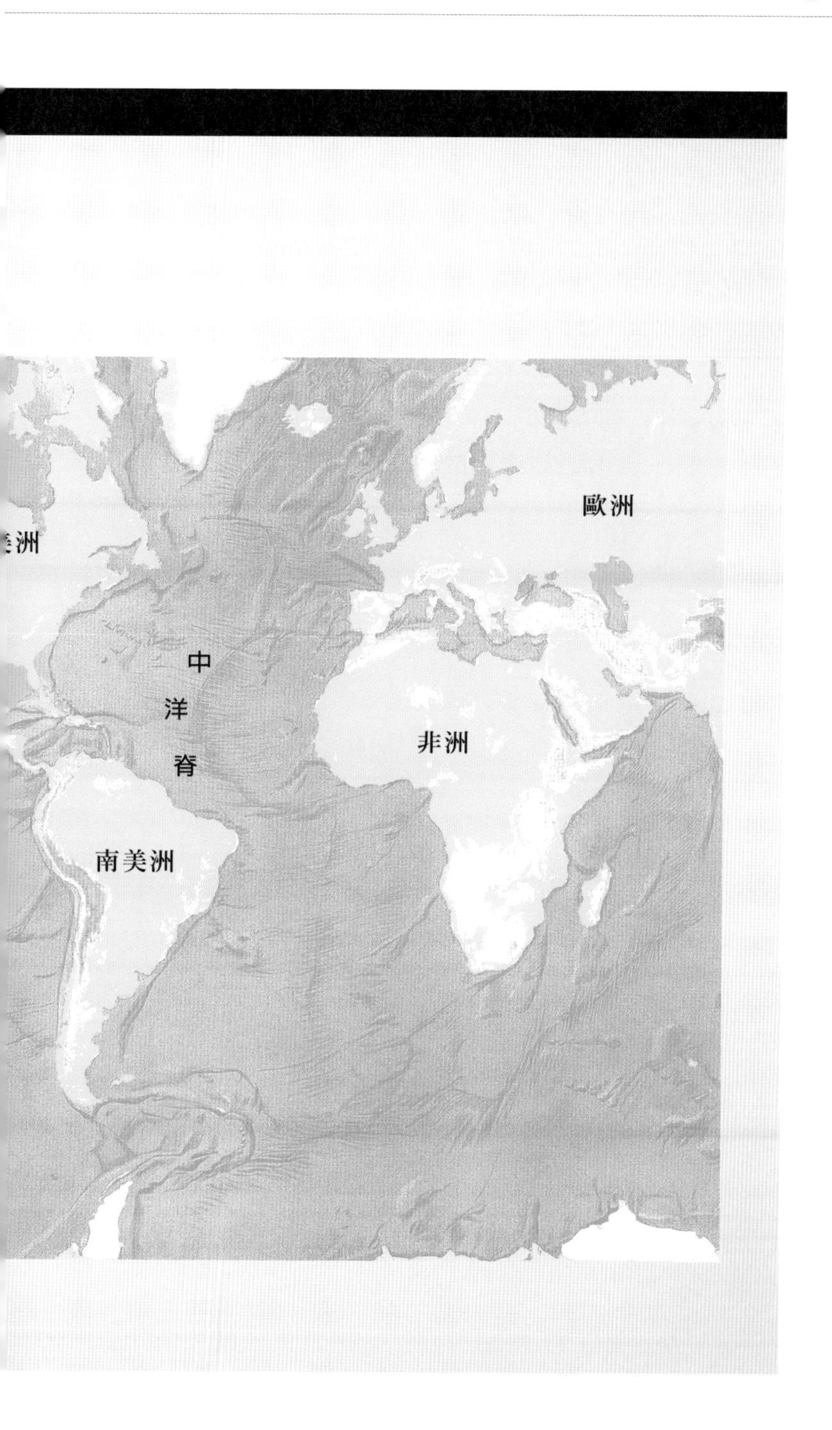
歐洲
中
洋
脊
非洲
南美洲

重力滑移 gravity gliding
逆斷層的部分上盤，因為重力的作用，由造山帶中心滑至遠處的現象。

重力水 gravitational water
因為重力作用在土壤孔隙間往下滲漏的水。

重力異常 gravity anomaly
地球內部發生與正常重力情況不同的吸引力。

重流 density current
因溫度、含鹽量或懸浮物的不同，造成不同密度的水流。當高密度的水在海底或湖底沈入低密度水之下而流動，稱為重流。

褶皺 fold
受到板塊運動的影響，水平的岩層發生變形移位而產生的各種彎曲形狀。
當褶皺的軸面呈現垂直時，兩側岩層彼此對稱，若軸面與水平面的夾角在45度以內，稱為倒轉褶皺。若軸面傾斜角度更低，則稱為偃臥褶皺。

褶皺的傾沒 plunge of fold
褶皺的軸部不呈水平，而有傾斜的現象。

褶曲 fold
同褶皺。

褶曲山脈 fold mountain
由板塊運動將岩層擠壓彎曲而成的山脈。參見大陸縫合線。

折射 refraction
波通過物理性質不相同的物質之間的介面時，因為波速的改變，使波的前進方向發生彎折的現象。例如海浪以斜角趨近海濱時，因海底地形變淺，波峰線發生彎曲的現象。或如地震波通過地殼、地函和地核介面時的轉向。

沼澤 marsh
經常被淹沒的淡水或鹹水溼地，其中長滿蘆葦等軟莖植物。

洲島 barrier island
同屏障島。

洲潟海岸 barrier-island coast
海岸地勢平緩，海濱寬廣，且由近期的離水作用或旺盛的堆積作用形成許多沙洲、潟湖和潮埔等的海岸地形。

軸 axial
同一地層在褶皺中彎曲度最大的點相連而成的線。

軸面 axial plane
由一個褶皺中所有地層的軸脊相連而成的面。

各種褶皺

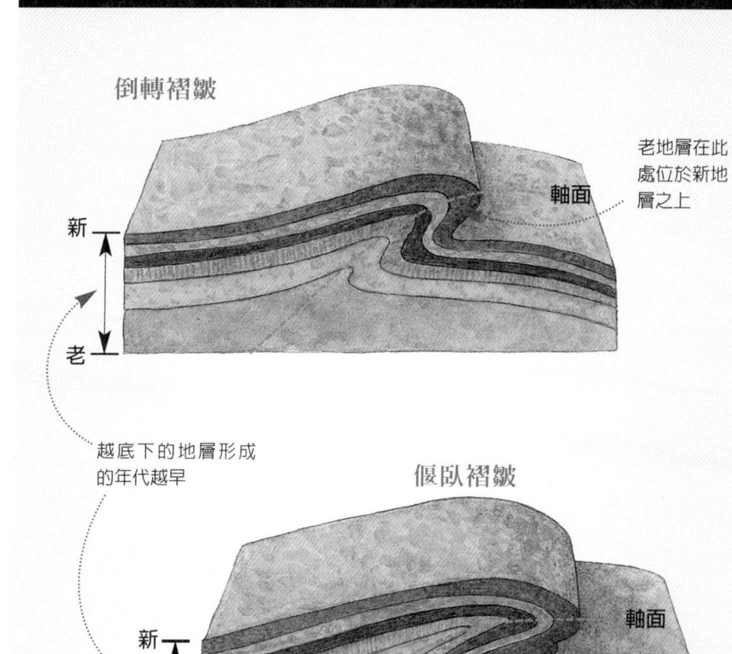
倒轉褶皺
老地層在此
處位於新地
層之上
軸面
新
老
越底下的地層形成
的年代越早

偃臥褶皺
軸面
新
老
夾角小於45度

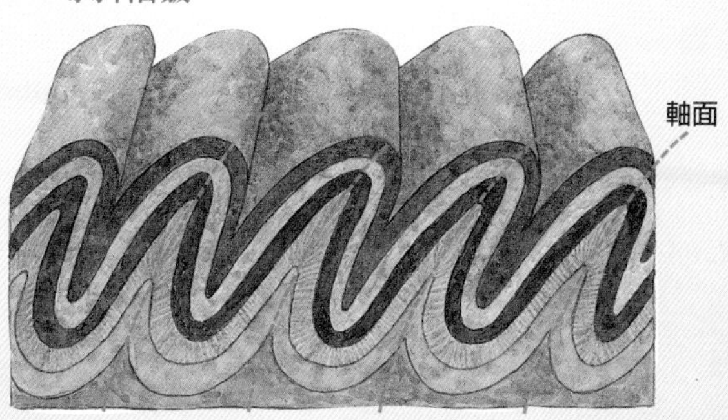
等斜褶皺
軸面

診斷層 diagnostic horizons
明確訂定其型態和特性，以作為土壤分類依據的土壤層。

枕狀熔岩 pillow lava
玄武岩質的岩漿在海底噴發，形成熔岩流，表層快速冷卻，收縮呈枕狀。然而內部炙熱的岩漿仍不斷將表層撕裂，再流出而上下相疊，如堆置的沙包。

▲深海噴發形成的枕狀熔岩。

震波圖 seismogram
地震儀上記錄的地震資料。

震央 earthquake epicenter
地震震源垂直投影到地面上的地點。

震源
earthquake focus，hypocenter
地球內部地震的發源點，也就是地殼斷裂、釋放地震波能量的地方。

振盪 oscillation
指高低氣壓系統的強度與分布位置的週期性變動。通常天氣也隨之發生週期性的變遷。

張力 tension
要把物體拉開成兩半的應力。

張裂邊緣 divergent boundary
相鄰兩相分離板塊的交界，主要受張力作用，並有新的地殼在此生成。參見板塊邊緣。

張裂板塊邊緣
spreading plate boundary
兩個相鄰海洋板塊逐漸分開的邊界，其間則不斷生成新的海洋地殼。參見板塊運動。

漲潮流 flood current
漲潮時，海水進入海灣或河口的水流。

漲水翼 rising limb
水文歷線通常呈現不對稱的波形，歷線圖中斜率為正的曲線區段稱為漲水翼。代表該時段中，匯流進入河道的總水量隨時間不斷增加。參見水文歷線。

蒸發熱
latent heat of evaporation

水蒸發成水蒸氣所吸收的潛熱。

蒸發作用 evaporation
在一個有水的物體表面（蒸發面）上，如果其上層空氣的水氣壓小於該蒸發面之飽和水汽壓，這時蒸發面的水氣分子就會離開蒸發面，這種現象稱為蒸發作用。因此，蒸發的速度即與空氣中的溼度及蒸發面的溫度有關。

蒸發散量 evapotranspiration
地表經由水體和土壤直接蒸發，以及植物的蒸散作用所損失的水量。蒸發散量很難直接測量，通常以水平衡方程式加以估計。

蒸發岩 evaporite
淺海岸邊或乾燥地區鹹水湖中，來自集水區岩石風化所生成的鹽分，因為海水或湖水的蒸發而結晶成岩鹽、石膏等礦物，並進一步膠結而成的岩石。

蒸氣噴發 phreatic eruption
當地下岩漿和地下水相混合時，火山因而噴出夾有火山碎屑和泥流的水蒸氣。

蒸散作用 transpiration
指植物的氣孔將水分以水蒸氣的型態擴散至空氣中的方式。

正斷層 normal fault
斷層面的上盤相對於下盤向下移動的斷層。通常是由張力所造成。參見斷層。

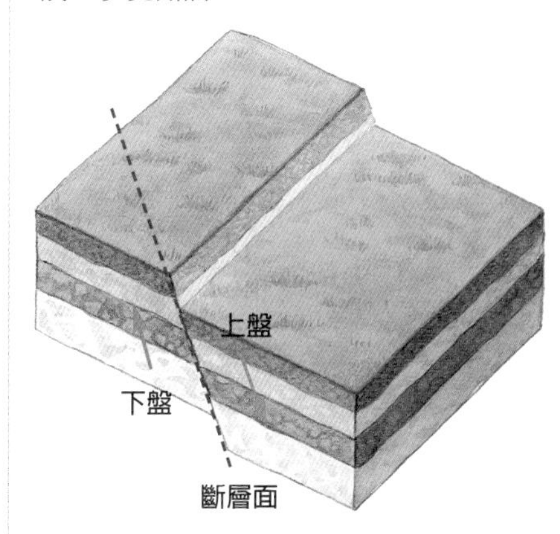

正回饋 positive feedback
在一個系統中，某作用的進行會促進另一作用時，兩作用間即存在正回饋的機制。參見回饋。

正形投影
conformal projection
沒有扭曲地球表面小範圍地區的形狀或外形的地圖投影。

正長石 orthoclase
以鉀為主要陽離子的長石類礦物。

整合貫入深成岩體
concordant pluton
火成岩體和圍岩層理面呈平行接觸者。

赤道 equator
垂直平分地球旋轉軸的平面與地表相交的圓；為地表最長的緯線，緯度訂為0度，長度約40,075公里。

赤道東風
equatorial easterlies
在赤道上空由東向西流動的大氣環流。

赤道帶 equatorial zone
位於南北緯10度之間的緯度帶。參見行星風。

赤道槽 equatorial trough
在南北半球兩個貿易風帶之間，大約在赤道上方的大氣低壓槽。

赤道洋流 equatorial current
在貿易風帶由東向西流動的洋流。

赤道無風帶 doldrums
赤道受到強烈的太陽輻射，氣温高而對流旺盛，成為一低壓帶，但水平方向卻沒有明顯的壓力梯度，使得地面的風力微弱不定。

赤道雨林 equatorial rainforest
赤道附近由高大、密布的常綠闊葉林或半落葉林所組成的森林。

初波 primary wave
又稱P波，是地震體內波的一種。當地震波經過物體時，其組成分子間沿著地震波傳遞的方向，產生疏密相間的運動。參見地震波。

初級消費者
primary consumer
食物鏈中由初級生產者或分解者取得生存能量的最低層生物體。

初級生產者 primary producer
利用陽光以光合作用將二氧化碳和水轉換成碳氫化合物的生物體。

初級生物演替
primary succession
在一個新形成的土地上進行的生態演替過程。

初始地形 initial landform
由火山噴發或板塊運動等內營力直接造成的地形。例如火山和斷層崖。

初生水 juvenile water
同岩漿水。

儲水能力 storage capacity
土壤層可以利用毛細管力對抗重力吸引而保存的最大水量。

儲油岩 reservoir rock
由具有高孔隙率及滲透率的岩石所組成，其上通常覆蓋著不透水層，可以阻擋油氣的逸散，因此成為聚積石油或天然氣之處。

吹蝕 deflation
指風將鬆動的沙石捲起吹走的作用。主要吹送沙粒大小的物質。

吹蝕保護層 deflation armor
同漠冑。

穿透流 throughfall
降水穿過枝葉之間的孔隙，掉落到地面的部分。

串珠湖 pater noster lake
冰河河谷中的窪地積水所形成的小湖，彼此相連，狀如一串念珠。

春分 vernal equinox
發生在3月20日或21日，太陽正射赤道的日子。該日全球各地白晝與夜晚均為十二小時。參見黃道。

床載 bed load
被河水以滑動、滾動或跳動的方式在河床底部搬運的沈積物質。

衝浪帶 surf zone

海浪在碎浪線以內以高速度向海岸衝流的地帶。碎浪的運動呈亂流狀的漩渦，好像一般河流中的水流一樣。衝浪帶的寬度由海灘的坡度和潮汐期來決定，坡度平緩而由細沙組成的海灘通常有比較寬廣的衝浪帶；坡度陡急而由粗礫構成的海灘則少有衝浪帶。此外，高潮時多半缺少衝浪帶，而低潮時波浪多在平坦的海灘上活動，常有比較發達的衝浪帶。

沖積土 alluvial soil
由沖積層所形成的土壤。

沖積河流 alluvial river
在厚層的堆積層上平緩地流動，每年溢流氾濫緊鄰洪氾平原的河流。

沖積階地 alluvial terrace
由河流下切沖積層所形成的階狀地形。

▲桃園角板山的沖積階地。

▲沖積扇。

沖積曲流 alluvial meander
在氾濫平原上蜿蜒的均夷河流。

沖積扇 alluvial fan
山區河流攜帶大量沙石，流出陡峻狹窄的溪谷，進入寬廣平緩的谷地時，因為河道的坡度降低，使得河流的流速下降，河水攜帶沙石的能量也跟著降低，造成河水負荷過大而將大量沙石沿途快速堆積，由於谷口狹窄，谷外寬闊，河流出了谷口四處流竄、堆積沙石，因此堆積物由谷口向平地堆成扇狀的堆積地形。

沖積層 alluvium
陸地上由河流攜帶礫、沙、泥等沈積物，所堆積而成的未膠結沈積層。

沖蝕 hydraulic erosion
流水利用本身的動能直接對河岸或河床的沖刷作用。

充水 recharge
用人工井將水注入地面下，或是自地面向下滲漏的天水，以補充地下水。亦稱補注水。

差別風化
differential weathering
岩石因組成礦物性質的差異，發生不等速度的風化作用。

差異侵蝕 differential erosion
河水或海浪侵蝕抗蝕性不同的岩體時，集中對軟岩和裂隙或節理的侵蝕，使其發生相較後退或蝕夷速度較快的現象。

超基性岩石 ultramafic rock
主要由鐵鎂質礦物所構成的火成岩，二氧化矽的含量在45％以下。

超滲地表逕流
infiltration-excess overland flow

當降雨強度超過土壤的入滲容量時，來不及入滲的雨水在地面所形成的逕流。

超微化石 nannofossil
海洋中直徑小於60微米的微小生物遺骸。

潮埔 tidal flat
同潮汐灘地。

潮流 tidal current
因為漲退潮，海水進出海灣或河口所形成的水流。

潮流口 tidal inlet
潟湖與外海所隔的沙洲中，或沙嘴與陸地之間，供潮水進出的缺口。

潮汐 tide
潮汐來自月球、太陽和地球間的

潮汐

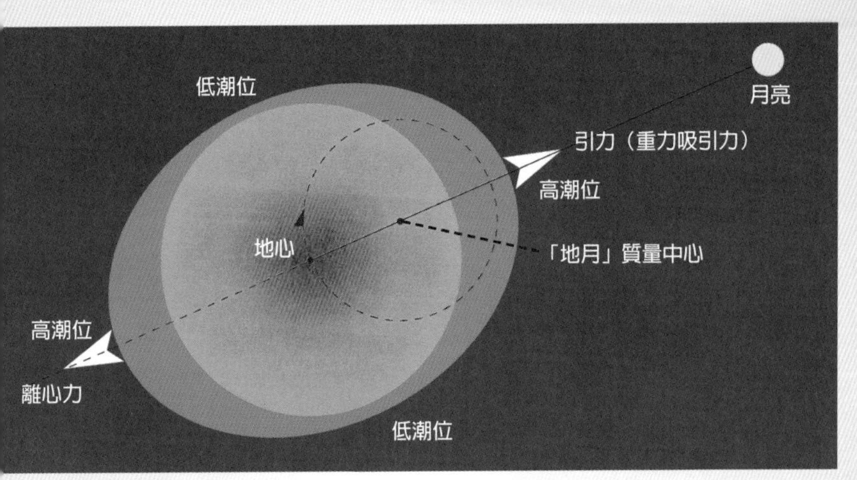

新月（農曆初一日）

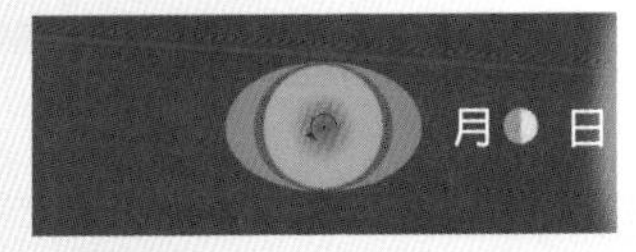

滿月（農曆十五日）

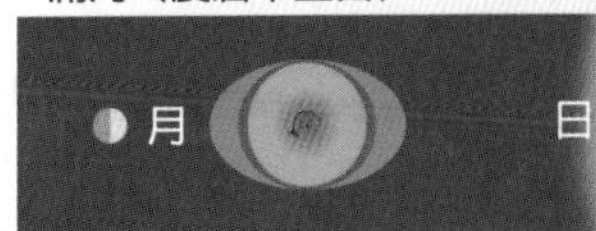

上弦月

下弦月

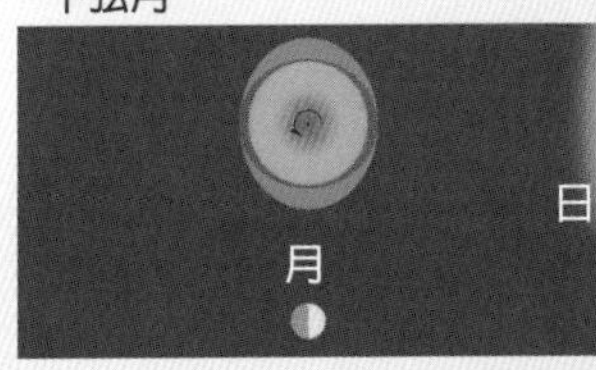

重力交互作用。每日的潮汐變化主要是由月球引發，每天海平面會升高兩次。但是因為海岸地形的變化，各地並不一定有兩次高低潮。除了每日基本的循環變化外，受到太陽與月球引力的交互影響，每二十八天還有另一種潮差的循環，參見大潮、小潮。

潮汐灘地 tidal flat
海邊漲潮時被潮水覆蓋，落潮時出露在空氣中的寬廣平地，上面有泥沙沈積。

潮差 tidal range
指高潮與低潮的水位差。

臭氧 ozone
臭氧（O_3）為氧的同素異形體，乃由氧分子吸收紫外線，進行光化作用所生成，臭氧在平流層是有益的，但是在地面上卻是有害的。參見臭氧層。
地表附近的臭氧主要是由某些化學物質進行光化作用所生成，經常於夏季太陽輻射強時，在都市造成危害人類健康的臭氧污染。

臭氧層 ozone layer
在距離地面20到25公里的平流層中，含有較高濃度臭氧分子的一層大氣層。臭氧層吸收太陽輻射中的紫外線，降低其底下大氣和地表受到紫外線潛在破壞的危險。

臭氧層破洞 ozone holes
由於人類釋放氟氯碳化物等至平流層，破壞臭氧光化作用的平衡，降低臭氧濃度。此種破壞集中在南極、北極等高緯度地區，形同在臭氧層中產生可以讓紫外線進入的破洞。

塵暴窪地 dust bowl
半乾燥地區，表土被風吹蝕搬走所產生的窪地。特指1930年代，美國西南部大範圍土地因為過度墾殖、破壞植生所造成的嚴重土壤侵蝕和塵暴現象。

沈積地質學 sedimentology
專門研究沈積岩的地質科學，包括沈積岩石學和沈積學在內。主要在研究沈積岩的岩石性質、組成物、沈積作用、沈積構造、沈積環境和沈積相等。

沈積構造
sedimentary structure
在沈積岩沈積時所形成的一切物理、化學或有機生物造成的明顯構造，如層理、波痕、結核等。

沈積相 sedimentary facies
具有特定性質和代表某種地質環境的沈積岩的集合體。

沈積作用 sedimentation
使沈積物不再往前移動而發生沈積或沈澱的一切地質作用。

沈積岩 sedimentary rock

沈積物被流水、風、冰河攜帶到搬運能量較低的地方依序逐層累積，或因重力所引發的塊體運動而堆積在低處，其底層堆積層被深埋後，經過壓密、排水、膠結所形成的岩石。

沈積岩大致上分為碎屑狀、化學和生物化學性沈積岩三類。

碎屑狀沈積岩通常根據組成顆粒的大小作分類；此類沈積岩因受到搬運過程營力的影響而呈現出不同的質地，通常堆積在能量大的地區的沈積岩具有較粗的質地。

化學和生物化學性沈積岩則依化學特性分類，大多屬於海洋和生物化學堆積，尤其以石灰岩和矽質燧石最為普遍。生物化學堆積如有機碳堆積形成泥炭和煤，純化學堆積則如蒸發岩（如石膏）和由石灰岩形成的白雲岩。

▲沈積岩變形構造。

沈積物 sediment

由河流、冰河、海浪和風所搬運和堆積的岩石顆粒。

▲大量的河道沈積物孕育了花東縱谷沖積平原。

沈降錐 cone of depression

因抽取地下水，使圍繞井孔四周的地下水面呈現錐狀的凹陷現象。

沈水海岸 submergence coast

又稱為淹沒海岸，由全球性或區域性海平面相對上升所造成。所形成的海岸地形與被淹沒的地形密切相關，如果原為低地，則將形成寬廣平淺的河口灣，如果原為山地，則可形成谷灣海岸、峽灣海岸等。參見離水海岸。

長波輻射 longwave radiation

地球輻射電磁波的主要波長範圍在3至120微米之間；相較下，比太陽輻射電磁波的波長長，因此稱為長波輻射。

長盆地 polje
指在前南斯拉夫喀斯特區出現，底部平坦、四壁陡峭的大型狹長封閉窪地。最大的長盆地寬10公里，長度達65公里。由於規模太大，不太可能是由地下洞穴塌陷形成，研究顯示可能是順著一個向斜構造中的表層石灰岩進行溶蝕所形成。

長浪 swell
同湧浪。

長阱溝 uvala
同窪盆。

長石 feldspar
一群含鋁矽酸鹽的造岩礦物的總稱，為構成地殼最普通且最多的礦物，以鈉、鈣、鉀為主要的陽離子。

長石砂岩 arkose
含長石量頗高的砂岩，通常長石含量在25%以上。

長英質的 felsic
含石英和長石較多，鐵鎂質礦物含量極少的淡色火成岩類。

▲台東東河為一常流河。

常流河 perennial streams
水源充足，即使在乾旱的季節中仍有河水在河道中流動的河流。參見間歇河、臨時河。

成土作用 pedogenic process
指岩石受到氣候、地形和生物的影響，逐漸化育成土壤的過程。

成岩作用 diagenesis
沉積物變成沉積岩過程中所發生的一切生物、物理或化學變化，但不包括侵蝕和變質作用。

溼地 wetland
指週期性或長期被水淹沒的土地。主要分為位於海岸的鹹水溼地，和位於湖泊或河流邊緣的淡水溼地兩種。前者在海水蒸發後會形成鹽結晶，沉積在土壤表層。

溼度 humidity
通指空氣中所含的水蒸氣量。

溼度計 hygrometer
測量空氣中水蒸氣量的儀器。

溼徑 wet perimeter
河道斷面上，河水與河床和河岸接觸的長度。

溼絕熱冷卻率
wet adiabatic lapse rate
空氣團舉升的過程當中，並不與外界進行能量的交換，由於外界氣壓隨著高度變低，使氣團為了保持內外氣壓的平衡而膨脹，結果減少內部空氣分子的碰撞機率，造成氣溫的下降。當空氣的相對溼度達到100％時，空氣團一旦舉升降溫，會使多餘的水蒸氣凝結，而水蒸氣凝結所釋放的潛熱則回饋到空氣團，使其溫度下降速率比乾空氣舉升時慢。此種溼空氣舉升所造成的氣團內部氣溫隨著高度增加而下降的速率，稱為溼絕熱冷卻率。其變化速率視水蒸氣的含量而變動。參見乾絕熱冷卻率。

石冰河 rock glacier
在寒冷地帶由山崖沿著河谷向下延伸，由粗礫岩屑夾著冰和水所組成的舌狀石脊，狀如石礫構成的冰河。

石粉 rock flour
乃冰河的一種沈積物，係由冰河磨碎刮蝕底部的石塊所造成的細石粉。

石炭紀 Carboniferous
地質時間表中，古生代的第五個紀，距今約三億五千四百萬年到二億九千八百萬年前。

石籐 helictite
碳酸物質隨泉水在洞穴中沿著洞壁向四周凝固發育，無一定方向、形同籐蔓者。通常當泉水量少，不足以聚積下滴，僅可將洞壁濡溼，使碳酸鈣依其結晶軸線發育而成。

石林 cockpit
同錐丘。

石灰華 travertine
石灰岩洞穴或溫泉四周的石灰質沈積物。

▲中國雲南的白水台。

石灰華階地 travertine terrace
若地面崎嶇不平，眾多緣石呈現階梯狀分布的景觀，稱為石灰華階地。日本人稱之為「千枚皿」。

石灰阱 doline
指石灰岩面的裂隙因為溶蝕作用而日益擴大，所形成的上寬下窄形似漏斗狀的窪地，通常具有平滑的外緣；同溶蝕陷穴（solution sinks）。另一種在石灰岩地形區的封閉窪地乃由地下洞穴的頂部崩塌所造成，外緣較崎嶇不平，稱為坍塌陷穴（collapse sinks）。參見石灰岩。

石灰岩 limestone
石灰岩為碳酸鹽礦物的堆積層，主要是方解石（超過50%）經過再結晶而形成的堅脆的岩石。其

石灰岩地形的發育

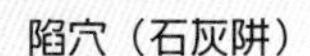

或深或淺，穴底若有淤泥常形成水塘。

石灰岩地表往往只有低矮植被。

豎坑

成直筒狀、垂直地面的坑洞。

石灰岩洞中的水流。

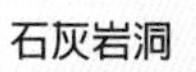

常可見石鐘乳、石筍等。

長阱溝

陷穴漸次擴大形成長阱溝。

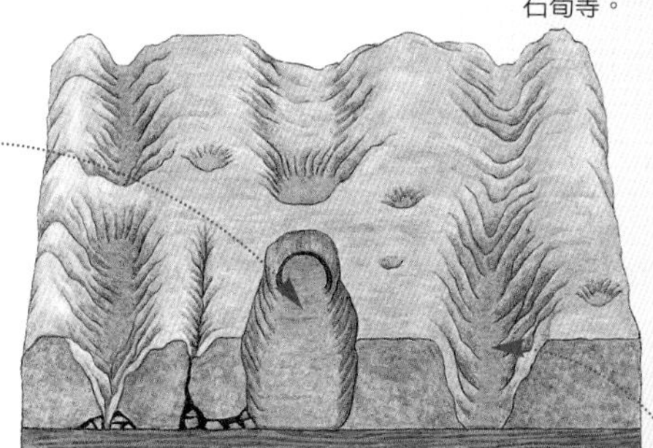

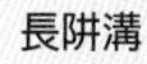

石灰岩久經風化，成為土壤。

錐丘

高度在十到數百公尺之間。中國桂林即有知名的錐丘地形。

塔丘（石灰殘丘）

錐丘久經風化日漸低矮，形成塔丘。

僅次於泥岩和砂岩，為地殼含量第三多的沈積岩。碳酸鹽的堆積經常與動植物（特別是微生物）有關，許多生物從四周環境吸取鈣來建造外殼和骨頭，當這些生物死後，如果碳酸鹽殘骸累積量夠大，則會在海床上形成碳酸鹽泥和石灰岩礁。

石灰殘丘 hums

指陡峻的錐丘經過長時間的風化侵蝕後，所形成的頂部圓滑而低矮的小丘。為石灰岩地形的老年期景觀。同塔丘。

石灰岩洞 limestone cave

指雨水經由石灰岩層的裂隙及陷穴滲入，在岩層中長期溶蝕所形成的地下洞穴。通常洞內有琳瑯滿目的各種由碳酸鈣沈積而成的地形。

▲溶洞石灰岩溶蝕瀑布。

石基 groundmass

斑狀火成岩中的細粒填充物的總稱。

石柱 pillar（column）

指石灰岩洞內，由洞頂往下發展的石鐘乳與由洞底往上累積的石筍相接，所形成的柱狀岩體。

石鐘乳 stalactite

含有碳酸的雨水滲入石灰岩層中，溶解石灰岩中的碳酸鈣，形成含碳酸氫鈣的溶液，再自石灰岩洞穴頂部滲出，水分被蒸發，二氧化碳逸散後，因碳酸氫鈣和碳酸的平衡作用消失，重新產生碳酸鈣在洞頂逐漸向下沈澱累積，所形成如鐘似乳的凸出岩體。

▲石鐘乳。

石筍 stalagmite

含有碳酸的雨水滲入石灰岩層中，溶解石灰岩中的碳酸鈣，形成含碳酸氫鈣的溶液，再自石灰岩洞穴頂部滲出，水分被蒸發，二氧化碳逸散後，因碳酸氫鈣和碳酸的平衡作用消失，重新產生碳酸鈣在該處沈澱，並滴落到洞底，由洞底逐漸往上累積所形成的岩體。

石英 quartz

最主要的一種矽酸鹽造岩礦物。由矽氧四面體呈立體架構結合而成，可由其硬度、玻璃光澤和貝殼狀斷口辨認之。

石英岩 quartzite

主要是由砂岩中的石英顆粒經過再結晶變質作用而形成，色白但會因所含礦物而呈現不同濃淡的棕色或灰色。由於在高溫高壓的環境下變質，砂岩的顆粒可能會被壓扁或剪斷。當石英再結晶時，因為先後生成的礦物顆粒變得緊密相接，因此整體岩石變得非常堅硬耐蝕。

▲石英脈。

蝕溝 gully

由土壤加速侵蝕而形成凹槽，因其快速向上源發展所切鑿出的V形深溝。

蝕夷 degradation

指地表被風、水、冰河侵蝕，或因重力崩壞而變低平的過程。狹義而言，特指為朝向地形均夷狀態而進行的侵蝕作用。例如，當下游河川的沈積物供應量因建水壩而突然減少時，河水將具有較多的侵蝕能量，因此將加速其對河床的侵蝕作用，而降低河道的坡度，直到河流的侵蝕力剛好夠搬運河流中的沈積物質為止。

食物鏈 food chain

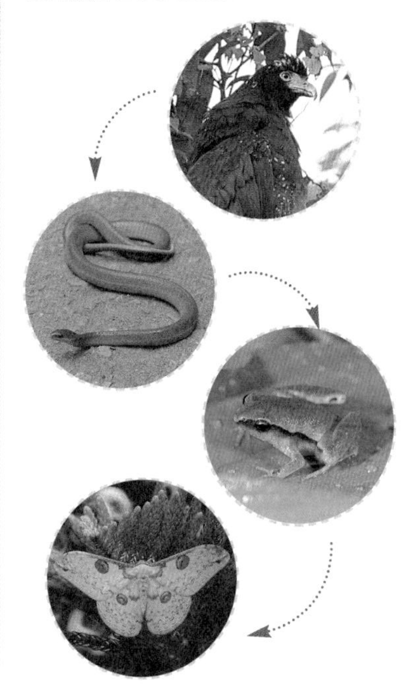

食物塔

將動植物依其在食物鏈中的相對取食關係，由低而高排列繪製成食物塔，塔中越上層的動植物數量越少。

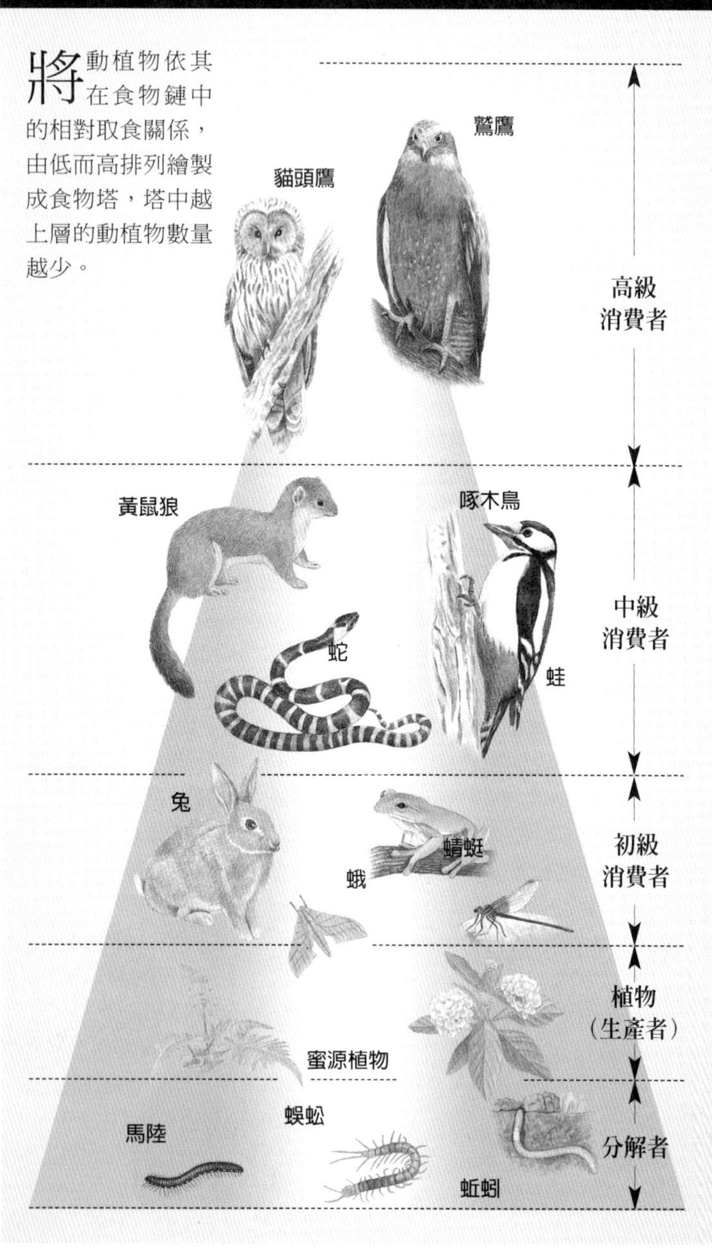

因為具有互相關連的吃食行為而組合成的有機體系列架構；其中任何一種有機體均為上一層有機體的食物。能量在各鍊結中傳遞時，會因部分消散到環境中而減損。

始新世 Eocene
地質時間表中，第三紀的第二個世，距今約五千五百五十萬年到三千三百七十萬年前。

世 Epoch
由紀分成的較小地質時間單位。

疏林高草原 savanna
同熱帶莽原。

豎坑 aven
石灰岩面的裂隙因為溶蝕作用而日益擴大，形成直筒狀垂直地面的坑洞，稱為豎坑。參見石灰岩。

樹枝狀水系
dendritic drainage network

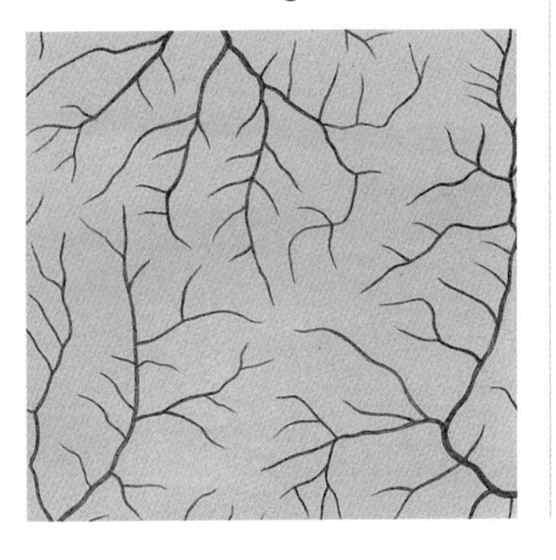

水系中主、支流呈現樹枝分岔的型態。通常出現在地形緩傾斜且具有均勻岩性的集水區。

樹叢 shrubs
低矮短小的木本植物；通常在靠近地面處開始分枝長葉。

水平衡 water balance
一地在一定時間內，水量收入與支出的平衡狀態。可以降水（P）、蒸發散（E）、逕流（R）以及土壤與岩層間水分的儲存量（S）間的彼此變動關係來檢視。各因子間的平衡關係可以下列式子表示：$P=E+R\pm S$。

水體生態系
aquatic ecosystem
湖、沼澤、池塘、河流、河口、海洋或其他水體的生態系統。

水土保持 soil conservation
為了在利用土地的同時，能夠將對土壤或山坡穩定的不良影響降至最低所做的保育措施。

水力半徑 hydraulic radius
河道斷面面積與溼徑的比值。代表河流中河水分子間摩擦所損失的能量，與河流因河水與河床和河岸摩擦所損失的能量的比值，乃估計河流運輸效率的指標。大的數值代表半圓形河道中的高流量河流，而小的數值則代表寬度大而流量低的河流。

計算公式為： $\frac{A}{W+2R}$

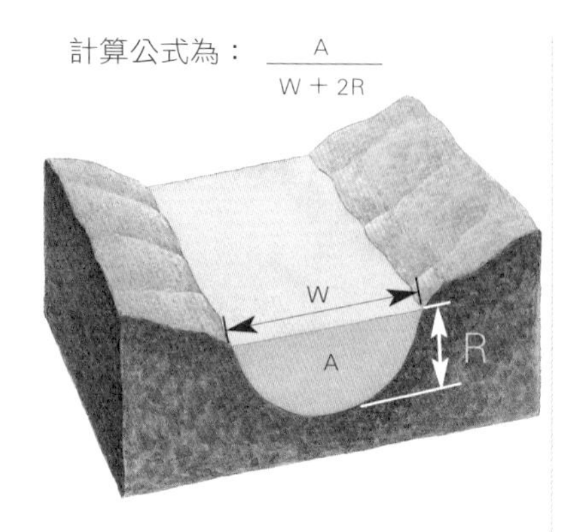

水力幾何 hydraulic geometry
針對河道寬度、深度和坡度變化與河水流量關係的研究。

水力作用 hydraulic action
由流水的衝擊力對河道的底部和河岸所造成的侵蝕作用。

水庫 reservoir
指儲存水資源以利人類使用的區域。通常是在山谷合適的地點興建水壩攔阻或引入河水而成。

水口 water gap
山脈中的一個低下隘口，河流即以此穿越山脈而通過。

水化作用 hydration
在化學風化作用中，水的分子加入礦物組織中，但不成為礦物構造的一部分，如石膏。

水解作用 hydrolysis
水分子和礦物或其他物質發生化學結合，而造成風化礦物的化學風化作用，如矽酸鹽類礦物風化為黏土礦物。

水圈 hydrosphere
指地球表面所有水分的集合。包括大氣層中的水蒸氣和水滴，地表湖泊、河川和海洋的水，極地和高山的冰雪，以及土壤中和地

▲翡翠水庫。

層裡的地下水。

水系型態 drainage patterns
河川水系的空間排列方式。其形成與集水區特性，包括地質結構、地形起伏、植生覆蓋狀態以及地形發育史有關。可以排水密度及河流級數等量化指標表達。

水循環 hydrological cycle
指水透過蒸發和降水等作用，在地球表面和大氣層間不斷循環流動的過程。

各種水系形態

輻射狀水系

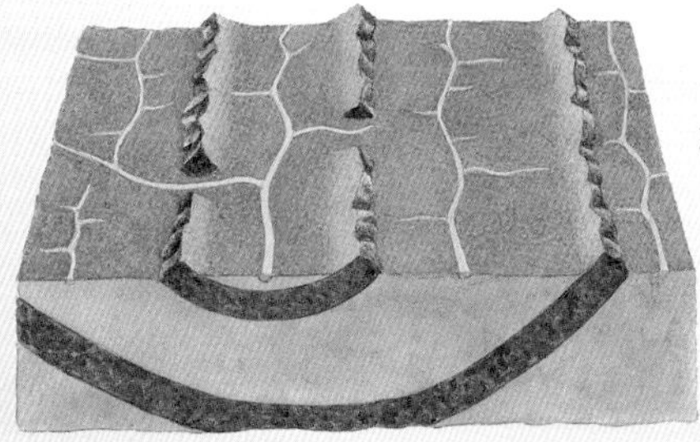

格子狀水系

水資源 water resources
具有提供人類潛在使用價值的水體。

水銀壓力計
mercury barometer
利用托里西利原理（Torricelli）所製作的壓力計；其中大氣壓力與水銀柱的壓力維持平衡。

水文歷線 hydrograph
指水位或流量與時間的關係曲線，記錄水位或流量隨時間的變化狀態，通常以流量為縱軸座標，時間為橫軸座標。

水文學 hydrology
以水文循環為中心，研究水的特性、起源、分布和流動過程的科學。

順向坡 dip slope
指岩層層面的傾向與山坡坡面一致的山坡。

順向河 consequent stream
沿著原來地形的坡度由上向下流動的河流。

順層河 subsequent stream
同後成河。

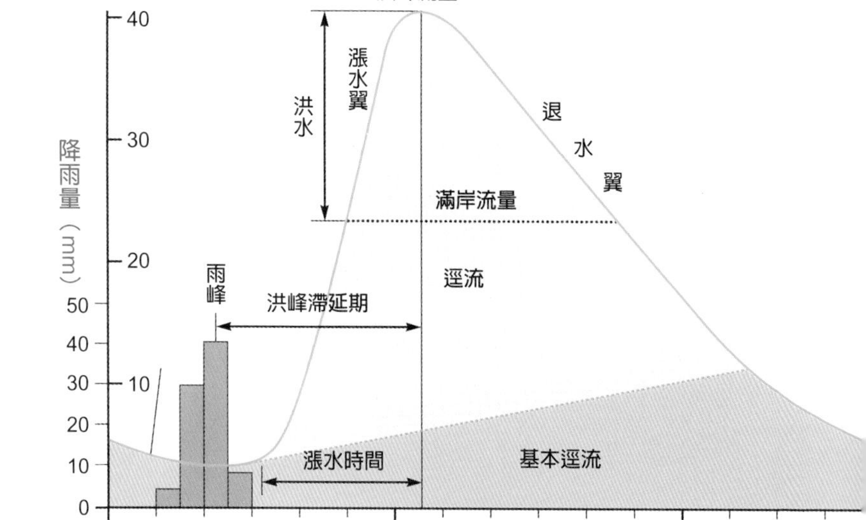

霜 frost

指地表空氣降低至冰點以下的露點時，水蒸氣附著在地表凝華而成的固態冰晶。

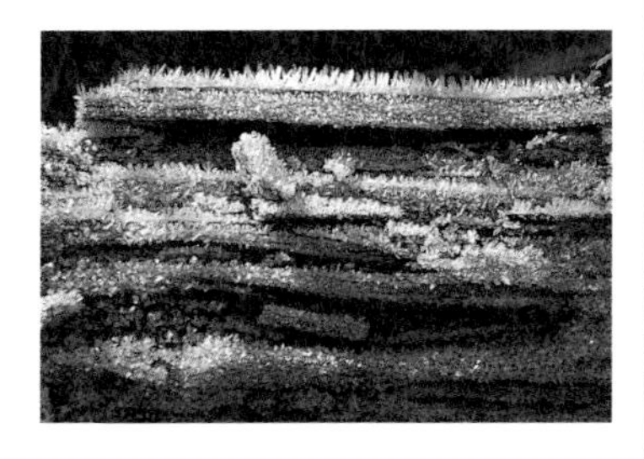

沙 sand

直徑在0.006到2公釐之間的小礦物顆粒，通常由石英粒所組成。可以細分為細沙（0.006到0.2公釐）、中沙（0.2到0.6公釐）、粗沙（0.6到1公釐）及極粗沙（1到2公釐）。

▲東沙島的沙灘及濱海植被。

沙漠 desert

指年降雨量低於250公釐，因而缺乏植物覆蓋的乾燥地區。常見的沙漠有礫漠及沙質沙漠。

沙漠盆地 bolson

沙漠地區由內流河匯聚而成間歇湖及沖積層的盆地。

沙漠化 desertification

將沙漠邊緣半乾燥區的草原或灌木轉變為沙漠的過程。

當土地沙漠化後，將無法再支持原來生活在該處的人口。偶爾發生的降雨對裸露的地表造成嚴重的土壤沖蝕，造成河道淤積，失去原有的排水功能，提高氾濫發生的機率。沙漠化已經成為許多熱帶國家最嚴重的環境問題。

▲撒哈拉沙漠。

沙海 erg
沙漠中由寬廣沙丘覆蓋的地區。

沙頸岬 tombolo
由沿岸漂流所形成的沙嘴繼續延伸，或離岸沙洲向陸地移動，連接大陸和岸邊島嶼，所形成的沙連島地形。參見陸連島。

沙丘 sand dune
被風搬運的沙石碎屑，因風力減弱或風沙在前進途中遇到阻礙物

主要的沙丘種類

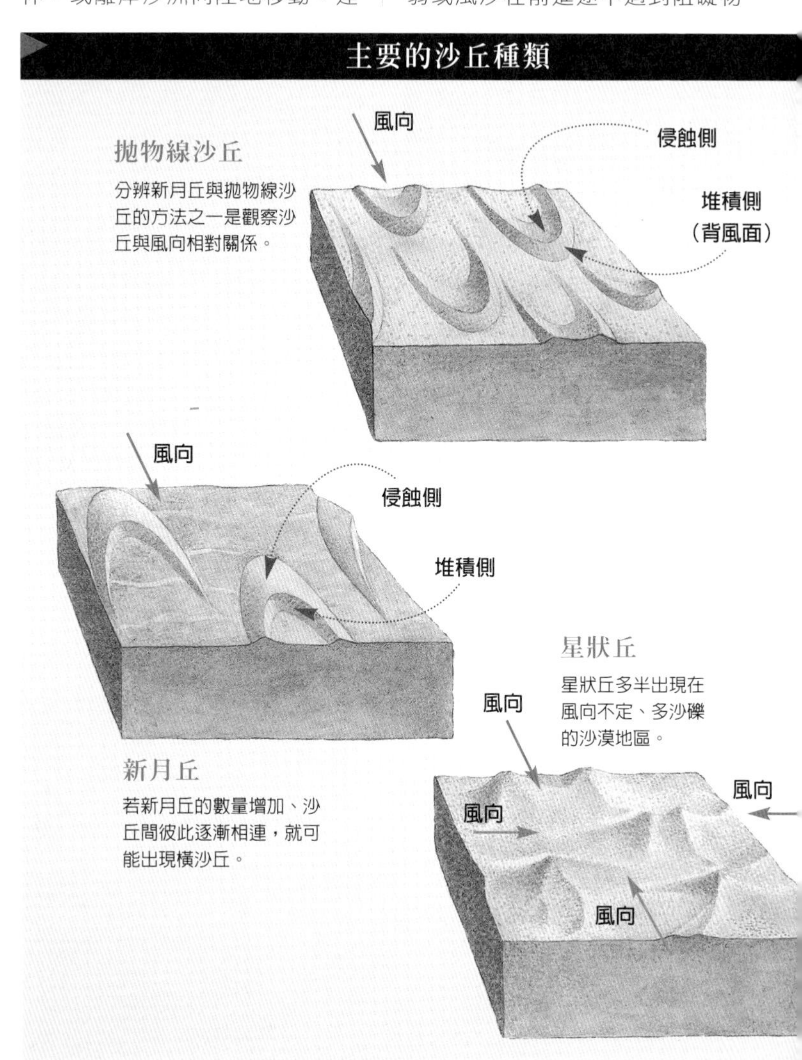

而停止運動，落在地面所堆積成的丘狀地形。

沙丘的迎風面受風的吹蝕作用而坡度平緩，被吹蝕的沙粒滑至沙丘脊頂後，快速掉落至背風面，因此背風側的坡度較陡，其坡度乃反映沙粒堆積的安息角（通常不超過34度）。由於沙粒不斷從沙丘的迎風坡被吹蝕，而在背風側堆積，造成沙丘不斷往下風方向移動，除非利用植物固定，否則沙丘通常不會固定在原地。

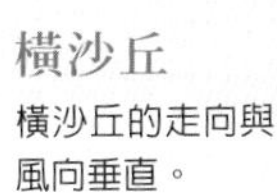

橫沙丘

橫沙丘的走向與風向垂直。

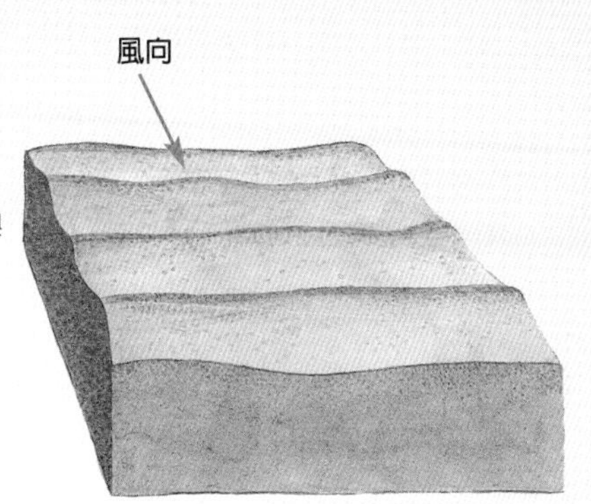

縱沙丘

縱沙丘的走向與風向平行。

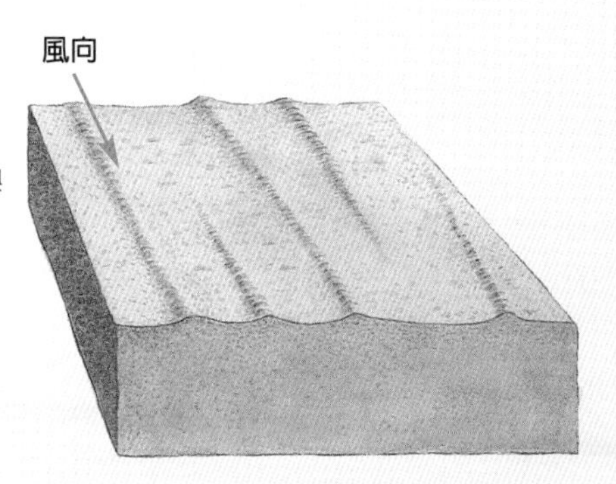

橫沙丘與縱沙丘的形成差異在：

一、橫沙丘多形成在沙源較多、風速稍強的地區。

二、縱沙丘多位於沙源中等、風力強的地區。

沙質土壤 sandy soil
沙粒大小的礦物質佔組成礦物的90%以上的土壤。

沙質沙漠 sandy desert
乾燥地區，被風搬運的沙石碎屑，因風力減弱或風沙在前進途中遇到阻礙物，而堆積成沙丘滿布的沙漠，稱為沙質沙漠，簡稱為沙漠。參見礫漠。

沙洲 bar
1. 平行於海岸線，由海浪或潮流攜帶礫石、沙和泥進行堆積，部分或完全被海水所淹沒的堤狀地形。露出水面者稱為沙洲島，而位於水面下者稱為潛沙洲。
2. 在河道中，由河水攜帶沙、泥所堆積而成的地形。

沙塵暴 dust storm
沙塵暴通常發生在鋒面帶，為強風將地表大量的沙塵揚起所形成的風暴現象。當大氣更加不穩定的時候，垂直舉升的氣流會將揚起的沙塵帶至高空，吹送到很遠的地方。發生在撒哈拉沙漠的沙塵暴所激起的沙塵，甚至可以越過太平洋抵達美洲。

沙嘴 spit
自海濱向外海延伸或橫越河口、海灣，由沙礫堆積而成的半島。通常為沿岸漂流所造成的堆積地形。其最外端通常因為波浪的折射作用，或局部受與主要沿岸流反向的海浪影響，而向海灣內彎曲。

▲屏東保力溪河口的沙嘴地形。

沙岸 sandy coast
指由河流所搬運的泥沙經平原進入淺海，或由海浪攜帶的貝殼等物質所堆積而成的沙泥質海岸。此類海岸通常平直單調，水淺灘多，多沙灘、沙洲等沈積地形，不利於航運。參見岩岸。

砂岩 sandstone
組成顆粒粒徑在1到2公釐之間的

沈積岩，通常由石英、長石和岩石碎屑所組成，主要的膠結物質包括碳酸鹽、石英質或鐵質。此類岩石約佔地殼沈積岩的10到15%。岩體中常有孔隙，因此常形成含水層或儲油層。

蛇綠岩系 ophiolite
由基性和超基性的火成岩及深海沈積物所組成的古海洋地殼。常出現在聚合板塊邊緣。

蛇丘 esker
當冰河停滯時，冰河河床底部部分冰層融化的冰水搬運土石碎屑，在冰河前方沈積，形成蜿蜒的堆積地形，稱為蛇丘。大陸冰原下發展的蛇丘規模龐大，高達數十公尺，寬可達1公里，並長達數百公里。由於經過水的淘選作用，具有沙粒和礫石互層的層狀結構。

蛇紋岩 serpentinite
為橄欖岩受換質作用變質後的產物。主要由蛇紋石所構成，富含橄欖石，另有輝石和氧化鐵，一般呈現黑色到鮮綠色，偶夾紅色帶狀或斑點，通常具有纖維組織且容易變形。大多數的蛇紋岩出現在板塊的聚合帶，通常因海底岩石被逆衝斷層擠出地表而出露。

受壓地下水
confined groundwater
位於阻水層下方含水層中的地下水體。參見自流井。

山崩 landslide
指斜坡上的物質順著一個明顯的滑動面急速往下移動的崩壞作用。經常由於降雨、泉水和融雪增加斜坡物質中的水分，降低組成物質間的摩擦力而引發。尤其是當滑動體風化程度高，且覆蓋在泥質岩層上時，發生的機率更高。

山崩湖 landslide lake
山坡上因崩壞作用所掉落或滑落的岩石土壤等物質，堵塞位於坡腳的河道，造成上游河水蓄積所形成的湖泊。為一種堰塞湖。

山脈 cordillera
同島嶺。

山風 mountain winds
指夜晚的山頂因為有效的長波輻射而大幅散失能量，導致溫度的下降，形成冷重的空氣，並因為重力的緣故，沿著山坡往山谷流動所形成的風。參見谷風。

大陸冰河的冰磧地形

大陸冰河

覆蓋在高緯地區、大範圍終年不消融的冰層。在南極地區，平均冰層的厚度約為2,000到2,500公尺，冰層的溫度非常低，有些冰層底部的溫度低達攝氏零下30度。大陸冰河可以覆蓋整個高山、平原和河谷，流動的方向和地形起伏無一定關係。

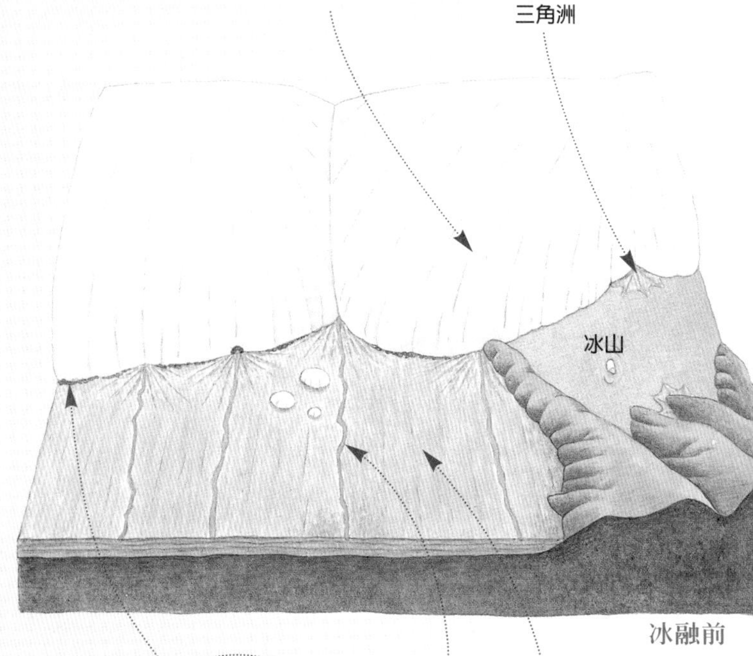

外洗平原

指由多個相鄰的外洗扇所聯合而成的寬廣平原。

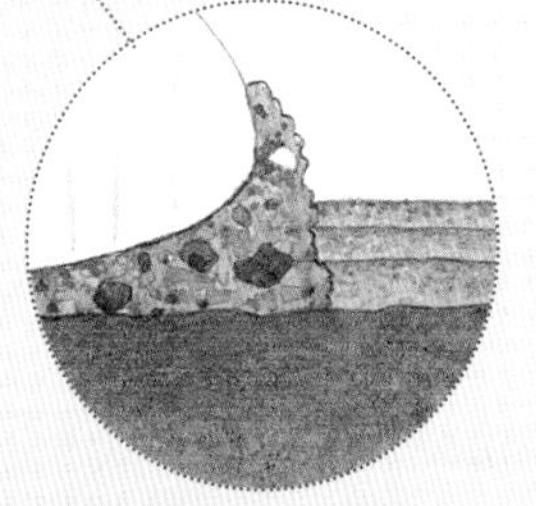

冰河前進時會挾帶大量沙石，待冰融後，沙石停留在冰河前端，形成端磧。

鼓丘
為在冰原下堆積，與冰河前進方向平行排列的流線形冰磧地形。鼓丘內部並無明顯的層理，但個別石礫的長軸均與冰河移動方向一致。其縱剖面呈不對稱發展，迎冰面較陡，向著冰河前進方向的坡則較緩。通常高度在20到30公尺，長度約數百公尺。可能是冰原底層融化時所釋放的冰磧物堆積，後被前進的冰河摩擦重塑成流線形。

蛇丘
當冰河停滯時，冰河河床底部部分冰層融化的冰水搬運土石碎屑，在冰河前方沈積，形成蜿蜒的堆積地形，稱為蛇丘。大陸冰原下發展的蛇丘規模龐大，高達數十公尺，寬可達1公里，並長達數百公里。由於經過水的淘選作用，具有沙粒和礫石互層的層狀結構。

端磧
冰河在前進時，其前端所鑿拔推移的土石在冰河消退時從冰層中釋放，而在冰河前緣處原地堆積所成的堆積地形。其堆積的延伸方向多與冰河流向垂直。

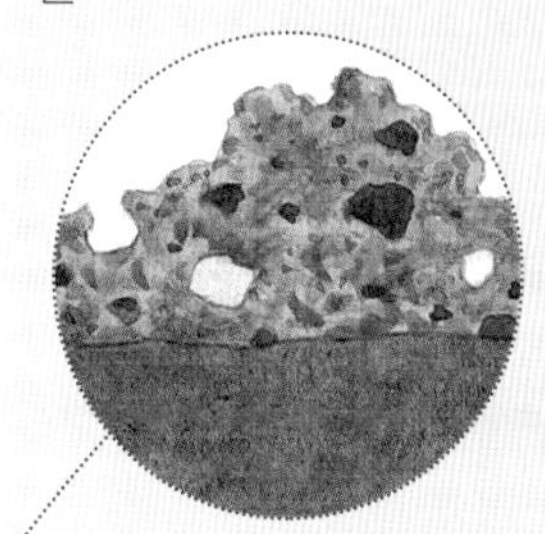

冰磧平原
指大陸冰河消退後，遍布冰磧石的平緩地區。

冰穴
冰河沈積物中的冰塊融化後留下來的空穴；通常出現在冰原的端磧帶。

山麓冰河 piedmont glacier
位於山腳地帶，呈舌狀或扇狀向外流動的冰河，其乃山谷冰河流出谷口後，在山麓地帶相互連接而成，範圍較小，冰層也較薄。

山根 mountain roots
原位於古代大陸縫合過程所形成的造山帶的底部，因被侵蝕而出露的殘餘岩體。

山間盆地 intermontane basin
位於山脈之間的盆地。例如埔里盆地。

山足面 piedmont
位於乾燥地區岩石高地的外緣，由從山區流出谷口的暴雨逕流長期侵蝕，所形成的坡度平緩的地面。表面可能覆蓋著非常淺薄的岩屑。

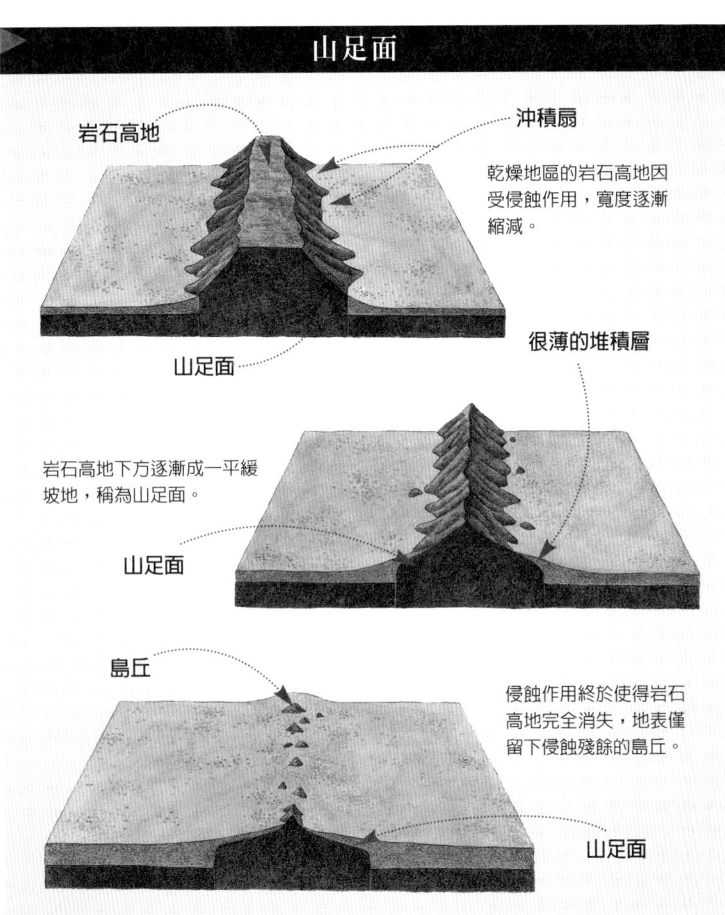

廣　告　回　信
臺灣北區郵政管理局登記證
第 1 4 4 3 7 號

請直接投郵，郵資由本公司負擔

23141

台北縣新店市中正路 506 號 4 樓

遠足文化事業股份有限公司　收

遠足文化與您的閱讀計畫

◎您的建議就是遠足文化持續前進的原動力。這是一張讀書卡，屬於遠足文化與您的閱讀計畫，請您撥冗填寫，並寄回給我們（免貼郵票）。

姓　名：＿＿＿＿＿＿＿＿ □男□女　生　日：＿＿年＿＿月＿＿日

E-Mail：＿＿＿＿＿＿＿＿ □新讀者　□老讀者（編號：＿＿＿＿）

地　址：□□□□□＿＿＿＿＿＿＿＿

電　話：＿＿＿＿＿＿手機：＿＿＿＿＿＿傳真：＿＿＿＿＿＿

學　歷：□國中（含以下）□高中.職 □大學.大專 □研究所（含以上）

職　業：□學生 □生產.製造 □金融.商業 □傳播.廣告 □軍人.公務 □教育.文化 □旅遊.運輸 □醫藥.保健 □仲介.服務 □自由.家管 □其他

◆購買書名：＿＿＿＿＿＿＿＿

◆您如何購得本書：□郵購　□書店（＿＿＿＿縣（市）＿＿＿＿書店）□業務員推銷　□其他＿＿＿＿

◆您從何處知道本書：□書店　□遠足書訊　□廣告DM　□媒體新聞介紹 □親友介紹　□業務員推薦　□遠足季活動　□其他＿＿＿＿

◆您通常以何種方式購書（可複選）：□逛書店　□郵購　□信用卡傳真　□網路 □其他＿＿＿＿

◆您對本書的評價：（請填代號1.非常滿意2.滿意3.尚可4.待改進）
□定價　□內容　□版面編排　□印刷　□整體評價

◆您的閱讀習慣：□百科　□圖鑑　□文學　□藝術　□歷史　□傳記 □地理.地圖　□建築　□戲劇舞蹈　□民俗采風　□社會科學 □自然科學　□宗教哲學　□休閒旅遊　□生活品味　□其他

◆每年出國旅遊次數：□不曾　□1次　□2次　□3次　□4次　□5次以上

◆請推薦親友，共同加入我們的閱讀計畫：

1.姓名＿＿＿＿＿＿地址＿＿＿＿＿＿＿＿

2.姓名＿＿＿＿＿＿地址＿＿＿＿＿＿＿＿

3.姓名＿＿＿＿＿＿地址＿＿＿＿＿＿＿＿

◆您對本書或本公司的建議：

山嶽 mountain

指與鄰近平緩地表相對高差達數百公尺以上的高起地形。通常由經過強烈地殼變動的岩層組成，並可能包含火成岩活動及變質作用。

山嶽冰河 mountain glacier，alpine glacier

中高緯山區，順著山谷移動的冰河。長度可達數十公里。

山坳 col

1 冰河上源冰斗不斷向源侵蝕形成刃嶺，如果再繼續侵蝕，最後兩相向發展的冰斗間的刃嶺被侵蝕切穿，形成馬鞍狀谷地。

2 河川襲奪後，斷頭河最上游被棄置河道所形成的沒有流水的谷地。

珊瑚礁 coral reef

主要由硬珊瑚或石珊瑚等造礁珊瑚所構成。珊瑚個體稱為水螅體，其成長時會分泌石灰質，堆積在底下的礁體上。水螅體的組織中存有一種單細胞共生藻，將水螅體呼吸所產生的二氧化碳經過光合作用轉換成養分，以幫助水螅體分泌石灰質，並提供其所需的氧氣。除了水螅體之外，其他物種也遺留骨骼或外殼在礁體表面，包括軟體動物和棘皮動物。另外，鑿孔性和牧食性生物可以分解珊瑚骨骼，填補骨骼間的空隙，共生藻和附著性的苔蘚則將珊瑚與其他殘骸膠結成礁岩。其多分布於陽光充足、無河流注入的潔淨熱帶或副熱帶淺海中。

閃電 lightning

在帶有正負不同電極的雲層，或雲層與地面間通過的電弧。

閃長岩 Diorite

成分與安山岩相仿的深成火成岩。主要成分為斜長石、角閃石和輝石，含少量石英或不含石英。

深埋變質作用
burial metamorphism
岩石被埋蓋深入地下數公里，受到上面岩層的壓力，和因為溫度增高所造成的變質作用。

深海平原 abyssal plain
大陸邊緣和中洋脊之間，深度約為4,600到5,500公尺，上覆沈積物，坡度僅約0.1%的平坦遼闊而單調的海床。

深海丘陵 abyssal hills
深海盆地中高數十公尺到數百公尺的低矮小山。

深成岩 plutonic rock，pluton
岩漿在地球內部冷凝而成的火成岩。同侵入岩。

滲流水 vadose water
在地面和地下水面間的不飽和帶，以表面張力吸附在土壤或岩石孔隙周圍顆粒的地下水。

滲漏 percolation
水在地表下受重力牽引，經由土壤或透水岩層的孔隙、節理或層理向下移動的過程。

滲穴 sinkhole
同陷穴。

上盤 hanging wall
傾斜斷層面上部的岩層斷塊。

上濺 upwash
在掃浪帶內，波浪呈一層薄水層，挾帶著沈積物沿著海灘面向上潑濺，並將沈積物堆積在灘面上的作用。參見掃浪帶。

上新世 Pliocene
地質時間表中，第三紀的最後一個世，距今約五百二十萬年到一百八十萬年前。

上置河 superposed stream
同疊置河。

上升海岸 emergent coast
同離水海岸。

生命形式 life form
一個生物體或一群生物的物理結構、大小和型態等特徵。

生命週期 life cycle
生物體從出生到死亡，在成長過程中的連續變化階段。

生地化循環
biogeochemical cycle
地球系統包括岩石圈、水圈、生物圈和大氣圈等各系統間交互作用，造成地球上許多物質的產生和消失，牽涉到許多生物地球化學作用，而形成一個不斷反覆的循環。

生態平衡 ecological balance
指生態系統中的生物群落與環境

間，能量和物質的流動和交換達到平衡，其間動物和植物數量也保持相當穩定的狀態。

生態旅遊 ecotourism

以盡量降低遊客活動或休閒設施對環境的影響為依歸的旅遊方式。重點是應該由當地居民擁有和經營相關的休閒活動，並且能夠將盈餘留在當地。

生態系 ecosystem

或稱為生態系統。即某區域中所有生物與非生物環境之間的整體特質，以及其彼此間不斷進行物質和能量交換和流動的交互作用的總稱。生物包括植物、動物及微生物；非生物環境包括光、水、養分、土壤、岩石等。一個生態系的尺度可以很小，也可以大到涵蓋整個地球。

生態學 ecology

研究植物和動物與其環境間相互關係的科學。尤其注重生態系統中的生物作用，包括有機體如何從物理環境或其他有機體取得能量和物質，及其如何將能量和物質釋放回環境或提供其他有機體使用的過程。

生態熱點 ecological hot spot

受到氣候或其他地理因素的影響，世界各地的生物多樣性差異甚多，其中小區域卻包含豐富生物種類的地區，稱為生態熱點。參見熱點。

生態演替
ecological succession

在一個特定地區，由於砍伐、火災而剷除植物的土地上，植物和動物群落隨著時間演變的過程。

生痕化石 trace fossil

被保留印刻在岩石上的生物活動遺跡，如恐龍足印、螃蟹洞等。

▲和平島生痕化石。

生物風化
biological weathering

因為植物和動物的活動而使得岩石崩壞的過程。包括機械性的過程，如樹根撐裂岩石節理；另外，由於植物根部的呼吸或植物、動物殘留腐爛會釋放二氧化碳，形成碳酸而加速化學作用，使此種風化作用更有效力。此種作用是造成熱帶地區深層風化的主要因素。

生物地理學 biogeography

研究生物在世界上的空間分布型

態，及造成此種分布的原因和過程的科學。

生物多樣性 biodiversity
用以形容一個生態系中，動植物種類的多寡及複雜程度的指標。

生物量 biomass
指在特定時空範圍內，組成所有植物和動物軀體及殘骸的有機質的總量，以單位面積的乾重量來表示。通常植物有機質佔絕大部分，而且隨氣候區有很大的變化，例如北美草原的生長季節約為每公頃10公噸；熱帶莽原約為每公頃60公噸；而落葉橡木林約為每公頃250公噸。

生物區 biome
指在全球尺度的生態系統下，具有類似特性的區域。通常與特殊的氣候區有關，而以其主要的植物種類加以劃定。例如東非熱帶半乾燥氣候區，為由疏林草原與大型草食性動物（大象、長頸鹿、斑馬、瞪羚等）和肉食性動物（獅子、豹貓、獵豹等）組成的生態系統。

生物圈 biosphere
指地球表面的一切生物。

生物需氧量
biological,of biochemical,oxygen demand（BOD）
表示要分解污染水體中的有機物所需要溶解在水中的氧氣含量。在水溫攝氏25度的情況下，測量1公升水體在五天期間所消耗的氧氣量，以毫升／公升表示。

生物擾動作用 bioturbation
生物在已存在的沉積物中或其表面上活動，使沉積物受到擾動而致層理不清楚。

昇華熱
latent heat of sublimation
冰昇華成水蒸氣所吸收的潛熱，或水蒸氣變成冰所釋放的潛熱。

昇華作用 sublimation
固體不經過液態而直接變為氣體的過程。

繩狀熔岩 pahoehoe
玄武岩質的熔岩流，表層溫度下降冷凝成質地細緻的岩面，但底層溫度仍高，加上後續湧上來的熔岩，擠壓表層使之裂開，並一股股的流出，冷凝後形成繩狀的外貌。

聖塔安那風 Santa Ana wind
美國西南部由乾燥的沙漠高原往西吹至加州的乾熱風。參見焚風。

盛行風 prevailing wind
指一個地方風向出現頻率最高的風。

聖嬰與反聖嬰

聖嬰年時，南美洲西岸的湧升流與東太平洋的海溫均發生明顯變化。

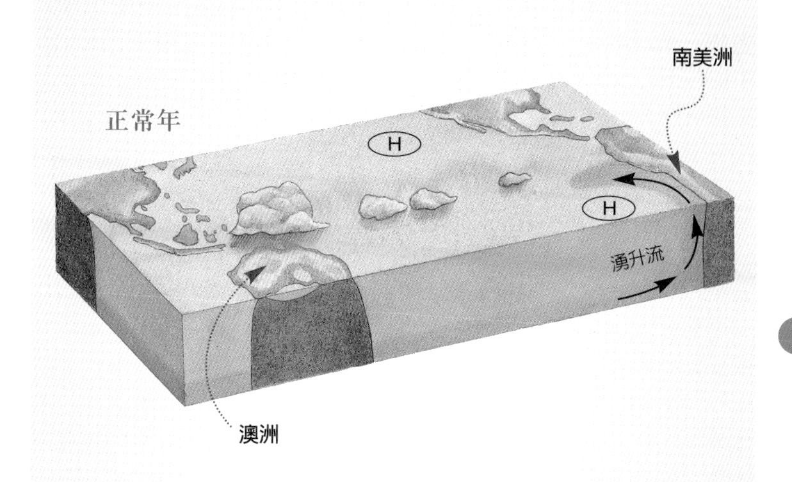

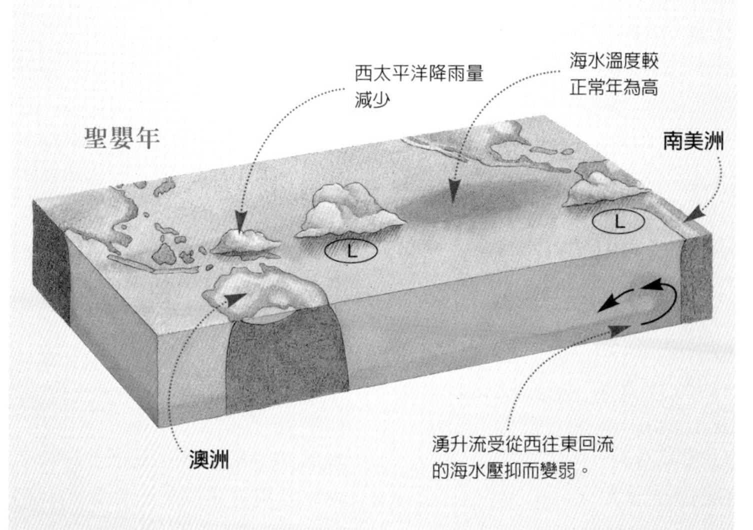

盛行西風
prevailing westerlies
由南北半球的副熱帶高壓帶往極區吹的風，受到科氏力的影響，偏西行進，風力強勁，且風向穩定，稱為盛行西風。

聖嬰—南方振盪 El Nino and Southen Oscillation（ENSO）
當南太平洋的氣壓系統發生變化，東太平洋上的高壓減弱，使南美祕魯與智利北部海岸的海水不再大量流向外海，沿岸的湧升流變弱，浮游生物減少，而使魚類死亡，原本乾旱的海岸則降下大雨。相對地，原在印尼附近的低氣壓往東移動，因此原本多雨的西太平洋區域卻變得乾旱。參見前頁圖。

聖嬰現象 El Nino
原本強勁的南赤道洋流減弱，西太平洋暖海水反向東流，使東太平洋水溫顯著增溫，而導致全球天氣變化的現象。西太平洋海水溫度增溫達攝氏10度，原祕魯涼流暫時被暖海流取代，湧升流變弱，浮游生物減少，導致魚類數量鋭減，嚴重干擾熱帶大氣循環，例如1997／98年印尼和新幾內亞的嚴重乾旱。此現象的發生週期約是兩年或七年，而通常在12月下旬最為顯著，因此稱為聖嬰。參見前頁圖。

日光節約時間
daylight saving time
將時間相對於根據標準經線所訂定的時間，往前調一個小時的時間系統。由於高緯地區在夏季時太陽很早便升起，因此將時間往前調，以充分利用陽光，節省能源。

日均溫
mean daily temperature
指一日之內最高温與最低温的平均數。

日照 insolation
以電磁波形式到達地球表面的太陽輻射，其中紫外光佔9％，可見光佔45％，而紅外光佔46％。

日照風化
insolation weathering
白天日曬提高岩石表面的溫度，夜晚降溫，反覆進行，造成岩石礦物顆粒的鬆動。

日照圈 circle of illumination
將地球劃分成黑夜和白晝兩半的大圓。

日照正午 solar noon
太陽正射點通過某地所在經線的時刻。也就是當陽光在某地同時向正南北兩方投影的時刻。

日溫差
daily temperature range
一日之中最高溫與最低溫的差距。

入侵 invasion
在生態學上，指被引進的植物或動物逐漸佔據一個生態系的空間，並擷取其環境資源的過程。

入滲 Infiltration
地面上的水進入土壤、岩屑或岩石的過程。

入滲容量 infiltration capacity
特定土壤在給定時間內所可能發生的最大入滲量。其大小受到土壤的質地、壓密的程度、當時的含水量、植物根的分布等因素所左右。

弱育土 inceptisols
分布甚廣，發育在已經存在一段時間的碎屑堆積層上，土壤層次約略可見，表層因輕微的洗出作用而顏色略淡。

芮氏地震強度 Richter scale
1935年美國人C. F. Richter所發展用以表示地震強度的尺度。此尺度並無極限，每增加一級表示地震釋放的能量增強為前一級的三十倍。

軟流圈 asthenosphere
指位於剛性的岩石圈底下，是塑性的地函上部。

軟泥 ooze
深海中的細質地沈積物，常含有30%以上的微生物遺骸或碎屑。

軟黑土 mollisol
主要分布在溫帶草原區，厚度至少25公分以上，富含腐植質而質地鬆軟，呈棕至黑色，沃度高，酸鹼度呈中性。

軟黑層 mollic epipedon
由茂草腐爛形成豐富的腐植質，經微弱的淋溶作用所形成的厚層棕色到黑色的表土層。

熔體 melt
岩漿中除去固態晶體以外的液體部分。

熔接凝灰岩 welded tuff，ignimbrite
火山灰在極炙熱的情況下熔接凝結所成的凝灰岩。

熔岩平原 lava plain
大量玄武岩質的岩漿順著地殼眾多裂隙流出地表，成為熔岩流在地表漫流，呈水平狀堆積覆蓋在廣大的地表，當堆積的厚度較小時，所形成的低緩地形稱為熔岩平原。參見熔岩高原。

熔岩流 lava flow
地底下熔融的岩漿順著地殼裂隙

熱點與火山的形成

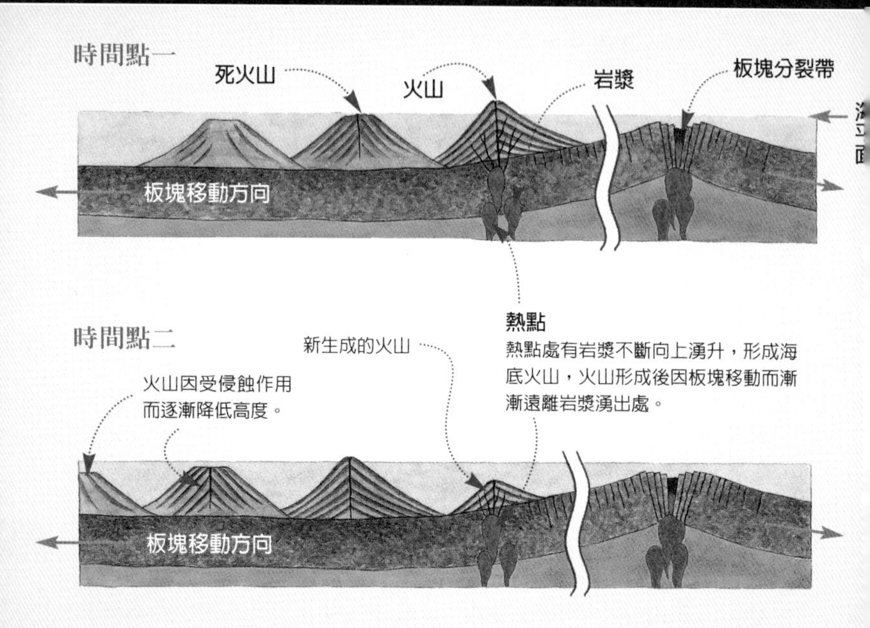

往上湧升，流出地表時大量逸散其所含的氣體後，所形成的熔融岩石。

熔岩高原 lava plateau
大量玄武岩質的岩漿順著地殼眾多裂隙流出地表，成為熔岩流在地表漫流，呈水平狀堆積覆蓋在廣大的地表，若噴發的時間夠長，則逐漸累積高度，形成地勢高聳、頂部平緩的高原。參見熔岩平原。

溶解 solution
雨水和滲漏的地下水移除可溶解的鹽類或其他風化作用的產物的作用。通常水的酸鹼性越高，溶解效率越高。

溶解度 solubility
在維持化學平衡的條件下，一定量的溶劑所能溶解物質的質量。

溶解荷重 dissolved load
溶解於河水中，被河水搬運的物質。

溶蝕作用 corrosion
雨水和地表水溶解二氧化碳形成碳酸，與石灰質硬岩接觸，經過碳酸化作用，將石灰岩中的碳酸鈣轉變成溶解於水中的碳酸氫鈣，並將其帶走的過程。

融解熱 latent heat of melting
冰融化所吸收的潛熱。

熱平衡 heat balance
大氣層由入射太陽輻射所得的能量，與自地面靠著地表反射及長波輻射所散失的能量間的整體平衡狀態。而低緯區的能量盈餘則靠著大氣環流和洋流輸送到高緯區，以補其能量的虧損。

熱點 hotspot
1. 指在板塊運動中，由地函和地核交界處上升的熱流到達岩石圈底部，將岩石圈向上拱起，岩漿自此衝破地殼，造成火山作用，此拱起處的中心點即稱為熱點。
2. 生物地理學中，指生物多樣性特別高的地區。參見生態熱點。

熱的傳導 conduction of heat
可感熱由高溫處，經由物質中原子間的傳遞，到達低溫處的過程。

熱帶 tropical region
指位於赤道兩側，南北回歸線之間的低緯度地區。因終年太陽輻射強烈，平均氣溫偏高。

熱帶莽原 savanna
分布在東非、南美和澳洲等出現乾季的地區，其界於熱帶潮溼地區的雨林和熱帶沙漠邊緣短草原之間，散布著高大樹木的草原植物景觀。

熱帶東風 tropical easterlies
出現在界於南北副熱帶高壓帶間的低緯度區，由東往西持續移動的風系。

熱帶東風噴射氣流
tropical easterly jet stream
季節性出現在東南亞高空，由東往西吹的噴射氣流。

熱帶氣旋 tropical cyclone
出現在熱帶和副熱帶區，伴隨著強風豪雨的氣旋。

熱柱 thermal plume
地球內部透過岩漿的對流活動中，向上的管狀流動可以把下部地函的熱流和物質往上帶到地殼表面，形成火山活動的熱點。這種由地函和地核交界處上升，直徑約為幾百公里的圓柱狀熱流，全球推測約有數十個左右。

熱液噴口 hot vent
位於中洋脊上或其附近，平均深度約2,100公尺的海底，如同溫泉一樣持續噴出大量富含礦物質的海水，溫度高達攝氏400度。由於噴出的熱水遇到周圍的冷海水後，熱液中的礦物質迅速沈澱，其中的黑色硫化物沈澱所形成的噴流狀似煙囪冒煙，溶於水中的礦物質供養嗜硫細菌，與嗜硫細菌共生的管蟲和巨蚌也因而在此聚集，形成特殊的生態系。俗稱「黑煙囪」。

熱液礦脈 hydrothermal vein
岩漿中的熱液沿著岩石裂縫上升沈積礦物質所造成的脈狀的礦床。

肉食性動物 carnivore
以吃食其他動物維生的動物。

刃嶺 arete
當冰河的冰拔作用和凍融作用使冰斗源頭的岩壁不斷崩垮後退，兩相鄰冰斗間的分水嶺因而越來越窄，終於發展出如刀刃一般尖銳的山脊，稱為刃嶺。參見冰河作用。

壤土 loam
中等質地的土壤，為沙、坋沙和黏粒的混合物，兼具沙土和泥質的良好的特性，即通氣良好、肥力佳、排水適中、春季增溫快速及容易耕作的特性。

▲中國大陸的面茨姆峰為一刃嶺地形。

資源經理
resource management

主要指公部門為規劃管理資源開發與使用所進行的各種活動。包括資源調查和劃定、開發方式的擬定、不同資源利用間衝突的辨識和協調、環境衝擊的迴避和減緩等事項。

紫外線 ultraviolet radiation

波長在0.2微米到0.4微米之間的電磁波。

子元素 daughter element

放射性元素蛻變形成的新元素。

自流井 artesian well

當水井鑿至傾斜的受壓含水層，而井口低於受壓地下水上游水面時，水壓使地下水從井中自然湧出。此種受壓地下水自然湧出的水井，稱為自流井。

地下水與自流井

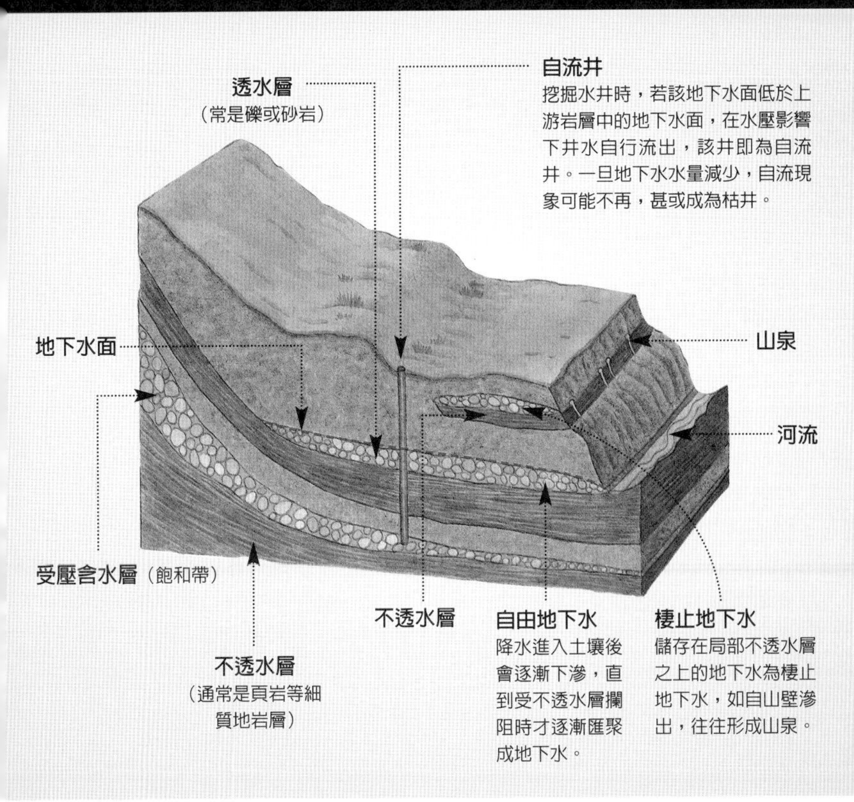

自轉 rotation
物體繞著某個軸部旋轉的現象。

自然保留區 nature reserve
為保護動植物群落的持續生存或特殊地景的不受破壞，而劃定並加以保護的地區。不一定完全不准進入，只是加以嚴格管理，以保護其中珍貴或瀕臨絕種生物的棲地環境。

自然堤 levee
位於河流兩岸氾濫平原上，緊鄰並平行河道的寬矮堆積地形。
當洪水發生的時候，河水漫過河岸，因為流速驟減而將所攜帶的大部分沈積物都沈積在河岸附近，而且顆粒大的物質首先被拋下，堆積物的粒徑從最靠近河道的地方往外側遞減。經過長時間無數次的氾濫後，自然堤逐漸堆高，因此也提高往後河流超越自然堤發生氾濫的規模。

自然淘汰 natural selection
生物在繁衍的過程中，有些較適合環境條件的有機體，因有利於存活和繁衍，而得以保留、繼續發展的過程。

自然環境 natural environment
指一地的大氣、土壤、岩石、水文和生物特性的集合。

自然資源 natural resource
自然界中可為人類利用以滿足其需要的物質，例如土壤、礦物、岩石、水、空氣、動植物等。

自然災害 natural hazard
在自然界發生的異常現象當中，威脅到人類聚落、實際破壞人為設施（如橋梁、水壩）或影響經濟活動（如農、漁、礦）等的事件。其中，最嚴重的包括洪水、地震、海嘯、火山爆發、山崩等。

自然殘存磁性
natural remnant magnetism
火成岩中的含鐵磁性物質，在岩漿冷凝時，受當時地球磁場的影響，而呈現平行於當時地球磁場的磁力線方向的磁性。

自由地下水
unconfined groundwater
凡未經固結的沙、礫層，因具有高的孔隙度及滲透率，往往成為良好的含水層；若其所含的地下水未受其他不透水層的覆蓋，可以通達地表，且能輸送供井水取用者，稱為自由地下水。

阻水層 aquiclude
由於組成岩層的顆粒太小，水分無法在顆粒間的小孔隙中流動，成為阻斷地下水流動的岩層。由坋沙、黏土所組成的岩層，常成為不透水的阻水層。

左移斷層 left lateral fault

跨越平移斷層兩側，若斷層面左方的斷塊相對於觀察者移近過來，稱為左移斷層。參見斷層。

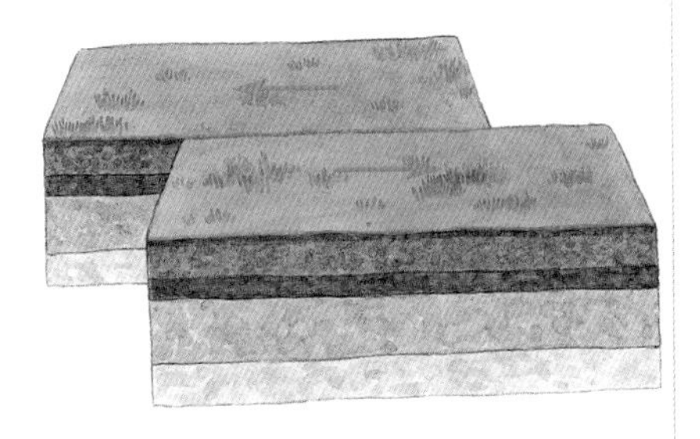

最大負載量 capacity
在一定的條件下，河流、冰河或風所能搬運沉積物的最大數量。

鑽鑿作用 cavitation
在瀑布、急湍等水流湍急的水流中，水中氣泡的突然爆裂會傳出震波，對鄰近岩石產生相當的瞬間壓力，當氣泡的爆裂發生在岩石中狹窄的裂隙或節理時，其對岩石所造成的衝擊最有效率。此種作用在高水壓的水流中，對河床或河岸岩石的影響最為顯著。

總光合作用
gross photosynthesis
由特定有機體或有機體群，在特定時間內，經由光合作用所產生的碳氫化合物的總量。參見淨光合作用。

縱波 longitudinal wave
地震體內波的一種。當波經過物體時，物體分子的震動方向和震動傳遞方向一致。

縱剖面 longitudinal profile
順著河流的河道，從源頭到河口，河床高度的連續變化剖面。河流的縱剖面通常具有不規則的形狀，但是一般相信，其乃往平滑下凹曲線發展。由於越往下游河流所搬運的淤沙載平均顆粒越細，因此在較為平緩的河道流動的河水，仍有能力進行搬運工作。同河流剖面。

縱沙丘 longitudinal dune
在風力較強的地區，沙的堆積常與風向平行，形成縱沙丘。大多發生在風強而有中等沙源的沙漠地區。參見沙丘。

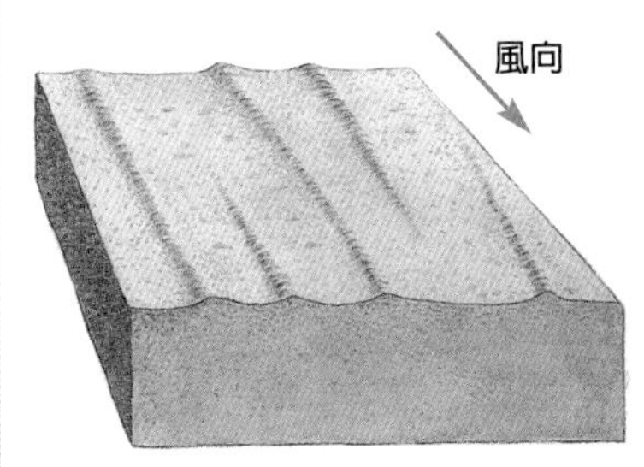

擇伐 selective cutting
以成熟立木或商用樹種進行採收的伐木方式。由於幼齡樹木被留下來，所以可以避免破壞林相，減少土壤流失。參見皆伐。

災變說 catastrophism
主張地質演變的歷史是由好幾次巨大災變所組成的學說。

造陸運動 epeirogeny
地殼大規模的垂直升降運動。

造山帶 orogen
由造山運動中強烈變形的岩石和相關的火成岩所構成的岩體。

造山運動 orogeny
歷時相當長的山脈形成過程。通常發生在板塊的邊緣，強烈的擠壓造成褶曲、斷層，而高溫與高壓則導致岩石的變質。

造岩礦物
rock-forming mineral
地殼中含量最多的氧（46.6%）、矽（27.7%）、鋁（8.3%）和鐵（5%）共達地殼總重的87.6%，由氧和矽結合而成的矽酸鹽礦物形成超過90%的地殼岩石，為常見岩石的主要成分，稱為造岩礦物。

再結晶作用 recrystalization
岩石中的老礦物因為物理或化學條件的改變，而重新結晶成新礦物。

走向 strike
指傾斜岩層層面與水平面交線的方向。參見傾角。

增添作用 soil enrichment
在原有土壤表層中增添其他物質的過程。如落葉腐化增加土壤的腐植質，風吹來黃土、火山灰，流水帶來沖積土等。

增溫層 thermosphere
本層界於中氣層頂至距地面500公里高處。下部主要是由分子氮、分子氧和原子氧組成；但是到200公里以上，則主要由氧原子所組成。因為氧分子和氧原子吸收極短波的紫外輻射，使得增溫層的溫度上升，在350公里高處，溫度達到最高，約為凱氏1,200度（攝氏927度），不過這只是一理論推估值。

磁偏角
declination（magnetic）
地球上每個點的正北和磁北相交的水平夾角各處不同，當磁北在正北的東方時，磁偏角為正值，反之為負值，其值最高可達20度以上。

磁極 magnetic pole
地球磁場的南北極，與地球的地理南北極不同。

磁極倒轉
magnetic reversal，polarity reversal
地球磁場的磁極呈180度倒轉的現象。最近的地質時間中，每百萬年約有四到五次磁極倒轉的現象。

磁傾角
inclination（magnetic）
磁力線和水平面之間的交角。

次波 secondary wave
一種速度較初波慢的地震體內波，物質顆粒的振動垂直於地震波的傳遞方向。參見地震波。

次級消費者
secondary consumer
捕食初級消費者，以取得生存能量的生物。參見食物鏈。

次生礦物 secondary mineral
原生礦物受到風化或變質作用，改變原來的成分或結晶構造所形成的新礦物。

次生地形 sequential landform
由外營力所塑造的地形。例如峽谷、沖積扇及氾濫平原等。

次生植物演替
secondary plant succession
經由人類破壞原來的植物群落後，其他植物重新佔據該環境所進行的一系列替換過程。由於一開始就有比原生植物演替初始階段為佳的土壤和水分等環境條件，因此演替的速度通常比較快。

錯置河 misfit stream
斷頭河因為原上游部分集水區被鄰近河川襲奪，使得流量大幅減少，形成谷寬水少的不相稱現象。通常因為流量變小，因此堆積作用盛行。

擦面 slickenside
斷層作用發生時，岩層的相對運動所造成的摩擦，在岩石斷面上遺留下來的平行淺槽或細溝。可用以指示斷層移動的方向。

擦痕 striation
冰河挾帶岩塊在其所經之處的岩體表面刻蝕，所留下來的與冰河流向一致的凹痕。由於冰河流向相當穩定，通常當冰河消退後，可由擦痕的方向推測當初冰河的前進方向。

側冰磧 lateral moraine
同側磧。

側磧 lateral moraine
在冰河側緣，由未經淘選、大小混雜的角狀岩石堆積而成的地形。包括冰河前進時，谷壁風化崩落的土石，集中堆積在冰河的側緣表面而被冰河往下攜帶者，以及位於冰河與山谷岩壁之間被冰河棄置的岩屑堆積物。參見冰河作用。

側蝕 lateral erosion
河流向兩岸侵蝕，加寬河道或使河道彎向一側的侵蝕作用；如發展曲流或辮狀河時河水對河岸的侵蝕。另外，當河流已經下切至當地的侵蝕基準面時，會將原來用來下切的能量轉至對河道側面方向的侵蝕。

測滲儀 lysimeter
一種測量蒸發散量的儀器。在一個大型容器下裝置水分蒐集器，在容器內裝入所要觀測的土壤和植物，然後在上方澆水，澆水量和蒐集器蒐集到的水量的差，便代表此土壤與植物的蒸發散量。

草本植物 herb
不具有木質莖幹的柔軟植物；通常形體較小或低矮，可為一年生或多年生。

草食性動物 herbivore
以吃食植物維生的動物。

草原 prairie
分布在副熱帶和中緯度半潮溼大陸氣候區的草地生態系，主要為高草類，其次為禾本植物。

▲花蓮南雙頭山草原。

殘積礦床 residual deposit
具有經濟價值的礦物原與其他礦物共同存在於岩層中，但經過風化侵蝕作用後，因該種礦物較耐蝕而殘留下來，逐漸在原地累積富集所成的礦床。

殘積岩屑 residual regolith
由底層基岩直接經風化作用，在

原地生成的岩石碎屑層。

殘丘 monadnock
在潮溼氣候區，經過侵蝕作用所形成的準平原上，由較堅硬的岩體所構成的孤立山丘。

層 formation
岩石地層單位中最基本的單位。可用以繪製地質圖。

層態 attitude
地層或節理等的走向和傾角，可用以研判層面的立體排列形態。

層理 bedding
乃沈積岩的特有現象。由於岩性、粒度或組成物的不同，使岩層呈現被略近平行的平面所分離的層狀構造。

層理 stratification
沈積岩呈層狀排列，自下向上、層次由老變新的構造。

層積雲 stratocumulus
出現高度在2,000公尺以下，日光不能透過，排列如丘陣的巨大灰白色雲。參見雲。

層形 bedform
水流過未固結的沈積物，在其上所造成的沈積形貌。例如波痕。

層狀冰磧 stratified drift
由融冰水攜帶冰河中的泥、沙、礫等沈積物，在河道中或冰原前端，經過淘選作用而沈積的層狀冰磧。

層狀火山 stratovolcano
由熔岩與火山碎屑岩交互相疊所構成的火山。

▲層積雲。

層狀雲 stratiform clouds

水平延展的雲層。參見雲。

▲層狀雲。

層雲 stratus

出現高度在2,000公尺以下，彌漫整個天空，均勻如霧，日光不能透過的深灰色層狀雲。如有降雨，則多為毛毛雨。參見雲。

斯沖波利式噴發
Stombolian eruption

炙熱的火山碎屑和氣體發生間歇性的猛烈噴發。會在短短數秒內朝空中射出火山碎屑物質，高壓氣體迫使岩漿從火山道中快速溢散，由於釋出頻繁，無法產生持久的火雲。

死火山 extinct volcano

人類歷史上沒有其噴發紀錄的火山。

似礦物 mineraloid

自然發生的無機礦物質，但不具結晶構造，也沒有一定的化學方程式。

蘇特賽式噴發
Surtseyan eruption

黏性低的玄武岩質熔岩在淺水區噴發時，剛開始因為火山口通道充斥水分，爆發時可能十分劇烈，但一旦水分形成水蒸氣逸散後，則岩漿散裂成光滑的碎片噴出，威力驟減。

碎浪 breaker

波浪進入淺海後，底部因與海底摩擦而減速，波長因而縮小，波峰加高，頂端漸向前捲，最後波浪上端因為變得太陡而且走得太快（波浪呈圓周運動的速度超過波浪本身的前進速度），同時下面

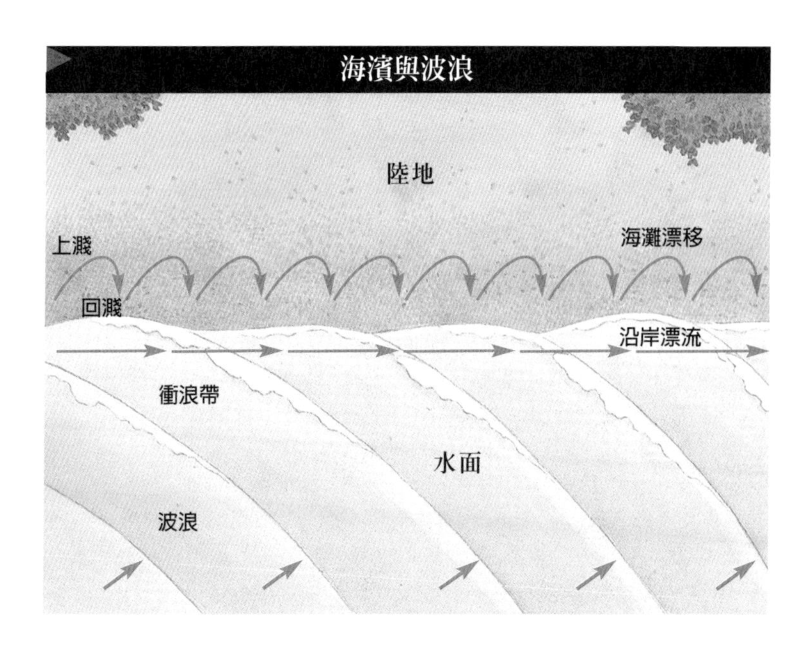

又缺乏支撐，終使波浪崩裂，波峰向前躍進，形成碎浪。

碎屑 detritus
供分解者取食的腐爛有機物。

碎屑狀沈積物 detrital sediment
由機械作用沈積的岩石或礦物碎屑物。

碎屑岩 clastic rock
由機械作用搬運的沈積物，經礦物質膠結所形成的沈積岩。

燧石 chert
由微晶質或極細粒石英所組成，具有玻璃光澤和貝殼狀斷口的一種化學沈積物。一部分含有水，常形成岩石中的結核。

酸鹼值 pH value
描述液體中氫離子濃度的數值。當數值小於4時表示強酸，數值在4到7之間為弱酸，7為中性，超過7時為鹼性。

酸沈降 acid deposition
酸雨或乾的酸性灰塵往地面的沈降。

酸雨 acid rain
燃燒石化燃料和車輛廢氣所釋放出來的氮氧化物和二氧化硫，經化學反應，形成硫酸和硝酸，與水氣結合後，即形成酸鹼度小於5.6的酸性降水，會溶解許多礦物，尤其是會加速碳酸鈣的化學風化。

掃浪帶 swash zone
當海浪前進的方向與海岸線斜交時，上濺會將沙礫順著波前進的方向往岸上帶，回濺又將沙礫沿著垂直等高線的方向帶回海洋。位在衝浪帶最靠近陸地的部分，交替接受上濺時波浪掩覆和回濺時出露地面的海灘面，即為掃浪帶。此帶內的沿岸流多呈鋸齒狀的彎曲流動路徑。參見前頁圖。

三疊紀 Triassic
地質時間表中，中生代的第一個紀，距今約兩億五千一百萬到兩億零五百萬年前。

三稜石 dreikanter
風向隨著季節變化的乾燥地區，裸岩表面被風磨蝕成三個明顯的光滑面，相鄰光滑面間形成尖銳的稜脊，稱為三稜石。

三角洲 delta
許多河流流至海岸時，因為海水的鹽分，使河流中懸浮的黏土聚合形成較大的顆粒而沈澱下來；河道也可能因沈積或沿岸流的影響而分岔成許多支流，結果沈積物逐漸沈積，慢慢由河口向海凸出，形成平坦寬廣的堆積地形即為三角洲。其形狀受到許多因素的影響，包括河水攜帶的沈積物、洋流、波浪以及潮汐等。當沿岸流較強時，堆積地形的外緣平滑，整體類似三角形如埃及尼羅河口三角洲。但是當沿岸流微弱或河川輸沙量較大時，則可能形成類似鳥爪的形狀，如美國密西西比河口的三角洲。

三角洲沖積扇 delta fan
當山谷直接鄰接海洋時，河流由山谷流出，在谷口堆積的扇狀地形，兼具沖積扇和三角洲的特性，稱為三角洲沖積扇。

散射 diffuse radiation
因細小灰塵或雲粒而偏離角度的太陽輻射。

散射作用 scattering
太陽輻射通過大氣層時，遇到空氣分子、塵埃、雲滴等，因而改變輻射方向的現象。散射作用會使部分太陽輻射無法到達地面。

一

一年生植物 annuals
只有一個生長季生命的植物。而以種子或孢子度過不適合生長的季節。

翼 limb
指褶皺中背斜軸和向斜軸間的傾斜部分；或褶皺的一邊。

異向性的 anisotropic
物理內部的性質隨著方向而不同的現象。同非均質的。

異質同形 isomorphism
一群礦物的化學成分略有不同，但具有相同的結晶構造。如橄欖石類及斜長石類。

異常 anomaly
與正常或平均狀態不同的現象。

壓縮力 compression
使物質的體積減小或縮短而密度變大的應力。

壓縮作用 compaction
沈積物由於受到深埋壓力，造成其中的水分被排除，體積及孔隙縮小，並固結成沈積岩的作用。

壓碎變質作用
cataclastic metamorphism
岩石受到直接壓力或剪力而發生碎裂或被研磨成粉等。是一種以機械變形為主的變質作用。

雅爾當 yardang
指沙漠地區，風挾帶著沈積物磨蝕地面，造成長形風蝕溝，溝間則殘留尖銳的脊嶺的地形。新疆維吾爾族稱其為雅爾當或雅丹，中國則稱之為白龍堆。其方向與盛行風一致，通常高度在10公分至20公尺，大者高出溝底200公尺以上。

▲新疆的雅爾當地形。

亞土類 subgroup
美國綜合土壤分類系統中第四層的分類。共分一千個亞土類。

亞土綱 suborder
美國綜合土壤分類系統中第二高層的分類。共分四十七個亞土綱。

葉理 foliation
變質岩中，礦物呈現平行排列所形成的結構，可以沿此將岩石剝離開來。

液化黏土 quick clay
受到地震等擾動，而在瞬時之間由固體轉變成類似液體的黏土層。

頁狀節理 sheeting
由於位於上方的岩體受侵蝕而消失，使得下方的岩層因減壓而得以向上膨脹，形成一組和地面平行的節理群。

頁岩 shale
顆粒組成與泥岩相近，但因為穩定的水流與壓力，使顆粒平行排列，形成層理。岩石易沿著層理裂開的沉積岩通常可以保存良好的化石。性質軟弱，尤其在泡水後更容易被侵蝕。

崖坡 scarp slope
指岩層層面的傾向與山坡坡面相反的山坡。

崖錐 talus
由崖壁落下的多角狀風化岩塊或岩屑所堆積而成的地形。

遙測 remote sensing
利用航空照片、紅外線和雷達等衛星影像資料，以研究地形、地質和其他地表現象的技術。

優養化 eutrophication
湖泊或河流因為大量營養離子的注入（特別是磷酸鹽和硝酸鹽）使得藻類和其他相關有機體大量繁殖的現象。由於藻類等有機體死後分解消耗氧氣，降低水中溶氧量，結果造成魚蝦蚌殼等生物的死亡。

油母質 kerogen
在細粒沉積岩中的有機混合物，是油頁岩的主要成分。

油頁岩 oil shale
黑色富含油母質的頁岩，裂解後可以蒸餾出原油。

有機風化 organic weathering
同生物風化。

有機質 organic matter
存在土壤中，原本由植物或動物

所產生，再經過分解的物質。

有機質層 O horizon
位於土壤剖面的最上層，由植物殘骸、發酵物質或腐植質等所構成。通常顏色深暗，並由蚯蚓等動物慢慢將其與表土層混合。

有機沈積物 organic sediment
含有植物或動物殘骸的沈積物。

有效降水
effective precipitation
指降水中進入土壤，可被植物吸收利用的部分。也就是降水量減去蒸發量後剩餘的水量。

幼年期地形 youth stage
地形在發育之初，河流下切作用強盛，河谷側邊坡陡峻，形成典型的V形谷，河床剖面多裂點，瀑布、急流處處可見，屬於侵蝕輪迴的幼年期。

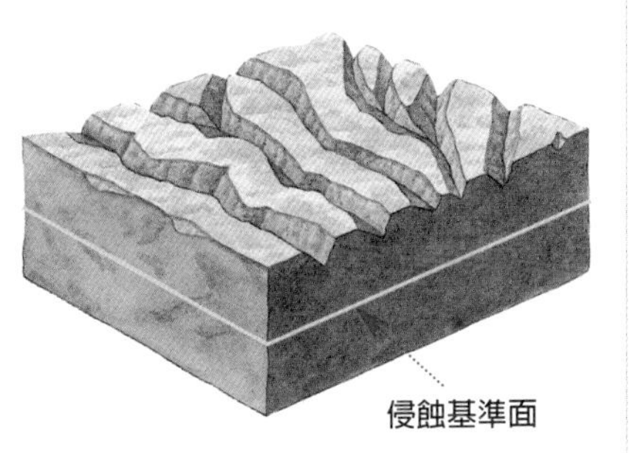

右移斷層 right lateral fault
跨越平移斷層兩側，若斷層面右方的斷塊相對於觀察者移近過來，稱為右移斷層。參見斷層。

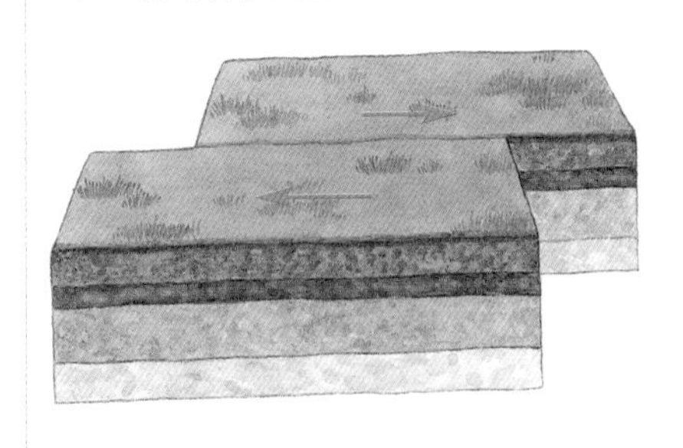

煙煤 bituminous coal
質軟色黑、中等煤級、含15％至20％揮發成分的普通煤。

煙霧 smog
一種含有大量煤灰和二氧化硫固體粒子的輻射霧，與工業區排放的污染物和汽車排放廢氣密切相關。

岩盆 lopolith
碟狀的整合貫入圍岩岩層間的侵入岩體，其上下面皆向下凹入，故中間凹下，狀如盆碟。

岩幕 nappes
指掩覆在幾乎呈水平的逆衝斷層面上的岩體；其與下方岩體的相對位移量可達數公里。參見逆衝斷層。

岩漠 rock desert
乾燥地區，地面的沙礫經風化再被風吹蝕殆盡，地表絕少流沙及塵土，僅殘留大片光禿禿的岩床，稱為石質沙漠，簡稱岩漠。

岩脈、岩牆及岩床

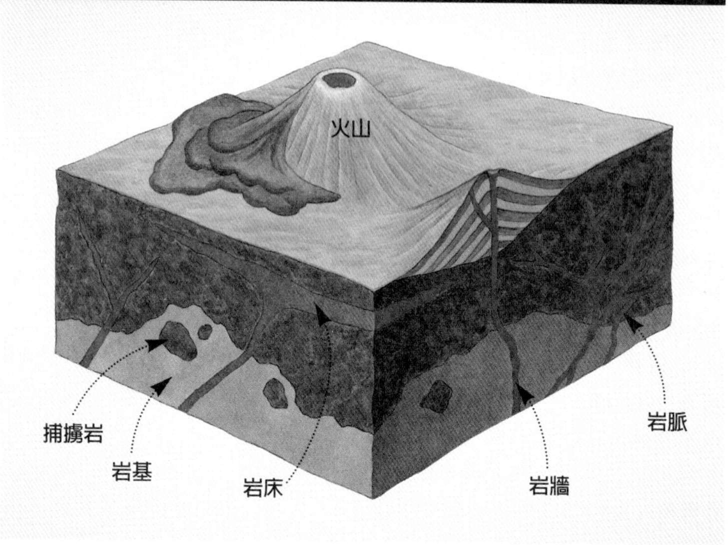

岩脈 vein
沿著岩石的破裂面，如節理等，所造成的火成岩侵入岩體或礦體。

岩峰 pinnacle
地表經過長期的風化侵蝕，所殘留的孤立狹窄山峰。

岩體膨脹 dilatation
岩體因為解壓所造成的膨脹現象，通常會因而發展出解壓節理。花崗岩或片麻岩等生成於地殼深處的岩石，因為其所承擔的重壓而具有較大的岩石強度，不過一旦上覆岩體被侵蝕移除，壓力減輕後便會經歷彈性膨脹。此種作用也可能發生在冰河覆蓋的地區，因為冰河會侵蝕大量的表層岩石，使該地區地底岩體的承重由原來比重較大的岩體，變為比重低的冰層，後來甚至消融，因而負重減輕並膨脹。

岩理 texture
1 岩石中組成顆粒的大小、形狀、排列和結合方式。
2 土壤中各種大小土壤顆粒的組成比率。同質地。

岩蓋 laccolith
整合貫入的侵入岩體，頂部拱起呈穹丘狀，底部大致水平。

岩溝 lapies
石灰岩地形發育初期，雨水或地表水在石灰岩面順著岩石裂隙不斷的進行溶蝕，鏤刻成長條形的窪槽，槽底高低不平，崎嶇難行，稱為岩溝。參見石灰岩。

岩化作用 lithification
使沈積物減少孔隙變為沈積岩的各種地質作用。

岩海 block field，felsenmeer
在高緯或高山地區，岩體因為凍裂作用崩解成多角狀岩塊或碎屑，覆蓋於廣大的地面的景觀。

岩基 basolith
地殼淺處由大範圍入侵岩漿冷凝而成的火成岩體。其出露面積至少在100平方公里以上。參見岩株。

岩漿 magma
乃地殼和地函部分岩石熔融而成、內部充滿氣體的液態岩石。最初因為受到上方岩層的強大壓力而非常黏稠，但是當它穿過地殼裂隙往上升時，因壓力降低而增加流動性。岩漿中的氣體含量越多，或是二氧化矽的含量越多，越具有爆炸性。

岩漿的種類	二氧化矽含量
酸性或長英質類	>66%
中性	52～66%
基性或鐵鎂質類	45～52%
超基性或超鐵鎂質類	<45%

岩漿分異作用 magmatic differentiation
一個大致均一的岩漿體，因冷凝及礦物的結晶，而區分成不同的部分，並進一步形成具有不同礦物和化學成分的各種火成岩的作用。

岩漿庫 magma chamber
岩石圈內充填著岩漿的空穴。

岩漿水 magmatic water
岩漿冷卻固結時所釋放的水分，又稱處女水或初生水。參見原生水。

岩牆 dyke，dike
岩漿從地底以高角度往上侵入上方的岩層後，冷凝而成的不整合貫入圍岩的扁平狀火成岩侵入岩體。參見岩脈。

岩屑 regolith
覆蓋在新鮮基岩之上的岩石碎屑層，可能是由底下的基岩經過風化作用而形成，也可能是經由流水、風、冰河等介質搬運而來。通常在起伏平緩的地區發展得較好。

岩性學 lithology
根據礦物的成分和岩理，系統化地研究岩石的物理及化學特性的學科。

岩株 stock
出露面積小於100平方公里的火成岩基侵入體。參見岩基。

岩床 sill
岩漿以水平方式侵入地殼上部岩層，冷凝而成的扁平狀深成火成岩體。參見岩脈。

岩石滑動 rockslide
指脫離基岩層的岩塊，順著地層層面或節理面等原已存在的平面往下滑動的現象。此種塊體運動經常因為雨水的滲入，降低潛在滑動岩體與底部岩層之間的摩擦力而發生。

岩石階地 rock terrace
因地殼隆起或海平面下降，使河流向下切蝕河谷基岩，所形成的階地地形稱為岩石階地。

岩石圈 lithosphere
為地殼與緊接其下的上部地函所形成，厚約100公里的堅硬地球表層，亦即構成板塊的主體。

岩石循環

岩石循環

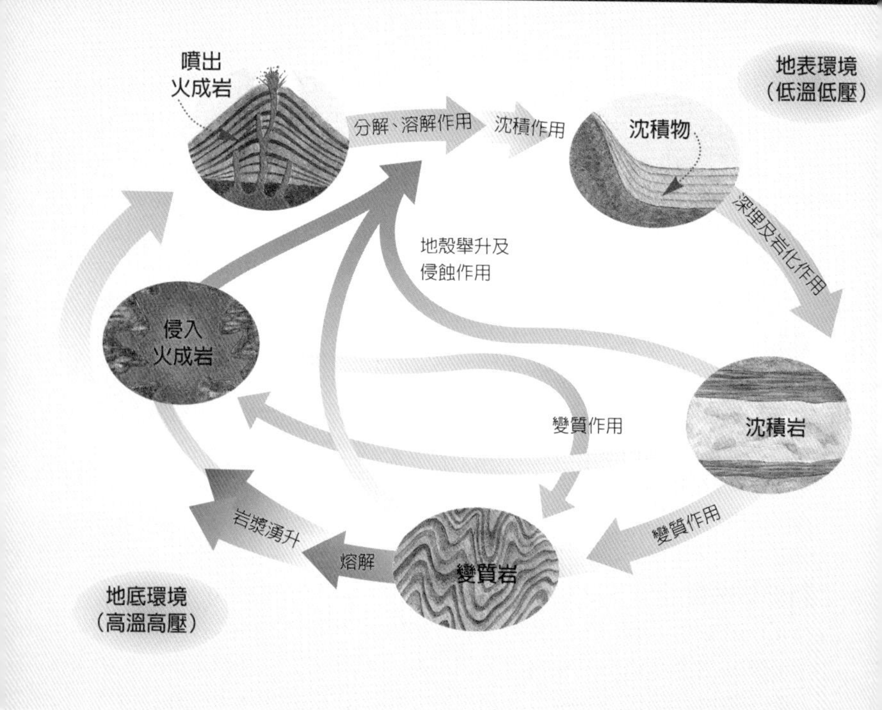

cycle of rock change
岩石由沉積岩、火成岩或變質岩成為另一種岩石的變化。

岩石碎屑 clast
岩石經風化侵蝕後所形成碎塊的總稱。

岩原 pediment
乾燥區域中，山崖因侵蝕作用逐漸後退，在山腳下所形成的緩慢傾斜的侵蝕岩面，上面局部覆蓋極薄的沖積層。參見乾燥地形。

岩岸 rocky coast
指山丘緊逼海岸，山海交錯，岬角和灣澳相間，利於漁航的海岸。

鹽土 saline soil
鹽分含量很高的土壤。主要是淺層地下水被毛細管力吸至地表蒸發後，將氯化鈉和硫化鈉殘留在表層土壤而形成。

鹽灘 salt flat
指覆蓋著鹽結晶的內陸平淺盆地。其乃由注入盆地的河水或原本的鹹水湖泊，經強烈的蒸發作用生成鹽結晶，並逐漸累積而成。

鹽結晶作用
salt crystallization
當海水或含鹽類的水殘留在岩石表面的裂隙或顆粒間的孔隙，經過蒸發後，鹽結晶的成長對鄰近岩石顆粒造成壓力，並逐漸鬆動岩石顆粒，而使之瓦解。

鹽丘 salt dune
沉積岩中由鹽體或鹽層上升所造成的穹丘構造。

鹽沼 salt marsh
在河口灣、海岸沙洲、沙嘴或沙丘內側海浪作用不及之處所形成的沼澤。乃河流中的懸移質淤沙，如細鹽粒和泥等，在漲退潮之際，水流近乎停滯狀態下，自水中逐漸沈澱累積而成。
當鹽沼被填高後，會有耐鹽植物進駐，結果加速淤積而填高，最後只在大潮時才會被淹沒。一個發育成熟的鹽沼，最明顯的特徵是有許多裸露的小空地，及完整的潮水進出的管道系統。

延滯時間 time lag
歷線洪峰發生時間與該場降雨事件的雨峰間的時間差。代表該河流對降雨反應的快慢。參見水文歷線。

沿岸漂流
longshore drift，littoral drift
由碎浪所成的磯波和回濺，在海灘上對沙礫的搬運作用。當海浪前進方向與海岸線斜交時，磯波將沙礫順著波浪前進的方向帶上海灘，回濺則因重力作用以垂直海岸線將沙礫帶回海洋，長期作用的結果，造成沙礫順著沿岸流的方向移動。

沿岸漂沙 littoral drift
由海灘漂移和沿岸流，在海濱所共同進行的沉積物搬運作用。

沿岸流 longshore current
波浪以斜角進入海濱時，產生一個和海岸平行的運動分力，成為沿著海岸邊的低槽前進的水流，為沿岸搬運沉積物的主要營力。

沿岸沙洲 longshore bar
位於海岸高潮線與低潮線之間，平行於海岸線的沙石堆積地形。

演化 evolution
經由自然淘汰的過程，使生命逐漸分化演變的過程。

堰洲 barrier bar
由海浪作用所造成平行於海岸線的狹長沙洲，主要由沙礫組成，和陸地之間隔有潟湖。

堰洲島 barrier island
指與大陸海岸平行，間夾潮汐性潟湖的低矮沙質島嶼。多半為數千年前冰期結束後，在海平面逐漸上升的過程中，海浪將原來堆積在暴露的陸地上的沙丘，緩慢往陸地的方向搬運並累積成平行於海岸線的巨大沙丘，但後來因為體積過大而無法再繼續前進，接著海水繼續上升，將其內陸側淹沒而形成潟湖，這些大的沙丘便成為平行於海岸線的低矮島嶼。現今這些島嶼繼續因為風的堆積作用成長，也同時被暴風雨產生的巨浪侵蝕。

偃臥褶皺 recumbent fold
指地層變形而軸面倒轉到幾乎呈水平狀態的一種倒轉褶皺。參見褶皺。

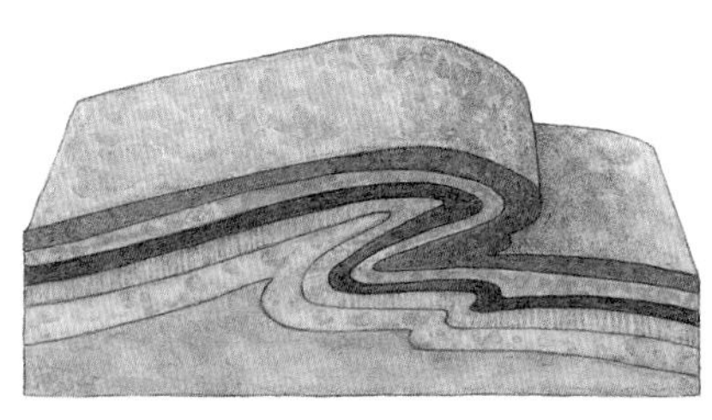

陰影帶 shadow zone
因為地震體內波在通過不同介質時會產生折射，結果在地震震源與地核連線的兩側，即由震央切面算起103到143度之間的地球表面地帶，無法接收到地震直接引起的體內波。參見地震波。

隱沒帶 subduction zone
在聚合板塊邊緣，前導板塊自海溝向下傾沒到另一對撞的板塊底下。為地震及火山作用頻繁的地帶。參見板塊運動。

隱沒作用 subduction
一個板塊下沈到另一個板塊之下的過程。參見板塊運動。

洋 ocean
隔開全球主要陸塊的大型海域。全球有五個被公認的大洋，包括太平洋、大西洋、印度洋、南大洋和北極海。水域面積遼闊，鹽度大致一定，具有獨立的潮汐和洋流系統者。全世界大洋的平均鹽度約為35‰。

洋流 ocean current
在海洋中相對而言較為快速的海流，進行各緯度帶熱量的輸送，有助於維持大氣熱平衡。包括由風所驅動的海面洋流，以及深海中因為溫度或鹽分差異所造成的海流。一般流速約為每小時3至4公里，越向下層流速越慢，至海深180公尺以下已經很少有洋流現象。見下頁圖。

洋蔥狀風化
onion-skin weathering
岩質較為均勻的岩體，因為解壓、熱脹冷縮，以及岩石內部礦物水化或鹽結晶生長所產生的壓力，出現同心圓狀及放射狀的破裂面，並發生如同洋蔥狀的層狀剝離過程。

羊背石 roche moutonnêe
大陸冰河磨蝕堅硬的岩層，形成一群圓丘，狀似群羊俯臥其間，故名羊背石。各圓丘面向冰河上游的一側因為受到磨蝕作用，坡度較平緩，表面光滑有擦痕，剖面略呈上凹的曲線狀；面向冰河前來方向的一側坡度較緩，外觀不規則且剖面通常呈上凸的曲線狀。

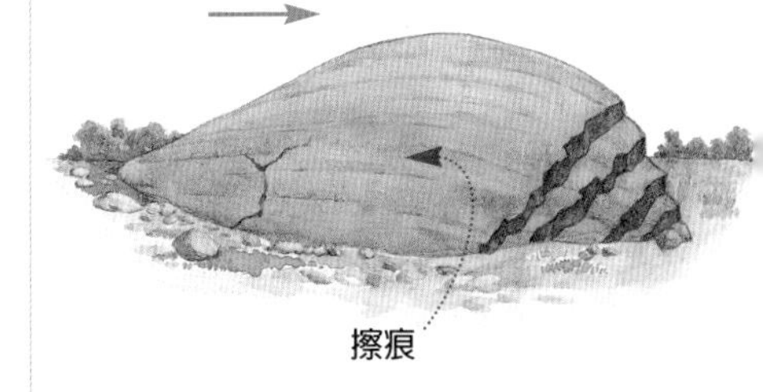

氧化土 oxisol
分布在溼熱的雨林或莽原地區，由於化學風化作用旺盛，土層深厚，層界不明顯。A層中的營養元素大多被淋溶消失，土質貧瘠，土粒粗大而多孔隙，透水性佳。

由於僅殘餘氧化鐵、氧化鋁等物質，因此呈現磚紅色。

氧化作用 oxidation
屬於化學風化的一種。岩石中含鐵礦物與氧結合，造成岩石組成的變化。

氧循環 oxygen cycle
氧以氣態和沉積物形式，在生物圈中進行的生地化循環。

營力 process
改變地表形態的力量和作用，包括由地球內部發動的內營力，例如火山活動；以及源自地球外部

世界洋流示意圖

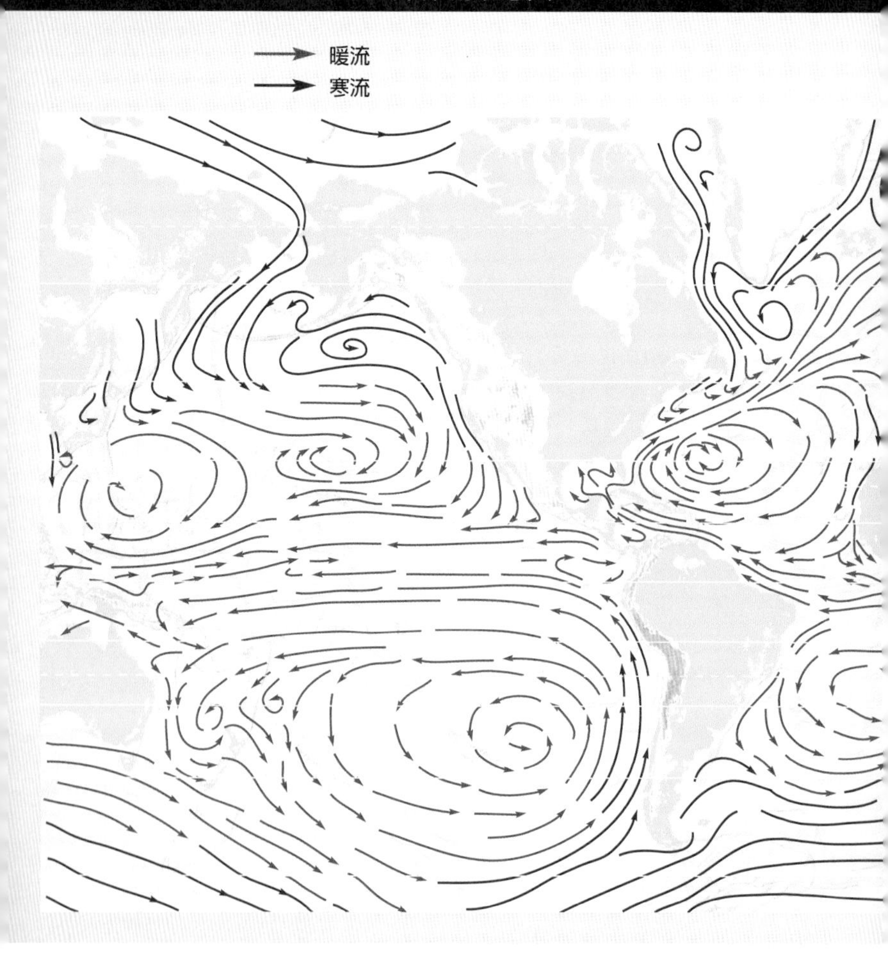

的外營力，主要為由太陽能所驅動的風、水、冰河等營力。

盈水層 phreatic zone

孔隙充滿地下水的岩層。同飽和帶。

應變 strain

物體受應力作用而改變形狀或體積的變形作用。

硬度 hardness

礦物表面因為外力的摩擦而產生抵抗力的大小，稱為硬度。目前普遍採用的莫式硬度表，是由奧國的礦物學家Friedrich Mohs所定義出來的。硬度的表示是相對的，共分成一到十級，金剛石最堅硬，屬於第十級，滑石是最軟的，屬於第一級；不過硬度表的數字並沒有一定的比例關係，僅表示相對的硬度。

莫式硬度表如下：

1. 滑石（Talc）
2. 石膏（Sypsum）
3. 方解石（Calcite）
4. 螢石（Fluorite）
5. 磷灰石（Apatite）
6. 正長石（Orthoclase）
7. 石英（Quartz）
8. 黃玉（Topaz）
9. 鋼玉（Corundum）
10. 金剛石（Diamond）

硬頁岩 argillite

頁岩或泥岩經過輕度區域變質作用所造成的變質岩。岩石僅發生變硬作用。

污染物 pollutants

指空氣、水或土壤等環境中的固體顆粒或化學污染氣體。

無煙煤 anthracite

含92％至96％固定碳的最高級煤。

霧 fog

當地表附近的潮溼空氣降低溫度至露點以下時，空氣中的水蒸氣凝結成小水滴，懸浮於空氣中，便形成霧。在氣象上，通常當能見度短於1公里時，即被稱為有霧。當能見度受阻，但仍遠於1公里，則稱為薄霧（mist）；能見度短於1,000公尺時，稱中霧（moderate fog）；短於500公尺時，稱霧（fog）；短於200公尺時，稱厚霧（thick fog）；而短於50公尺時，稱濃霧（dense fog）。

霧淞 rime

由空氣中飄浮的微冰粒和過冷的水碰到暴露的物體後，迅速凍結而成的不透明冰粒沈積。

物理性風化
physical weathering

經由地表的各種物理作用使岩石由大變小的過程。同機械性風化。

物質循環 material cycle

由輸入的能量所驅動，使其間的物質永不間斷地流動的密閉系統。

▲山間與城市中的霧。

窪盆 uvala
指鄰近豎坑或陷穴因溶蝕作用繼續擴大，或因地下洞穴發育而塌陷，相互連接所形成的狹長封閉窪地。參見石灰岩。

外氣層 exosphere
一般以離地面500到600公里的增溫層頂部為地球大氣圈的上限，其上雖仍有氣體，但因密度甚低而喪失氣體特性，與大氣圈內的各層大氣迥異，統稱為外氣層。

外洗平原 outwash plain
指由多個相鄰的外洗扇所聯合而成的寬廣平原。

外洗扇 outwash fan
當冰河消融時，一面後退一面變薄，融解的冰水挾帶著冰層裡融解釋放的土石沙礫向冰河區以外流動，在冰河前端所形成的沖積扇。

▲崑崙山上的外洗扇。

外營力 exogenic processes
主要指由太陽輻射能量驅動空氣、水等介質產生運動與循環，對地表的組成物質和形態所進行的各種風化、侵蝕、崩壞和堆積作用。參見營力。

威斯康辛冰期 Wisconsin Glaciation
更新世中的最後一個冰期。

微波 microwaves
波長在0.03公分到1公分之間的電磁波。

微暴流 microburst
在雷暴雨胞下衝流之下，靠近地面所發生的短暫強烈風場。

微大陸 microcontinent
鑲嵌在海洋板塊中，面積比一般大陸小的大陸地殼碎塊。例如印度洋西部的Seychelles plateau。參見板塊。

微粒 particulate
可以懸浮在大氣中很長時間的固態或液態小顆粒。

微量元素 trace element
在礦物中含量少於1%的元素；通常少於0.001%。

微氣候 microclimate
指非常小區域內的氣候。例如，某株植物旁的氣候、一道牆後的氣候等。嚴格來說，微氣候探討的範圍比當地氣候還小，但是兩個名詞有時被當成同義字使用。

圍岩 country rock
有火成岩侵入或有礦床孕育的岩石。

緯度 latitude
地表某一地點在所處經線上與赤道相隔的角度。各緯線互相平行，每一度緯度的距離各處大致相等，在赤道附近為110.551公里，但因地球略呈扁橢圓形，故在兩極處稍長，約為111.698公里。

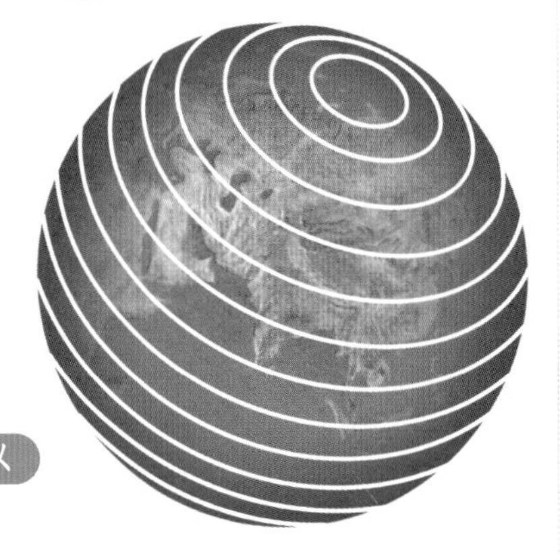

緯線 parallel of latitude
垂直地軸、平行赤道的平面與地球表面相交所成的圓。

偉晶花崗岩 pegmatite
含有極大結晶礦物的火成岩，以花崗岩為主，主要礦物為石英、長石和雲母，多呈岩脈狀。

未飽和帶 unsaturated zone
地表下位於飽和帶之上的土壤、岩屑或岩層，其間的孔隙除了在雨水快速入滲時之外，大部分時間並沒有完全被水充滿。

未育土 entisol
分布在各種新生成的地形面上的土壤，如現生沙丘堆積區、火山熔岩流表面，因為形成時間太短，沒有明顯的分層。

位能 potential energy
地球對物體的重力吸引所產生的能量，其大小受物體高度的影響，位置越高能量越大。

灣堤 bay barrier
同海灣洲。

灣口沙洲 bay-mouth bar
同海灣洲。

溫底冰河 temperate glacial
當冰河底部的溫度接近攝氏0度時，很容易在冰河與底岩接觸面融解，形成薄層的水膜，有助於冰層的滑動。許多溫帶地區的冰河，其50%到90%的移動量是靠著此種運動完成的。

溫度梯度
temperature gradient
溫度沿著特定方向變化的速度。

溫帶 temperate region
指南北回歸線至極區之間的氣候帶。因冬夏太陽輻射角度變化大，季節變動明顯。

溫帶氣旋 wave cyclone
出現在中緯度地區，由冷暖空氣的交會所形成的冷鋒和暖鋒，組合而成並移動的氣旋。

溫泉 hot spring
溫度超過人類體溫及土壤中的溫度，或是比空氣的平均溫度為高的泉水。

▲冰島潟湖溫泉。

溫室效應 greenhouse effect
地表吸收太陽輻射後，也會依其自身的溫度不斷地向外放射長波輻射。在地球外射過程中，大氣中的水氣、二氧化碳、甲烷等會吸收地球長波輻射，增加大氣溫度，此現象稱為溫室效應。其中，水氣吸收4.5～80微米波長的輻射，二氧化碳主要吸收12.9～17.1微米波長的輻射。

溫室效應氣體 greenhouse gases
大氣中會吸收地球長波輻射的氣體。最重要的溫室效應氣體有水氣、二氧化碳、臭氧、甲烷、氮氧化物及氟氯碳化物等。
大氣中若溫室效應氣體含量增加，則大氣的溫室效應會增強，其保存的能量也隨著增加，造成溫度上升。

溫鹽流 thermohaline currents
極區海面海水結冰時，會排出鹽分使緊鄰的海水密度增加，而往下沈降，直到抵達密度相同的水層後，向水平方向擴散。而極區以外密度較小的海水，因吸收表層海水傳導來的熱量而變暖，密度變小而上升。這種由溫度、鹽度的差異所造成的大量深海洋流，稱為溫鹽流。其移動速度緩慢，每天不過數公尺。且水體一旦開始沈降，有時要經過數百年，才能重回海面。

紋溝侵蝕 rill erosion
當山坡坡面上的片流開始匯聚時，逐漸侵蝕出約略平行的小紋溝。紋溝寬度可達1公尺以上，深度則在30到60公分之間。

穩定的空氣 stable air
指環境溫度遞減率比空氣的絕熱冷卻率小的狀態。在此種狀態下，舉升空氣胞的溫度下降速度，比周圍環境氣溫隨著高度下降的速度快，因此一旦發生空氣舉升，其溫度就會比周圍環境的氣溫低，使得空氣必須收縮才能再與周圍環境達成平衡，舉升空氣收縮後，因變得比周圍空氣重，會再沉回原處，所以不容易發生大規模的上下移動。在逆溫的狀態，環境的溫度隨著高度而增高，因此空氣舉升冷卻後，與環境的溫差更大；在此種條件下，空氣不容易對流，是一種非常穩定的大氣狀態。

紊流 turbulent flow

指流體的分子呈互相不平行的不規則運動，多漩渦和迴轉的現象。

一般的河川，尤其在河水流速很快而河床或河岸很粗糙的狀況下，河中水分子的流線彼此交纏，屬於此類水流型態。河水中的漩渦的揚力，有助於維持懸移質淤沙的搬運。

低空的空氣也常因地表的起伏而產生紊流。

紊亂水系
deranged drainage network

原始的水系受到其他的地形作用（如冰河作用）的影響而沒有明顯的流向。

淤沙侵淤曲線
Hjulstrom curve

用以展現不同顆粒粒徑的淤沙，在河水中可被侵蝕的最低流速與開始沉澱的最大流速的圖形。圖中顯示侵蝕沙粒的速度閾值最低，黏粒則因為彼此間的黏滯性而增加其抗蝕的能力。而隨著流速的逐漸降低，淤沙開始沉積，速度越小，得以沉積顆粒的最小粒徑也變小。

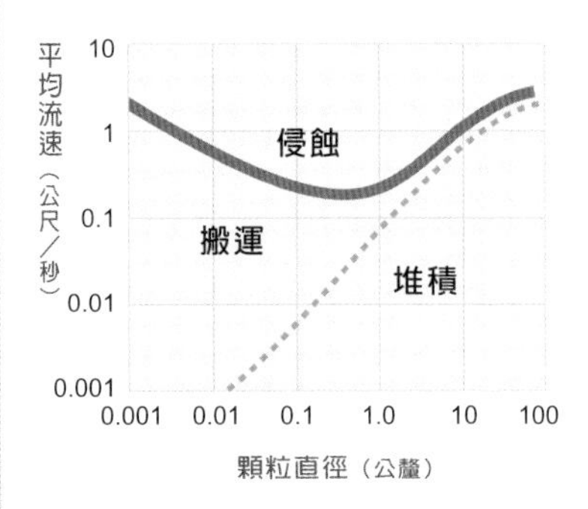

淤沙收支 Sediment budget

沉積物搬運系統中，各種作用所牽涉到的沉積物質的辨識與量化研究。例如研究沙灘系統中沙粒的侵蝕、搬運和堆積的變動。

淤沙生產量 sediment yield

河流從其流域中搬運出來的總淤沙量；通常僅計算懸移質淤沙，而以每年單位流域面積所產出的淤沙總體積或重量表示。因此代

表一個流域的平均侵蝕速度。

淤沙載 load
河流以溶解、懸浮、滾動、推動或跳動方式所搬運的固態或溶解物質。

餘震 aftershock
主要地震發生以後的小地震，常可延續數日到一個月以上。

雨 rain
當液態的降水直徑小於0.5公釐時稱為雨；若其直徑小於0.5公釐，稱為濛。若雨或濛接觸到非常寒冷的地面而凍結，稱為凍雨或凍毛雨（freezing drizzle）。

雨滴濺蝕 rainsplash erosion
受到大顆雨滴的衝擊所造成的土粒位移現象。最容易在遭受暴雨襲擊的裸露的土壤邊坡觀察到此種現象。

雨林 rainforest
在高降雨量地區，由緊密相鄰的高大樹木所組成的森林。森林中有明顯的垂直結構，幾乎彼此銜接的樹冠形成林冠層（canopy），高過林冠層的高大樹木，稱為凸出層（emergent layer），林冠層下面為由年輕樹木組成的下層林木（understory layer），地面上則有由小樹苗和林下植物所構成的地被層（forest floor）。

雨量計 rain gauge
測量雨量多寡的儀器。

雨層雲 nimbostratus
出現高度在2,000公尺以下，布滿整個天空的暗灰色層狀雲，常與雨雪伴生。

雨蔭 rain shadow
同雨影。

雨影 rain shadow
潮溼的空氣在迎風坡形成地形雨，越過山頂往下流時，因絕熱增溫而變得乾熱。這種背風少雨的地區稱為雨影。

羽毛狀水系
pinnate drainage pattern
樹枝狀的水系中，若支流互相平行，並以甚為尖銳的角度注入主流者。

月海 mare（多數稱maria）
月球上黑色低陷的平原，充滿厚度不詳的基性火成岩。

月均溫
mean monthly temperature
指一個月裡各天日均溫的平均值。

月溫差
monthly temperature range
一個月中最高溫與最低溫的差距。

元 Eon
地質時間表中分隔的最大單位，共有顯生元和隱生元兩大單位。

圓頂狀空氣污染層
pollution dome
在無風狀態下，都市地區的空氣污染物聚集在其四周及上空，形成類似半球狀的分布現象。

原積土 sedentary soil
由當地基岩風化並經成土作用所形成的土壤。

原始大陸 Pangea
假想中的古大陸，一直維持到中生代，由勞拉古陸和岡瓦納古陸的地盾聯合而成。

原生礦物 primary mineral
指火成岩冷凝時生成的礦物。

原生植物演替

primary plant succession
在一個未經人為干擾的環境中，植物群落所進行的一系列替換過程。通常指植物對一個自然裸露地的佔據和演替過程。

原生水 connate water
沈積岩形成時，被封閉在沈積物孔隙中的海水。參見岩漿水。

原子核 nucleus
原子構造的中心體，由質子和中子所組成。

緣石 rim stone
石灰岩地形中有重碳酸鈣的流水，在流動過程中遇到局部小型窪地即積水成池，當池水滿溢外流時，在池緣處水分蒸發，沈澱出碳酸鈣，逐漸累積增高變厚而成的岩體。

遠日點 aphelion
地球圍繞太陽運行，其軌道為一橢圓，因而地球與太陽之間的距離並非恆等。地球距離太陽最遠時稱為遠日點，大約在7月4日，距離為1.53×10^{11}公尺。就垂直太陽輻射的地球表面而言，遠日點時的單位面積吸收的能量比近日點少7%。

雲 cloud
由凝結的水滴或冰晶在空中聚集所成肉眼可見的聚合物。可以出現在不同的高度，具有不同的形狀和大小。典型的雲滴直徑約為0.01公釐。雲的形狀千變萬化，根據雲底高度可分為低雲、中雲、高雲及直展雲等。根據雲的形狀可分為卷雲、卷積雲、卷層雲、高積雲、高層雲、雨層雲、層積雲、層雲、積雲及積雨雲等十種。參見次頁圖。

▲有些緣石具有明顯池狀外觀（如左圖），有些則否（如右圖）。

雲的種類

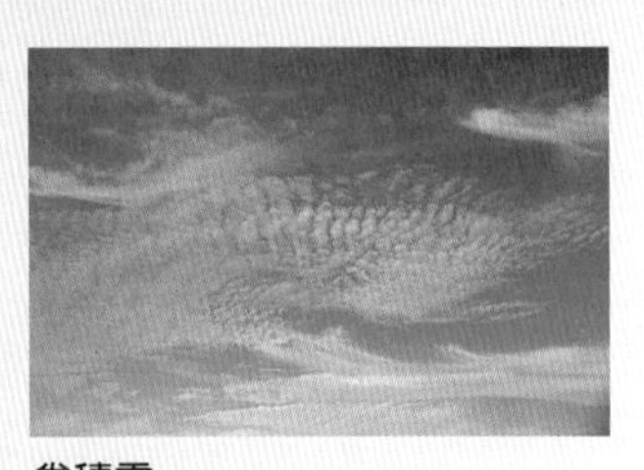

卷積雲
出現高度約在6,000公尺到10,000公尺，色白無影但稍能阻擋日光，排列有序，形同魚鱗的雲。

卷層雲
出現高度約在6,000公尺到10,000公尺，如乳白色絹絲，當透過日光時，呈現光環的雲。

卷雲
出現高度約在6,000公尺到10,000公尺，純白無影，厚度甚薄，日光可透過，形如羽毛的雲。

高積雲
出現高度約在2,000到6,000公尺，色灰白、體積較卷雲大而有影，雲塊密集，多半排列有序。這種雲如果出現在溫暖日子裡的上午時刻，通常表示傍晚可能有雷雨。

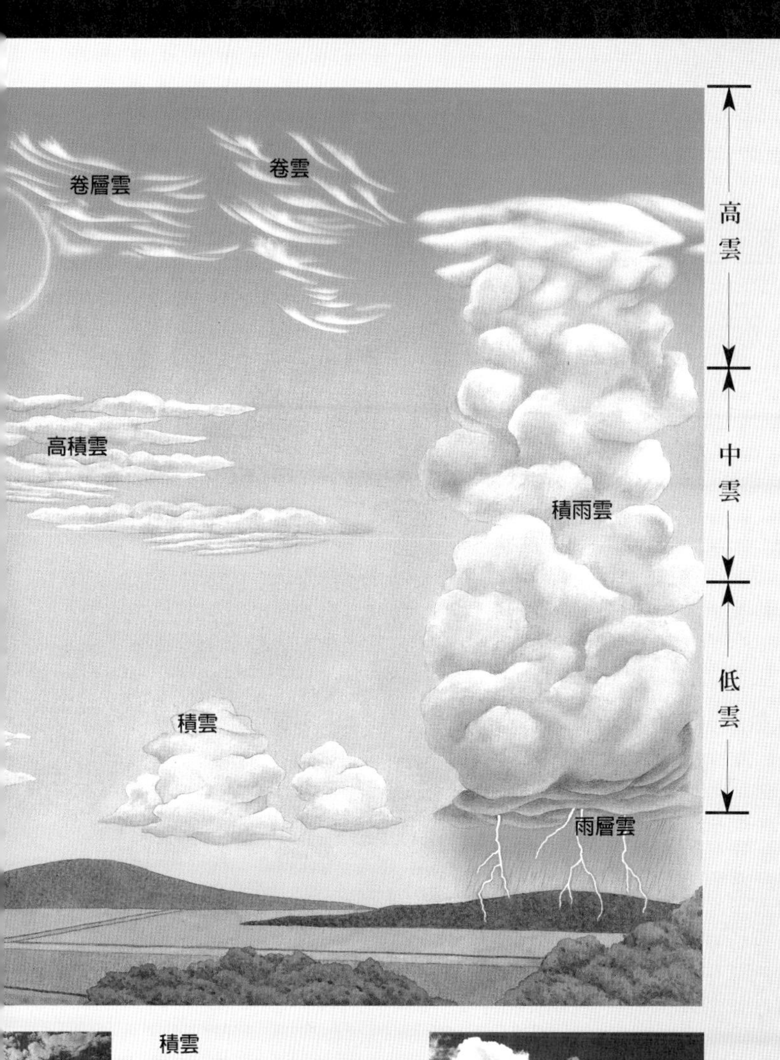

積雲

獨立分散、球狀的白色低層雲。雲底在1,000公尺以下，但垂直向上發展，形成像棉花、山嶽，呈日光不能透過的白色或深灰色的直展雲。

雲母 mica

一群含水及鋁的矽酸鹽礦物。有一個方向具有極完整的節理面，屬片狀矽氧四面體構造，外表呈薄片狀。

隕石 meteorite

來自太空中其他行星，穿過大氣撞擊到地面上的石質或金屬質礦石。

運積岩屑 transported regolith

被河水、風或冰河等從遠處攜帶而來，並堆積在基岩或老岩屑層之上的岩屑。例如氾濫平原上的坋沙，湖床的泥和沙灘上的沙等。

永凍土 permafrost

高緯冰原或高山冰河與其冰緣地區，因為氣候寒冷，土壤中的水分凍結至少兩年以上未曾解凍的土層。有些苔原地區，永凍土上層的土壤會在春夏融化，但是其底層的土壤卻維持凍結，結果表層土壤水不能滲透排除，而造成地表逕流。全球大約有20％到25％的土地為永凍土，主要分布在前蘇聯、加拿大和阿拉斯加。

永凍層面 permafrost table

在永凍土分布區，長年凍結土壤表面的深度。也就是會發生融凍作用帶的土壤深度的底界。

永續發展
sustainable development

以合理的科技，明智地使用資源，使能持續進步又能避免對環境造成不利影響的發展方式。指能滿足目前的需要，又不至於減損後代福利的發展方式。

湧浪 swell

在颱風的海面上，因為接受各種頻率的風的吹拂，海浪通常非常紊亂不規則，但是當海浪往前而離開受風區後，則會依照頻率而分群，成為穩定的形態，從發源地經長距離移動到岸邊，稱為湧浪。

湧升流 upwelling

在北半球大陸的東岸或南半球的西岸，當信風風向平行海岸線時，科氏力使得受風的海水往左（南半球）或右（北半球）偏而流向外海，底層的海水順勢往上補充，形成湧升流。湧升流會將海底養分帶至海面，有利於浮游生物的繁殖，進而吸引魚類，成為重要漁場。

惡地 badland

指遍布蝕溝、地形崎嶇之地，其間各處不但因為陡坡的阻隔而往來交通困難，也無法耕作。惡地通常發展在岩層透水性低、植被稀疏的地區，在此種地區，暴雨極易形成大量地表逕流而造成嚴重的沖蝕。

靄 haze

大氣中污染物或天然氣溶膠的輕微集中現象，造成能見度的下降。

▲台東利吉泥岩惡地。

奧陶紀 Ordovician Period
地質時間表中，古生代的第二個紀，距今約四億九千到四億三千四百萬年前。

安息角 angle of repose
當疏鬆的岩屑落下而堆積成丘，因為顆粒間的摩擦力，其所能維持平衡狀態而不崩垮的最大角度，稱為該種堆積物的安息角。只要堆積的斜坡超過此坡度，堆積體便會發生崩塌。一般而言，堆積物的顆粒粒徑越大，安息角也越大；當堆積體中滲入水分後，安息角通常會減低。

安山岩 Andesite
為中性噴出火成岩，約含60%的二氧化矽，呈現細粒至斑狀的外觀。
安山岩岩漿可能猛烈噴發，但在噴發前氣體通常會先逸出，然後才緩慢流出黏稠的熔岩流。

鮞石 oolite
石灰岩中含有碳酸鈣所成魚鮞（即魚苗）狀的小圓粒，有時有同心圓構造。

二疊紀 Permian
地質時間表中，古生代的最後一個紀，距今約兩億九千八百萬年到兩億五千一百萬年前。

A層 A horizon
又稱為表土層。位於土壤母質與底土層上方的礦物質層。參見土壤層。

B層 B horizon
同底土。

C層 C horizon
土壤剖面的最下一層，由半風化的岩塊所組成。

E層 E horizon
即洗出層位於土壤A層之下的土層。由於黏土礦物、氧化鐵和氧化鋁的流失，而有石英粒富集的現象，顏色偏灰白。參見土壤層。

Köppen氣候分類
1918年，奧國氣候和植物生態學家Vladimir Köppen根據月平均溫、年平均溫及雨量等因素所制訂的氣候分類系統。見次頁圖。

O層 O horizon
同有機質層。

P波 primary wave
同初波。

S波 secondary wave
同次波。

氣候符號		氣候類型	氣候特徵
第一字母	第二字母		
A		熱帶多雨氣候（Tropical）	最冷月平均溫度大於18℃
	f	熱帶雨林氣候（Af）（Tropical rainforest）	最乾月雨量大於60公釐
	m	熱帶季風氣候（Am）（Tropical monsoon）	最乾月雨量少於60公釐，但大於100 - r / 25（註1）
	w	熱帶疏林草原氣候（Aw）（Tropical savanna）	最乾月雨量小於100 - r / 25
B		乾燥氣候（Dry）	降雨量界限值： 冬半年多雨 r ≦ 20t 夏半年多雨 r ≦ 20t（t+14） 降雨均勻r ≦ 20t（t+7）（註2）
	W	沙漠氣候（BW）（Desert）	降雨量小於B界限值的一半
	S	草原氣候（BS）（Steppe）	降雨量大於B界限值的一半，但小於B界限值
C		溫帶氣候（Mesothermal）	最冷月平均溫度在18℃與-3℃之間，最暖月超過10℃
	s	夏乾冬暖氣候（Cs）（dry summer）	夏季最乾月雨量小於冬季最溼月雨量的三分之一
	w	冬乾溫暖氣候（Cw）（dry winter）	冬季最乾月雨量小於夏季最溼月雨量的十分之一
	f	常溼溫暖氣候（Cf）（perpetually moist）	降雨情況不滿足s和w者
D		寒冷氣候（Microthermal）	最冷月平均溫度在 -3℃以下最暖月超過10℃
	s	夏乾寒冷氣候（Ds）（dry summer）	s、w、f的意義與C型者相同
	w	冬乾寒冷氣候（Dw）（dry winter）	
	f	常溼寒冷氣候（Df）（perpetually moist）	
E		極地氣候（Polar）	最暖月平均溫度低於10℃
	T	苔原氣候（ET）（Tundra）	最暖月平均溫度在0℃與10℃之間
	F	永凍氣候（EF）（Ice cap）	最暖月平均溫度低於0℃
H		高地氣候（H）（Highland）	溫度條件與E型相同，但卻是由高度造成

註1：r為年平均降雨量，單位為公釐。

註2：t為年平均溫度，單位為℃。夏半年為4月至9月，冬半年為10月至翌年3月。若70%以上年雨量降於夏半年，採用夏半年多雨公式；若70%以上年雨量降於冬半年，採用冬半年多雨公式；若既非夏半年亦非冬半年多雨者，則採用降雨均勻公式。

U形谷 glacier trough

同冰蝕槽。

V形谷 V-shaped valley

由河流侵蝕作用所造成的典型山谷形態。山谷兩翼坡面的角度則視河流垂直下切與山坡因風化、崩壞作用後退的相對速度而定。如果下切的速度較快，則山谷通常會較為狹窄，而當山坡後退速度較快時，則山谷較為開闊。

實際上，未必所有河谷都會呈現V字形，尤其是當河流的側蝕作用較為旺盛時，常形成寬廣平坦的河谷平原。另外，在積夷作用旺盛之處，也可能將低窄的河谷低地堆積成較為寬廣的平原。

▲台東霧鹿峽谷為一V形谷。

索引 INDEX

A

B

bahada　波狀原
bajada　波狀原
balance rock　平衡岩
balance zone　平衡區
bankfull　滿岸
bar　沙洲
barchan　新月丘
barrier bar　堰洲
barrier island　洲島，堰洲島
barrier reef　堡礁，堤礁
barrier-island coast　洲潟海岸
basal slip　底滑
basalt　玄武岩
base flow　基流
base level　基準面
base-level of erosion　侵蝕基準面
basement　基盤
basin　盆地
basolith　岩基
bathymetry　海深學
bauxite　鋁土礦
bay　海灣
bay barrier　海灣洲，灣堤
bay-mouth bar　灣口沙洲
beach　海灘
beach drift　海灘漂移
beach face　海灘灘面
Beaufort wind scale　蒲福風級表
bed load　床載
bedding　層理
bedform　層形
bedrock　基岩，母岩
beheaded stream　斷頭河
berm　灘台
bifurcation ratio　河川分歧比
biodiversity　生物多樣性
biogeochemical cycle　生地化循環
biogeography　生物地理學
biological weathering　生物風化
biological, of biochemical, oxygen demand　生物需氧量
biomass　生物量
biome　生物區
biosphere　生物圈
biotite　黑雲母
bioturbation　生物擾動作用
bituminous coal　煙煤
blind valley　盲谷
block fault　塊狀斷層
block field　岩海
block lava　塊狀熔岩
blowout　風蝕窪地
BOD　生物需氧量
bolson　袋形盆地，沙漠盆地
boro　布拉風
boulder　巨礫
boulder train　漂礫群
braided stream　辮狀河
breached（denuded）anticline　侵蝕性背斜
breaker　碎浪

C

climate change　氣候變遷
climatic region　氣候區
climatology　氣候學
climax　極盛相
climograph　氣候圖
cliometer　傾斜儀
cloud　雲
cloud seeding　種雲
coast　海岸
coastal plain　海岸平原
coastline　海岸線
cobble　中礫
cockpit　錐丘，石林
col　冰埡，山坳
cold climate region　寒帶
cold current　寒流
cold front　冷鋒
cold occlusion　冷鋒型囚錮
cold-based glacial　冷底冰河
cold-blooded animal　冷血動物
colloids　膠體
colluvium　崩積物，崩積土
columnar joint　柱狀節理
community　群落
compaction　壓縮作用
competence　搬運力
competition　競爭
composite volcano　複成火山
compression　壓縮力
conchoidal fracture　貝殼狀斷口
concordant pluton　整合貫入深成岩體
concretion　結核
condensation　凝結
condensation nuclei　凝結核
conditional instability　條件不穩定
conduction of heat　熱的傳導
cone of depression　沈降錐
confined groundwater　受壓地下水
conformal projection　正形投影
conglomerate　礫岩
connate water　共生水
connate water　原生水
consequent stream　順向河
conservation　保育
constructive wave　建設性的海浪
consumers　消費者
contact metamorphism　接觸變質作用
continent　大陸
continental collision　大陸碰撞
continental crust　大陸地殼
continental drift　大陸漂移
continental glacier　大陸冰河
continental lithosphere　大陸岩石圈
continental margin　大陸邊緣
continental rise　大陸緣積
continental rupture　大陸張裂
continental shelf　大陸棚

D

- delta fan　三角洲沖積扇
- dendritic drainage network　樹枝狀水系
- density current　重流
- denudation　地表剝蝕作用
- deposition　堆積作用
- deposition　凝華
- deranged drainage network　紊亂水系
- desert　沙漠
- desert pavement　漠坪
- desertification　沙漠化
- desiccation　乾化作用
- detrital sediment　碎屑狀沈積物
- detritus　碎屑
- Devonian　泥盆紀
- dew　露
- dew point　露點
- dew point lapse rate　露點下降率
- diabase　輝綠岩
- diagenesis　成岩作用
- diagnostic horizons　診斷層
- diapir　擠入構造
- diastrophism　地殼變動
- differential erosion　差異侵蝕
- differential weathering　差別風化
- diffuse radiation　散射
- dike　岩牆
- dilatation　岩體膨脹
- diorite　閃長岩
- dip　傾角
- dip slope　順向坡
- dip-slip fault　傾移斷層
- discharge　流量
- disconformity　假整合
- discontinuity　不連續面
- discordant　斜交
- disintegration　崩解作用
- dissolved load　溶解荷重
- distributary　分支
- diurnal　每日的
- divergent boundary　張裂邊緣
- doldrums　赤道無風帶
- doline　石灰阱
- dolomite　白雲岩
- dome　穹丘
- dormant volcano　休火山
- down-cutting　下蝕
- downdraft　下衝流
- drainage basin　流域
- drainage basin hydrological cycle　集水區水文循環
- drainage basion　集水區
- drainage density　排水密度
- drainage divide　分水嶺
- drainage patterns　水系型態
- drainage wind　重力風
- dreikanter　三稜石
- drift　冰磧物
- drift　漂礫
- dripstone　滴石

E

溫度遞減率
- environmental pollution 環境污染
- Eocene 始新世
- eolian 風成的
- Eon 元
- epeirogeny 造陸運動
- ephemeral stream 臨時河
- epipedon 表土層
- epiphytes 附生植物
- Epoch 世
- equator 赤道
- equatorial current 赤道洋流
- equatorial easterlies 赤道東風
- equatorial rainforest 赤道雨林
- equatorial trough 赤道槽
- equatorial zone 赤道帶
- equinox 分
- Era 代
- Erathem 界
- erg 沙海
- erosion 侵蝕
- erosion 侵蝕作用
- eruption 火山爆發
- esker 蛇丘
- estuary 河口灣
- eustatic change 海面升降變動
- eutrophication 優養化
- evaporation 蒸發作用
- evaporite 蒸發岩
- evapotranspiration 蒸發散量
- evolution 演化
- exfoliation 鱗剝作用
- exfoliation dome 鱗剝穹丘
- exogenetic processes 外營力
- exosphere 外氣層
- exposed shield 裸露地盾
- extinct volcano 死火山
- extinction 絕滅
- extrusive rock 噴出岩
- eye of storm 颱風眼

F

- facies 相
- falling limp 退水翼
- falling limp 下降翼
- fallout 落塵
- family 土族
- fault 斷層
- fault coast 斷層海岸
- fault gouge 斷層泥
- fault scarp 斷層崖
- fault-line scarp 斷層線崖
- feedback 回饋
- feldspar 長石
- felsenmeer 岩海
- felsic 長英質的
- Ferrel cell 弗雷爾環流胞
- ferromagnesium minerals 鐵鎂質礦物
- fetch 風域
- field capacity 田間容量
- fiery cloud 火雲

G

glacial drift　漂石
glacial lake　冰蝕湖
glacial plucking　冰拔
glaciations　冰河作用
glacier　冰河
glacier　冰川
glacier ice　冰河冰
glacier trough　冰河谷
glacier trough　冰河槽
glacier trough　冰蝕槽
glacier trough　U形谷
glaze　冰雨
global warming　全球增溫
gneiss　片麻岩
Gondwana land　岡瓦納古陸
gorge　峽谷
graben　地塹
graded bedding　粒級層
graded profile　均夷剖面
graded stream　均夷河
gradient　坡度
granite　花崗岩
granular disintegration　粒狀崩解
granular texture　粒狀岩理
granule　小礫
granulite　粒變岩
gravel　礫石
gravel desert　礫漠
gravitational water　重力水
gravity anomaly　重力異常
gravity gliding　重力滑移
graywacke　混濁砂岩
great circle　大圓
great group　大土類
greenhouse effect　溫室效應
greenhouse gases　溫室效應氣體
greenschist facies　綠片岩相
greenstone　綠色岩
groin　防波堤
groin effect　突堤效應
gross photosynthesis　總光合作用
ground ice　底冰
ground moraine　底冰磧
groundmass　石基
groundwater　地下水
gully　蝕溝
gully erosion　溝蝕
guyot　海底方山，海桌山
gyres　環流

H

habitat　棲地
haboob　哈布風
Hadley cell　哈德雷環流胞
hail　冰雹
hailstreak　雹線
half-life　半衰期
hanging valley　懸谷
hanging wall　上盤
hardness　硬度

I

- illuviation　洗入作用
- impermeable　不透水
- inceptisols　弱育土
- incised meander　下切曲流
- inclination（ magnetic ）　磁傾角
- inclusion　包裹體
- index fossil　標準化石
- index mineral　指準礦物
- Infiltration　入滲
- infiltration capacity　入滲容量
- infiltration-excess overland flow　超滲地表逕流
- influent stream　減水河
- infrared radiation　紅外線
- initial landform　初始地形
- inselberg　島丘，島狀丘
- insolation　日照
- insolation weathering　日照風化
- Interception　截留
- interglacial　間冰期
- interior drainage　內陸水系
- interlocking spurs　交錯山嘴
- intermittent stream　間歇河
- intermontane basin　山間盆地
- internal water　內含水
- International Date Line　國際換日線
- interstitial water　孔隙水
- intertropical convergence zone　間熱帶幅合帶
- interzonal soil　間域土
- intrusive rock　侵入岩
- invasion　入侵
- ionosphere　電離層
- island arc　島弧
- isobar　等壓線
- isoclinal fold　等斜褶皺
- isohyets　等雨線
- isomorphism　異質同形
- isopleth　等值線圖
- isoseismal line　等震度線
- isostasy　地殼均衡
- isotherm　等溫線
- isotope　同位素
- ITCZ　間熱帶幅合帶

J

- jet stream　噴流
- joint　節理
- joint set　節理組
- joint system　節理系統
- Jurassic　侏羅紀
- juvenile water　初生水

K

- kame　冰礫阜
- kame terrace　冰礫台地
- kaolin　高嶺土
- karst　喀斯特地形
- katabatic wind　下坡風
- Kelvin scale　凱氏溫度

L

- limestone 石灰石
- limestone cave 石灰岩洞
- limonite 褐鐵礦
- lineation 線理
- lithification 岩化作用
- lithology 岩性學
- lithosphere 岩石圈
- litter 枯枝落葉
- littoral drift 沿岸漂流，沿岸漂沙
- load 荷重
- load 淤沙載
- loam 壤土
- local climate 當地氣候
- local winds 地方風
- loess 黃土
- longitude 經度
- longitudinal dune 縱沙丘
- longitudinal profile 縱剖面
- longitudinal wave 縱波
- longshore bar 沿岸沙洲
- longshore current 沿岸流
- longshore drift 沿岸漂流
- longwave radiation 長波輻射
- lopolith 岩盆
- Love wave 樂夫波
- low pressure trough 低壓槽
- low tide 低潮
- low velocity zone 低速度帶
- luster 光澤
- lysimeter 測滲儀

M

- maar 低火山口
- macroclimate 大尺度氣候
- mafic minerals 鐵鎂質礦物
- mafic rock 基性岩石
- magma 岩漿
- magma chamber 岩漿庫
- magmatic differentiation 岩漿分異作用
- magmatic water 岩漿水
- magnetic epoch 地磁期
- magnetic pole 磁極
- magnetic reversal 磁極倒轉
- magnetostratigraphy 地磁地層學
- magnitude 規模
- magotes 塔丘
- main stream 主流
- mangrove 紅樹林
- Manning equation 曼寧公式
- Manning roughness coefficient 曼寧粗糙係數
- mantle 地函
- mantle movement 地函的運動
- marble 大理岩
- mare 月海
- maria 月海
- marine terrace 海階
- marine-cut terrace 海蝕台地
- marl 泥灰岩
- marsh 沼澤

- mollisol　軟黑土
- monadnock　殘丘
- monsoon　季風
- monthly temperature range　月溫差
- Montreal Protocol　蒙特婁公約
- moraine　冰磧丘
- mountain　山嶽
- mountain arc　弧形山脈
- mountain glacier　山嶽冰河
- mountain roots　山根
- mountain winds　山風
- mucks　腐泥土
- mud　泥
- mud crack　泥裂
- mud pot　噴泥池
- mud volcano　泥火山
- mudflow　泥流
- mudstone　泥岩
- muscovite　白雲母
- mushroom rock　蕈岩
- mutation　突變
- mylonite　磨變岩

N

- nannofossil　超微化石
- nappes　岩幕
- national park　國家公園
- natural bridge　天然橋
- natural environment　自然環境
- natural gas　天然氣
- natural hazard　自然災害
- natural remnant magnetism　自然存磁性
- natural resource　自然資源
- natural selection　自然淘汰
- nature reserve　自然保留區
- neap tide　小潮
- nebular hypothesis　星雲說
- negative feedback　負回饋
- net photosynthesis　淨光合作用
- net primary production　淨初級生產
- net radiation　淨輻射
- neutron　中子
- nimbostratus　雨層雲
- nitrogen cycle　氮循環
- nitrogen fixation　固氮作用
- nivation cirque　雪蝕冰斗
- nodule　團塊
- nonclastic rock　非碎屑狀岩石
- nonconformity　非整合
- non-renewable resources　不可更新資源
- normal fault　正斷層
- nuclear power　核能
- nucleus　原子核
- nuee ardente　火雲
- nunatak　冰原島

- O horizon　有機質層

P

- partial melting　部分融熔
- particulate　微粒
- pascal（ pa ）　帕
- passive continental margin　鈍性的大陸邊緣
- pater noster lake　串珠湖
- pattern ground　圖案地
- peak discharge　洪峰流量
- peat　泥炭
- pebble　細礫
- ped　土塊
- pedalfer　鐵鋁土
- pedestal rock　蕈狀岩
- pediment　岩原
- pedocal　鈣層土
- pedogenic process　成土作用
- pegmatite　偉晶花崗岩
- peneplain　準平原
- peneplanation　準平原作用
- perched water table　棲止地下水面
- percolation　滲漏
- perennial streams　常流河
- perihelion　近日點
- permafrost　永凍土
- permafrost table　永凍層面
- permeable　透水
- Permian　二疊紀
- pH value　酸鹼值
- phaneritic texture　顯晶狀岩理
- phenocryst　斑晶
- phenotype　表現型
- photosynthesis　光合作用
- phreatic eruption　蒸氣噴發
- phreatic zone　盈水層
- phyllite　千枚岩
- phylum　門
- physical weathering　物理性風化
- phytogeography　植物地理學
- phytoplankton　浮游植物
- piedmont　山足面
- piedmont glacier　山麓冰河
- pillar（ column ）　石柱
- pillow lava　枕狀熔岩
- pinnacle　岩峰
- pinnate drainage pattern　羽毛狀水系
- pioneer plants　先驅植物
- plagioclase　斜長石
- plane of the ecliptic　黃道面
- planetary wind　行星風
- planetesimal hypothesis　星子假說
- plankton　浮游生物
- plant ecology　植物生態學
- plastic deformation　可塑性變形
- plate　板塊
- plate boundary　板塊邊緣
- Plate tectonics　板塊運動
- plateau　高原
- plateau basalt　高原玄武岩
- playa　乾鹽湖，間歇湖

pyroclastic rock　火山碎屑岩
pyroclastics　火山岩屑
pyroxene　輝石

Q

quartz　石英
quartzite　石英岩
Quaternary　第四紀
quick clay　液化黏土
quick flow　快速流

R

radial drainage　放射狀水系
radiation fog　輻射霧
radioactive decay　放射性蛻變
radiogenci heat　放射性熱能
radiolaria　放射蟲
radiometric dating　放射性定年法
rain　雨
rain gauge　雨量計
rain shadow　雨蔭
rain shadow　雨影
rainfall intensity　降水強度
rainforest　雨林
rainsplash erosion　雨滴濺蝕
rainwash　片蝕
rapids　急湍
rare earth elements　稀土元素
Rayleigh waves　雷利波
reaction series　反應系列
recessional moraine　後退磧
recharge　補注水
recharge　充水
reclamation　復育
recrystalization　再結晶作用
rectangular drainage network　矩形水系
recumbent fold　偃臥褶皺
reef　礁
reflection　反射
refraction　折射
regional metamorphism　區域變質作用
regolith　岩屑
regression　海退
rejuvenation　回春作用
relative humidity　相對溼度
relative time　相對時間
relief　高差
remote sensing　遙測
renewable resources　可更新資源
replacement　置換作用
reservoir　水庫
reservoir rock　儲油岩
residual deposit　殘積礦床
residual regolith　殘積岩屑
resource management　資源經理
retrogration　海岸退夷
reverse fault　反斷層

S

- sclerophylls　耐旱植物
- scoria　火山碴
- sea　海
- sea arch　海拱
- sea arch　海蝕門
- sea breeze　海風
- sea cave　海蝕洞
- sea cliff　海蝕崖
- sea fog　海霧
- sea ice　海冰
- sea level rise　海平面上升
- sea notch　海蝕凹壁
- sea stack　海蝕柱
- sea stack　顯礁
- sea terrace　海階
- sea water invasion　海水入侵
- sea-floor spreading　海底擴張
- seamount　海底山
- seamount　海丘
- secondary consumer　次級消費者
- secondary mineral　次生礦物
- secondary plant succession　次生植物演替
- secondary wave　次波，S波
- sedentary soil　原積土
- sediment　沈積物
- Sediment budget　淤沙收支
- sediment yield　淤沙生產量
- sedimentary facies　沈積相
- sedimentary rock　沈積岩
- sedimentary structure　沈積構造
- sedimentation　沈積作用
- sedimentology　沈積地質學
- seif dune　劍丘
- seismic body wave　地震體內波
- seismic surface wave　地震表面波
- seismic wave　地震波
- seismicity　地震作用
- seismogram　震波圖
- seismograph　地震儀
- seismology　地震學
- selective absorption　選擇吸收
- selective cutting　擇伐
- sensible heat　可感熱
- sequential landform　次生地形
- Series　統
- serpentinite　蛇紋岩
- shadow zone　陰影帶
- shale　頁岩
- shear　剪力
- shear strength　剪力強度
- sheet erosion　片蝕
- sheet flow　片流
- sheeting　頁狀節理
- shield　地盾
- shield volcano　盾狀火山
- shingle beach　礫灘
- shore　海濱
- shoreline　濱線
- short-grass praire　貧草原

- splash erosion 濺蝕
- spodic horizon 灰化層
- spodosol 灰化土
- spoil 礦碴
- spreading plate boundary 張裂板塊邊緣
- spring 泉
- spring tide 大潮
- stable air 穩定的空氣
- stack 海柱
- stalactite 鐘乳石
- stalactite 石鐘乳
- stalagmite 石筍
- standard meridian 標準經線
- standard time system 標準時間系統
- standard time zone 標準時區
- star dune 星狀丘
- stem flow 莖流
- steppe 貧草原
- stock 岩株
- Stombolian eruption 斯沖波利式噴發
- stoping 頂蝕作用
- storage capacity 儲水能力
- storm surge 暴潮
- strain 應變
- strata 地層
- stratification 層理
- stratified drift 層狀冰磧
- stratiform clouds 層狀雲
- stratigraphy 地層學
- stratocumulus 層積雲
- stratosphere 平流層
- stratovolcano 層狀火山
- stratus 層雲
- streak 條痕
- stream capacity 河流搬運力
- stream capture 河流搶水
- stream channel 河道
- stream load 河流負載
- stream order 河流級數
- stream piracy 河流襲奪
- stream profile 河流剖面
- stream transportation 河流搬運作用
- striation 擦痕
- strike 走向
- strike-slip fault 平移斷層
- strip mining 露天開採
- stromatolite 疊層石
- stromatolite 海藻構造
- stump 海樁
- subaerial 露天的
- subantarctic zone 南半球副極區
- subarctic zone 北半球副極區
- subduction 隱沒作用
- subduction zone 隱沒帶
- subgroup 亞土類
- sublimation 昇華作用
- submarine canyon 海底峽谷
- submergence coast 沈水海岸
- suborder 亞土綱

T

- the stage of the river　河水水位
- thermal plume　熱柱
- thermohaline currents　溫鹽流
- thermosphere　增溫層
- Thiessen polygon　徐昇氏多邊形
- throughfall　穿透流
- throughflow　地面下逕流
- thrust fault　逆斷層
- thunderstorm　雷暴
- tidal current　潮流
- tidal flat　海埔地，潮埔，潮汐灘地
- tidal inlet　潮流口
- tidal range　潮差
- tide　潮汐
- tied bar　連島沙洲
- till　冰磧石
- till plain　冰磧平原
- tillite　冰磧岩
- time lag　延滯時間
- tofu rock　豆腐岩
- tombolo　沙頸岬
- topographic contour　地形等高線
- topography　地形
- tor　突岩
- tornado　龍捲風
- trace element　微量元素
- trace fossil　生痕化石
- trade wind　貿易風，信風
- transcurrent fault　橫移斷層
- transform fault　轉形斷層
- transgression　海進
- translational slide　平面型地滑
- translocation　土壤物質的移置
- transpiration　蒸散作用
- transport　搬運
- transported regolith　運積岩屑
- transverse dune　橫沙丘
- travertine　鈣華，石灰華
- travertine terrace　石灰華階地
- trellis drainage network　格子狀水系
- Triassic　三疊紀
- tributary　支流
- tropic of cancer　北回歸線
- tropic of capricorn　南回歸線
- tropical cyclone　熱帶氣旋
- tropical easterlies　熱帶東風
- tropical easterly jet stream　熱帶東風噴射氣流
- tropical region　熱帶
- tropopause　對流層頂
- troposphere　對流層
- truncated spur　削斷山嘴
- tsunami　海嘯
- tufa　泉華
- tuff　凝灰岩
- tuff breccia　凝灰角礫岩
- tundra　苔原
- turbidite　濁流岩
- turbidity current　濁流
- turbulent flow　亂流，紊流

- washout　洗落塵
- water balance　水平衡
- water gap　水口
- water resources　水資源
- water spout　海龍捲
- water table　地下水面
- waterfall　瀑布
- waterlogging　積水
- watershed　流域，集水區
- wave　波浪
- wave base　波基
- wave crest　波峰
- wave cyclone　溫帶氣旋
- wave height　波高
- wave length　波長
- wave period　波週期
- wave trough　波谷
- wave-built terrace　波建台地
- wave-cut bench　波蝕棚
- wave-cut platform　波蝕平台
- weather　天氣
- weathering　風化作用，風化
- welded tuff　熔接凝灰岩
- westerlies　西風
- wet adiabatic lapse rate　溼絕熱冷卻率
- wet perimeter　溼徑
- wetland　溼地
- wilting point　枯萎點
- wind　風
- wind shadow　風幕
- winter solstice　冬至
- Wisconsin Glaciation　威斯康新冰期

- xenolith　捕擄岩
- xerophytes　乾旱植物

- yardang　雅爾當
- youth stage　幼年期地形

- zeolite　沸石
- zonal soil　定域土
- zone of aeration　通氣帶
- zoogeography　動物地理學
- zooplankton　浮游動物

圖片來源

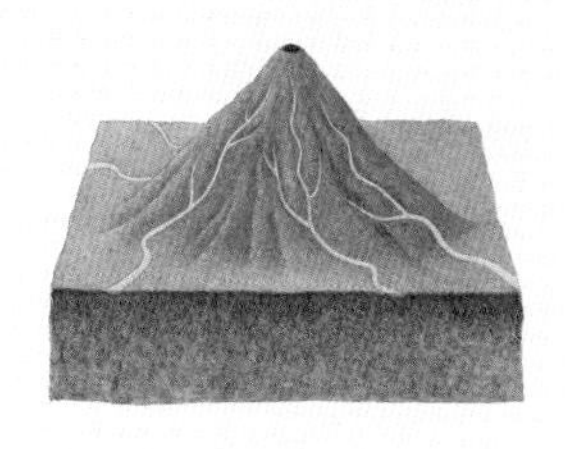

- **全書手繪圖** 高華

- **世界地形分層設色圖** 陳毅青

- **電腦繪圖**

  全書電腦繪圖除另有標示者外，其餘均由高華繪製。
  陳育仙 262

- **照片**

黃安勝 30
陳育賢 32左、141
吳志學 32右、33上、33左下、46右、56、58、59左、64右下、68、69左、69右、71左、86、93下、106右上、114右、131上、143右、149、152上、152下、153、154、155、162右、163左、173上、175、176、184、189左、190上、192、1203左、204、208、216、217上、222左、229、242上、258上、258左、258右
黃光瀛 32下、213右一、248
向高世 33下、219中
黃丁盛 34、38、40、43下、60上、60下、89右、132下、164、172上、194
廖偉國 35左、39下、114左、133、172左、173下、179、189右、247、259、265右、273上
楊建夫 35右、137、203右、212左、212上、242下
賴佩茹 39上、41、43上、47、88上、88下、172下、219下、243
王　鑫 46左、59右、93上、101、102下、106右、106右下、111右、112下、132上、146、162左、183、207左、210左、213左、222右、265左
宋聖榮 55右、108、109、113左、117、136左、138上、138下、166、177、185、195、200、261
廖俊彥 51、55左、89左、98左上、98左下、131下、190上、223、270
林俊全 54、254
余炳盛 61、65右、268
倪進誠 63、149上
戴昌鳳 64左、64右上、163右
蔡錫淵 65左、212下
黃安勝 71右、72、95
氣象局 94上、94下
陳尊賢 97、98右、100上、100下、263
劉清煌 102上
林孟龍 112上、143左、207右
台大地質系 113右
謝新添 124、159上、159下、171上、171中、171下、244、264
陳永森 148、255
洪素貞 156
洪家輝 160
李　旭 210右、236
楊秋霖 213右二、213右四、227左
楊維晟 213右三
陳哲民 227
黃兆慧 273

DICTIONARY

遠足圖解地理辭典

國家圖書館出版品預行編目資料

遠足圖解地理辭典 / 徐美玲 著. 高華 繪圖.--
第一版. --臺北縣新店市：遠足文化,民96
面： 公分. 含索引

ISBN 978-986-7630-89-6（精裝）
1. 自然地理 - 字典 辭典

351.04 95026040

作　者　徐美玲
插　畫　高華、陳毅青、陳育仙
攝　影　黃安勝、陳育賢、吳志學、黃光瀛、向高世、黃丁盛、廖偉國、楊建夫、賴佩茹、王鑫、宋聖榮、廖俊彥、林俊全、余炳盛、倪進誠、戴昌鳳、蔡錫淵、黃安勝、氣象局、陳尊賢、劉清煌、林孟龍、台大地質系、謝新添、陳永森、洪素貞、洪家輝、李旭、楊秋霖、楊維晟、陳哲民、黃兆慧
總編輯　陳雨嵐
主　編　賴佩茹
本書執編　賴佩茹　余素維
特約美編　陳育仙　林姚吟

社　長　郭重興
發行人兼出版總監　曾大福
創業夥伴　楊基陸　黃樹錚　楊宗河
顧　問　黃德強　陳振楠
出版者　遠足文化事業股份有限公司
編輯部　231台北縣新店市中正路506號4樓
電話：(02) 22181417　傳真：(02) 22188057
E-mail：walkers@sinobooks.com.tw
郵撥帳號　19504465
客服專線　0800221029
網　址　http://www.sinobooks.com.tw
法律顧問　華洋國際專利商標事務所 蘇文生律師
印　製　成陽印刷股份有限公司　電話：(02) 22651491

定　價　600元
第二版第一刷　中華民國96年7月

ISBN-13：978-986-7630-89-6
ISBN-10：986-7630-89-0

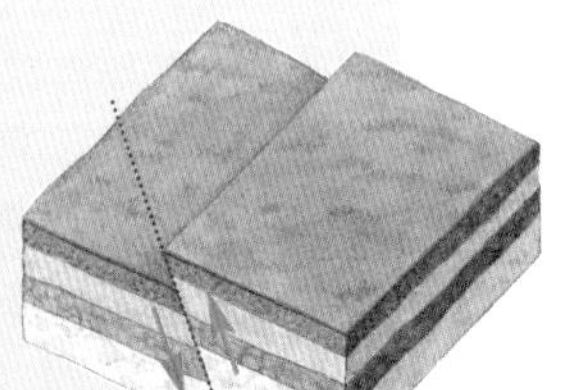